高职高专机电专业“互联网+”创新规划教材·自动化系列

工业机器人离线编程与仿真技术

主　编　郑　逸　郑孝怡

副主编　江孝伟　毛玉青

内容简介

本书以 ABB120 工业机器人为研究对象，基于 SFB-Factory 三维智能制造数字化设计仿真软件工作平台，以实现机器人项目工程任务为研究目标，将内容分成工业机器人基础、工业机器人虚拟示教操作、工业机器人的离线编程指令、ABB120 工业机器人写字操作、ABB120 工业机器人打磨操作、ABB120 工业机器人搬运操作、ABB120 工业机器人码垛操作、综合案例实训 8 个教学项目。每个项目都包含知识模块和技能训练，内容由浅入深、由简入繁，层次分明。

本书适合高等职业院校机电技术应用、工业机器人技术、自动化技术等相关专业学生使用，也可作为从事机器人操作和维修、调试、编程、销售与服务、研发等岗位人员的参考资料。

图书在版编目（CIP）数据

工业机器人离线编程与仿真技术 / 郑逸，郑孝怡主编 . —北京：北京大学出版社，2024.1
高职高专机电专业“互联网 +”创新规划教材 · 自动化系列
ISBN 978-7-301-33948-0

Ⅰ . ①工… Ⅱ . ①郑… ②郑… Ⅲ . ①工业机器人 – 程序设计 – 高等职业学校 – 教材②工业机器人 – 计算机仿真 – 高等职业学校 – 教材 Ⅳ . ① TP242.2

中国国家版本馆 CIP 数据核字 (2023) 第 067950 号

书　　名　工业机器人离线编程与仿真技术
GONGYE JIQIREN LIXIAN BIANCHENG YU FANGZHEN JISHU
著作责任者　郑　逸　郑孝怡　主编
策 划 编 辑　于成成　刘健军
责 任 编 辑　于成成
数 字 编 辑　蒙俞材
标 准 书 号　ISBN 978-7-301-33948-0
出 版 发 行　北京大学出版社
地　　址　北京市海淀区成府路 205 号 100871
网　　址　http: //www. pup. cn 新浪微博：@ 北京大学出版社
电 子 邮 箱　编辑部 pup6@pup.cn 总编室 zpup@pup.cn
电　　话　邮购部 010-62752015 发行部 010-62750672 编辑部 010-62750667
印 刷 者　北京飞达印刷有限责任公司
经 销 者　新华书店
787 毫米 ×1092 毫米　16 开本　15 印张　356 千字
2024 年 1 月第 1 版　2024 年 1 月第 1 次印刷
定　　价　48.00 元

前　　言

随着我国制造业的转型升级，以及贯彻党的二十大报告中的“推动制造业高端化、智能化、绿色化发展”精神，我国智能制造业进入了一个飞速发展时期。工业机器人属于先进制造业的重要支撑装备，也是未来智能制造业的关键切入点，在工厂自动化和柔性生产系统中起着关键的作用。

本书作为衢州职业技术学院校企合作开发课程项目成果之一，是“工业机器人仿真技术”课程的配套教材。内容设计以典型工作任务为载体，以工作过程为导向，集学、做、练于一体，全面培养读者的理论、技能和职业素养，注重知识与能力培养的循序渐进，把理论与实践教学、能力与素质培养融为一体。

本书采用“项目＋学习任务”的编写体系，每个项目均包含五个环节。一是学习目标，对各任务的学习应达到的知识水平和能力提出了具体要求。二是思维导图，对本项目内容和知识点进行了梳理。三是任务描述，以与工程实例相对应的任务告诉读者本任务在工程中的具体应用。四是任务知识基础，根据任务实施中涉及的知识点，向读者进行详细的介绍和阐述，以加深读者在任务实施中对知识点的理解。五是学后测评，本书设置了理实一体化测评环节，即技能训练，每个项目的技能训练都是紧贴任务内容做出的切实可行的训练题目，通过技能训练环节可检测读者对任务内容的理解和掌握程度。

此外，本书配套了虚拟仿真素材供读者下载练习之用，其中有视频、工程文件、机器人程序代码等资源，以上素材资源都可以通过手机扫描书中二维码下载获取。

本书由衢州职业技术学院郑逸、郑孝怡担任主编，衢州职业技术学院江孝伟、毛玉青担任副主编。其中，郑孝怡负责项目 4 的编写，江孝伟和毛玉青负责项目 6 的编写，其余项目由郑逸编写。

本书在编写过程中，杭州维讯机器人有限公司提供了许多宝贵经验和建议，并提供了大量的素材，对教材的编写工作给予了大力支持及指导。本书内容力求源于企业、源于真实、源于实际，因编者水平有限，书中难免存在疏漏和不妥之处，敬请各位读者批评指正。

编者

2023 年 6 月

目　录

工业机器人基础

学习目标

- 了解工业机器人的历史背景和发展趋势
- 了解工业机器人的结构、性能和分类
- 掌握 IRB 120 机器人系统的组成部分及各部分功能
- 掌握工业机器人操作安全注意事项

思维导图

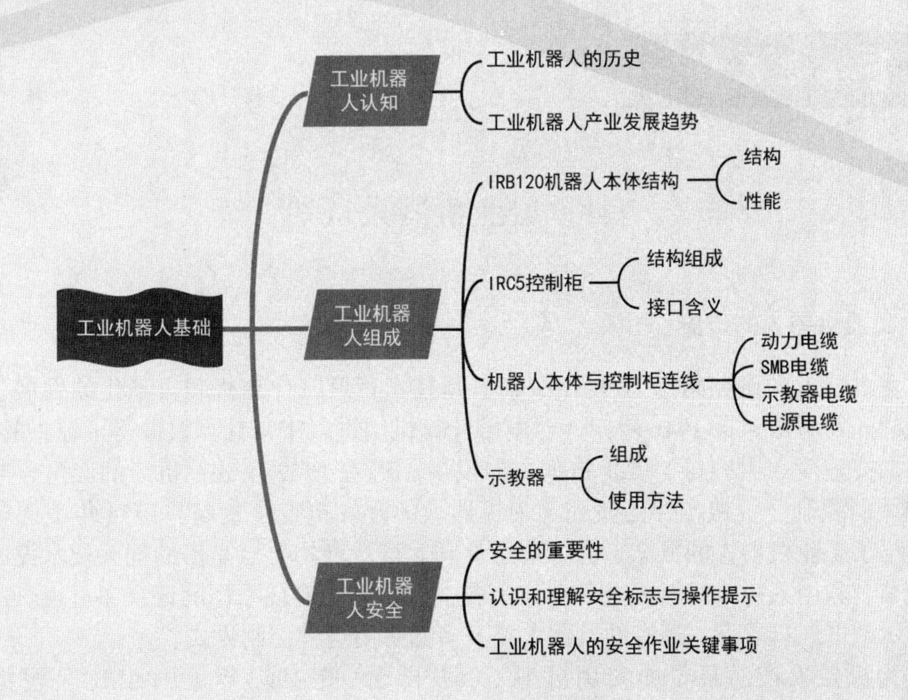

任务描述

工业机器人是面向工业领域的多关节机械手或多自由度的机器人，是自动执行工作的机械装置，是靠自身动力和控制能力来实现各种功能的一种机器，如图 1.1 所示。本项目在对工业机器人有一定认知基础后，针对 IRB 120 机器人，掌握其组成部分——本体、控制柜及示教器的特点和使用方法，为后续项目的开展打下基础。

图 1.1

任务知识基础

1.1 工业机器人认知

1.1.1 工业机器人的历史

工业机器人的研究始于 20 世纪中期，其技术背景是计算机和自动化的发展，以及原子能的开发利用。自 1946 年第一台电子计算机问世以来，计算机取得了惊人的进步，同时也向高速度、大容量、低价格的方向发展。随着 1952 年数控机床的诞生，与数控机床相关的控制、机械零件的研究又为机器人的开发奠定了基础。1954 年美国戴沃尔最早提出了工业机器人的概念，并申请了专利。该专利的要点是借助伺服技术控制机器人的关节，利用人手对机器人进行动作示教，机器人能实现动作的记录和再现。这就是所谓的示教再现机器人。现有的机器人差不多都采用这种控制方式。

作为机器人产品最早的实用机型（示教再现）是 1962 年美国 AMF 公司推出的“VERSTRAN”和 UNIMATION 公司推出的“UNIMATE”。这些工业机器人的控制方

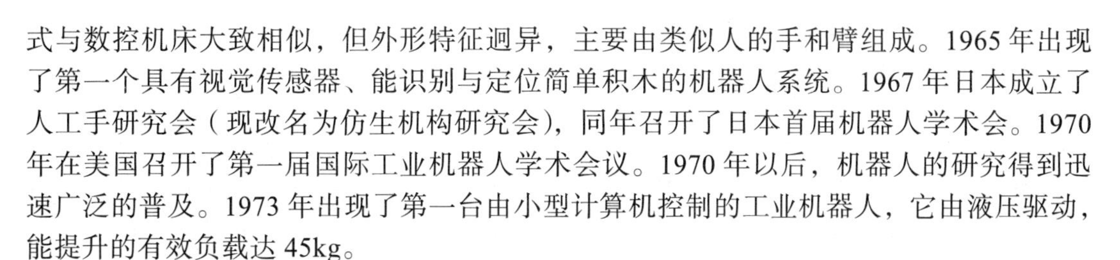

式与数控机床大致相似，但外形特征迥异，主要由类似人的手和臂组成。1965 年出现了第一个具有视觉传感器、能识别与定位简单积木的机器人系统。1967 年日本成立了人工手研究会（现改名为仿生机构研究会），同年召开了日本首届机器人学术会。1970 年在美国召开了第一届国际工业机器人学术会议。1970 年以后，机器人的研究得到迅速广泛的普及。1973 年出现了第一台由小型计算机控制的工业机器人，它由液压驱动，能提升的有效负载达 45kg。

到了 1980 年，工业机器人才真正在日本普及，故称该年为“机器人元年”。随后，工业机器人在日本得到了巨大发展，日本也因此被称为“机器人王国”。随着计算机技术和人工智能技术的飞速发展，机器人在功能和技术层次上有了很大的提高，移动机器人和机器人的视觉和触觉等技术就是典型的代表。这些技术的发展，推动了机器人概念的延伸。20 世纪 80 年代，将具有感觉、思考、决策和动作能力的系统称为智能机器人，这是一个概括、含义广泛的概念。这一概念不但指导了机器人技术的研究和应用，而且又赋予了机器人技术向深广发展的巨大空间，水下机器人、空间机器人、空中机器人、地面机器人、微小型机器人等各种用途的机器人相继问世，许多梦想成为现实。将机器人的技术（如传感技术、智能技术、控制技术等）扩散和渗透到各个领域，便形成了各式各样的新机器。当前机器人与信息技术的交互和融合又产生了“软件机器人”“网络机器人”等名称，这也说明了机器人所具有的创新和活力。

1.1.2　工业机器人产业发展趋势

20 世纪 90 年代末期，中国投资建立了 9 个机器人产业化基地和 7 个科研基地，包括沈阳自动化研究所的新松机器人自动化股份有限公司、哈尔滨工业大学的博实自动化设备有限公司、北京机械工业自动化研究所机器人开发中心、海尔机器人公司等。但中国的工业机器人应用数量仍然偏少，且主要依赖从日本、瑞典、德国、意大利、美国进口。目前全球制造业正在向着自动化、集成化、智能化及绿色化方向发展，中国作为全球第一制造大国，以工业机器人为标志的智能制造在各行业的应用越来越广泛。

1. 工业机器人的应用领域

工业机器人按照应用细分为焊接机器人、喷涂机器人、搬运机器人、码垛机器人、装配机器人、切割机器人、涂胶机器人、其他（还有贴片、清洗、去毛刺、特殊处理如火焰处理、复合）机器人等。

其中，焊接机器人属于市场主流工业机器人应用类型，主要应用在汽车工业领域，如汽车整车生产线。喷涂机器人在汽车工业领域也有广泛的应用。搬运机器人在 3C 产业和食品加工等劳动密集型行业广泛应用。目前，工业机器人已广泛应用于汽车及汽车零部件制造业、机械加工行业、电子行业、橡胶及塑料行业、食品行业、木材与家具制造业等领域中。在工业生产中，弧焊机器人、点焊机器人、装配机器人、喷涂机器人及搬运机器人等工业机器人都已被大量采用。

2. 中国工业机器人发展现状及未来趋势

中国近几年机器人自动化生产线已经不断出现，并给用户带来显著效益。随着中国工业自动化水平的不断提高，机器人自动化生产线的市场也会越来越大，并且逐渐成为自动化生产线的主要方式。中国机器人自动化生产线装备的市场刚刚起步，而国内装备制造业正处于由传统装备向先进制造装备转型的时期，这就给机器人自动化生产线研究开发者带来巨大商机。据预测，目前中国仅汽车行业、电子和家电行业、烟草行业、新能源电池行业等，年需求此类自动化生产线就达300多条。随着机器人产业在国内的快速发展及下游行业的驱动，未来对机器人的需求呈现出强劲的发展态势。

目前国内外工业机器人的发展趋势是关键零部件的改善，包括减速机、控制器和其他软硬件等。软件是一个公司的核心技术，未来的发展趋势是机器人封装技术，作为数字系统，好的软件封装技术，就是使用户很难接触到软件系统里面的内容。而中国工业机器人未来的发展方向是净室机器人（喷涂特殊油漆且表面通过打磨抛光的机器人），其能够广泛应用于电子行业、微电子行业、食品行业、医药行业等多个行业。

1.2　工业机器人组成

工业机器人由主体、驱动系统和控制系统三个基本部分组成。主体即机座和执行机构，包括臂部、腕部和手部，有的机器人还有行走机构。大多数工业机器人有3～6个运动自由度，其中腕部通常有1～3个运动自由度。驱动系统包括动力装置和传动机构，用以使执行机构产生相应的动作。控制系统是按照输入的程序对驱动系统和执行机构发出指令信号，并进行控制。

工业机器人按臂部的运动形式分为四种。直角坐标型的臂部可沿三个直角坐标移动。圆柱坐标型的臂部可作升降、回转和伸缩动作。球坐标型的臂部能回转、俯仰和伸缩。关节型的臂部有多个转动关节。

工业机器人按执行机构运动的控制机能可分为点位型和连续轨迹型两种。点位型只控制执行机构由一点到另一点的准确定位，适用于机床上下料、点焊和一般搬运、装卸等作业。连续轨迹型可控制执行机构按给定轨迹运动，适用于连续焊接和涂装等作业。

工业机器人按程序输入方式可分为编程输入型和示教输入型两种。编程输入型是将计算机上已编好的作业程序文件，通过RS232串口或者以太网等通信方式传送到机器人控制柜。示教输入型的示教方法有两种：一种是由操作者用手动控制器（示教操纵盒），将指令信号传给驱动系统，使执行机构按要求的动作顺序和运动轨迹操演一遍；另一种是由操作者直接领动执行机构，按要求的动作顺序和运动轨迹操演一遍。在示教过程的同时，工作程序的信息即自动存入程序存储器中，在机器人自动工作时，控制系统从程序存储器中检出相应信息，将指令信号传给驱动系统，从而使执行机构再现示教的各种动作。这种可重复再现通过示教编程存储起来的作业程序的机器

人称为示教再现型工业机器人。具有触觉、力觉或简单的视觉的工业机器人，能在较为复杂的环境下工作，如具有识别功能或更进一步增加自适应、自学习功能，即成为智能型工业机器人。它能按照人给的“宏指令”自选或自编程序去适应环境，并自动完成更为复杂的工作。

目前，市场上用得最多的工业机器人是 ABB 集团生产的，简称 ABB 工业机器人。ABB 工业机器人的硬件系统由本体、示教器、控制系统三个基本部分构成。本体主要由末端执行器、手腕、手臂、腰部和基座组成，大多数工业机器人有 4 ～ 6 个运动自由度。示教器是进行机器人的手动操纵、程序编写、参数配置及监控用的手持装置。控制系统是按照输入的程序对驱动系统和执行机构发出执行信号，并进行监控的系统。

1.2.1　IRB 120 机器人本体结构

IRB 120 小型工业机器人（以下简称 IRB 120 机器人）是 ABB 新型第四代机器人家族的最新成员，也是迄今为止 ABB 制造的最小机器人。IRB 120 机器人具有敏捷、紧凑、质轻的特点，控制精度与路径精度俱优，是物料搬运与装配应用的理想选择。其主要应用于装配、上下料、物料搬运、包装、涂胶密封等方面。IRB 120 机器人本体由 6 个运动自由度关节组成，固定在型材实训桌上，活动范围半径不小于 580mm，角度不小于 330°，如图 1.2 所示。

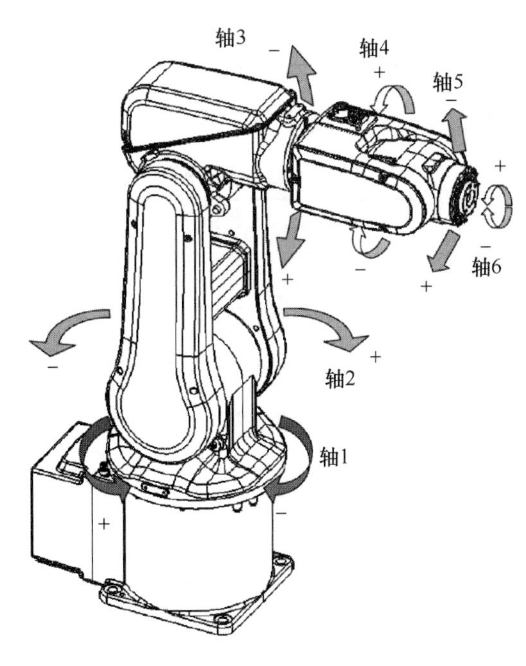

图　1.2

IRB 120 机器人本体具体参数如下。

（1）IRB 120 机器人本体的特性见表 1-1。

表 1-1　IRB 120 机器人本体的特性

集成信号源	手腕设 I/O 信号
集成气源	手腕设 4 路空气（0.5MPa）
重复定位精度	0.01mm
机器人安装	任意角度（支持地面、墙壁、倒装等多种方式）
防护等级	IP30

（2）IRB 120 机器人本体的运动特点见表 1-2。

表 1-2　IRB 120 机器人本体的运动特点

轴运动	工作范围	最大速度
轴 1 旋转	+165° ～ –165°	250°/s
轴 2 手臂	+110° ～ –110°	250°/s
轴 3 手臂	+70° ～ –90°	250°/s
轴 4 手腕	+160° ～ –160°	320°/s
轴 5 弯曲	+120° ～ –120°	320°/s
轴 6 翻转	+400° ～ –400°	420°/s

（3）IRB 120 机器人本体的性能见表 1-3。

表 1-3　IRB 120 机器人本体的性能

1kg 拾料节拍	
25mm × 300mm × 25mm	0.58s
TCP 最大速度	6.2m/s
TCP 最大加速度	28m/s^2
加速时间 0.1m/s	0.07s

1.2.2　IRC5 控制柜

ABB 工业机器人的 IRC5 控制柜主要包括以下部件：主电源、计算机供电单元、计算机控制模块（计算机主体）、输入 / 输出板、用户连接端口、Flex Pendant（示教盒接线端端口）、轴计算机板、驱动单元（机器人本体、外部轴）。其类型可分为单柜型、双柜型和紧凑型，控制柜内部元件类型基本相同，不过空间布局有所差异。下面以单柜型控制柜为例进行介绍，其外观如图 1.3 所示。

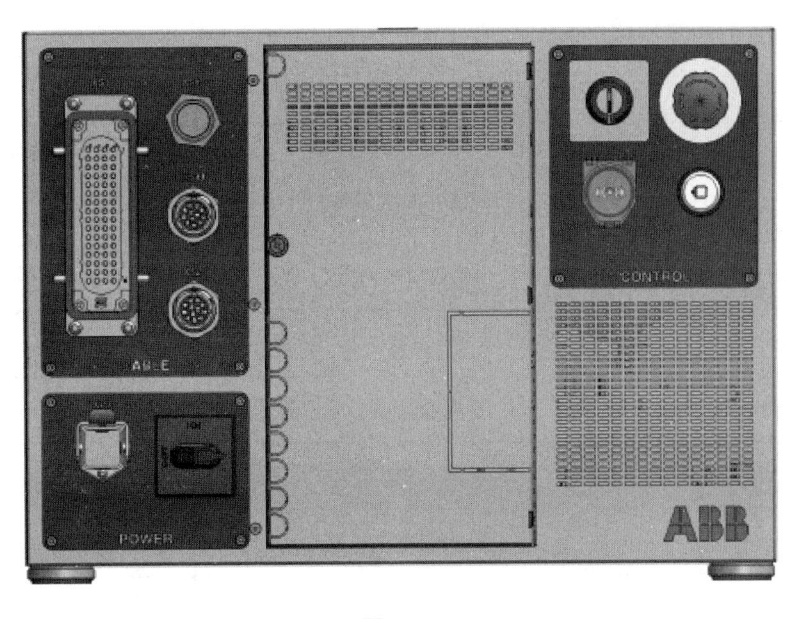

图　1.3

打开 IRC5 控制柜门，可以看到其内部主要元件及其分布，如图 1.4 所示。

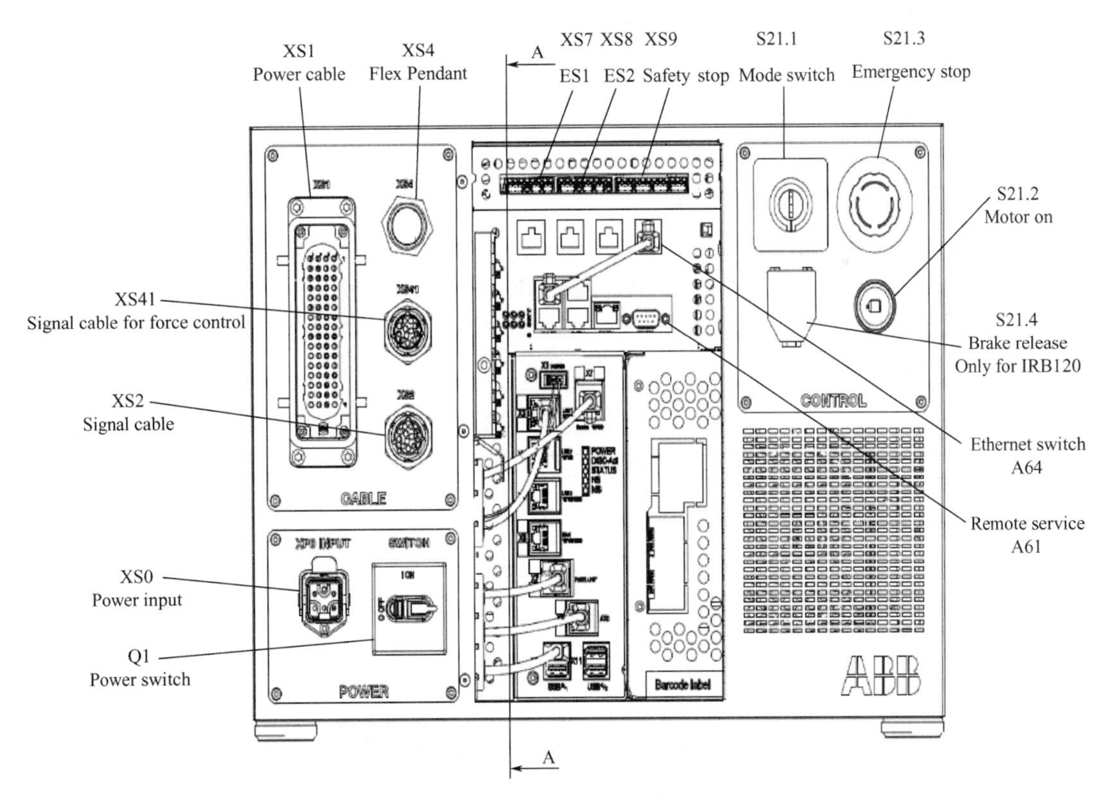

图　1.4

IRC5 控制柜外部各接口含义见表 1-4。

表 1-4 IRC5 控制柜外部各接口含义

接口	接口说明	备注
Power switch(Q1)	主电源控制开关	—
Power input	220V 电源接入口	—
Signal cable	SMB 电缆连接口	连接至机器人 SMB 输出口
Signal cable for force control	力控制选项信号电缆入口	有力控制选项才有用
Power cable	机器人主电缆	连接至机器人主电输入口
Flex Pendant	示教器电缆连接口	—
ES1	急停输入接口 1	—
ES2	急停输入接口 2	—
Safety stop	安全停止接口	—
Mode switch	机器人运动模式切换	—
Emergency stop	急停按钮	—
Motor on	机器人电机上电 / 复位按钮	—
Brake release	机器人本体松刹车按钮	只对 IRB120 有效
Ethernet switch	Ethernet 连接口	—
Remote service	远程服务连接口	—

1.2.3 机器人本体与控制柜连线

机器人本体与控制柜之间需要连接四条电缆，分别为动力电缆、SMB 电缆、示教器电缆和电源电缆。电缆的连接方式如下。

1. 动力电缆

将动力电缆标有 XP1 的插头接入控制柜，将动力电缆标有 R1.MP 的插头接入机器人本体底座的插头上，如图 1.5 所示。

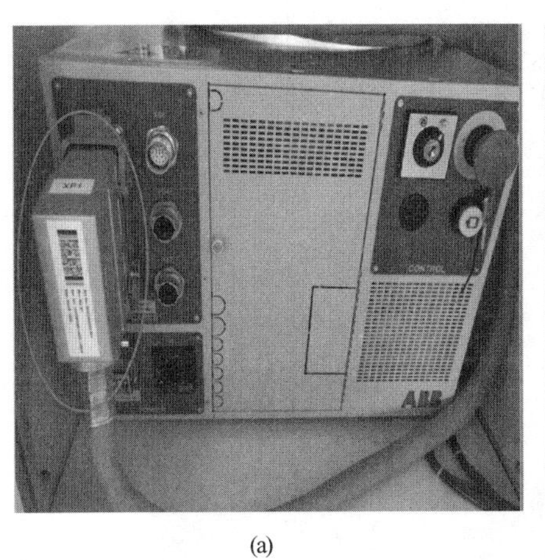

(a)

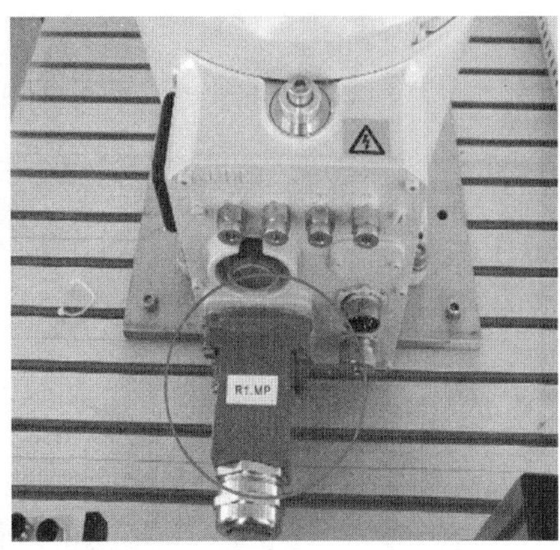

(b)

图　1.5

2. SMB 电缆

将 SMB 电缆接头（直头）插入控制柜 XS2 端口，将 SMB 电缆接头（弯头）插入机器人本体底座 SMB 端口，如图 1.6 所示。

(a)

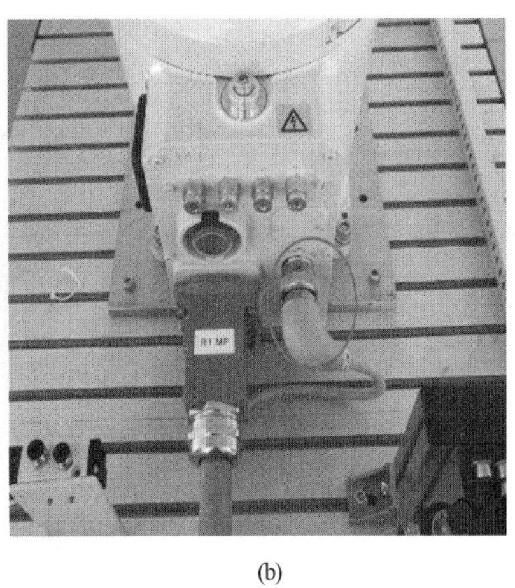

(b)

图　1.6

3. 示教器电缆

将示教器电缆（红色线缆）接头插入控制柜 XS4 端口，如图 1.7 所示。

图 1.7

4. 电源电缆

电源电缆的外观如图 1.8 所示，本书中的项目使用单相 220V 供电，最大功率为 3kW。根据此参数，准备合适的电源线并且制作控制柜端的接头。

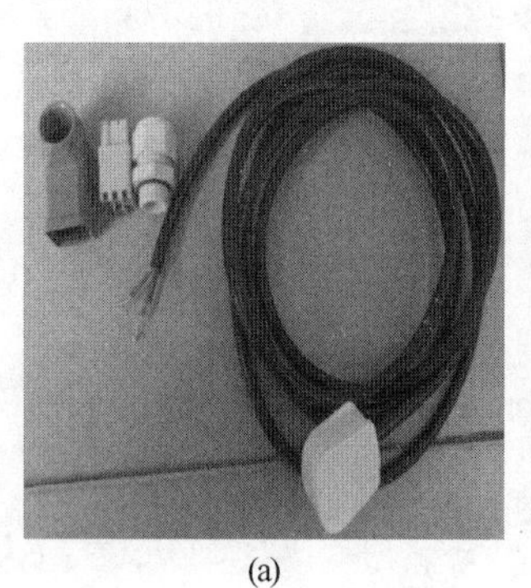

(a)

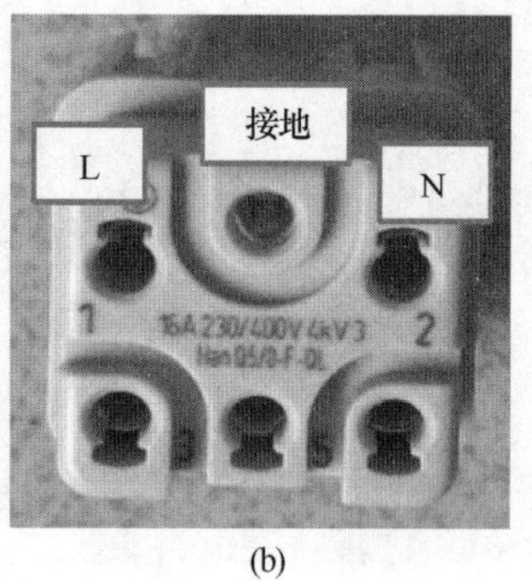

(b)

图 1.8

检查准备的电源线正确后，将电源接头插入控制柜 XS0 端口并锁紧，如图 1.9 所示。

检查接线无误后便可通电，开关打到 ON 即可完成通电，控制柜开关如图 1.10 所示。

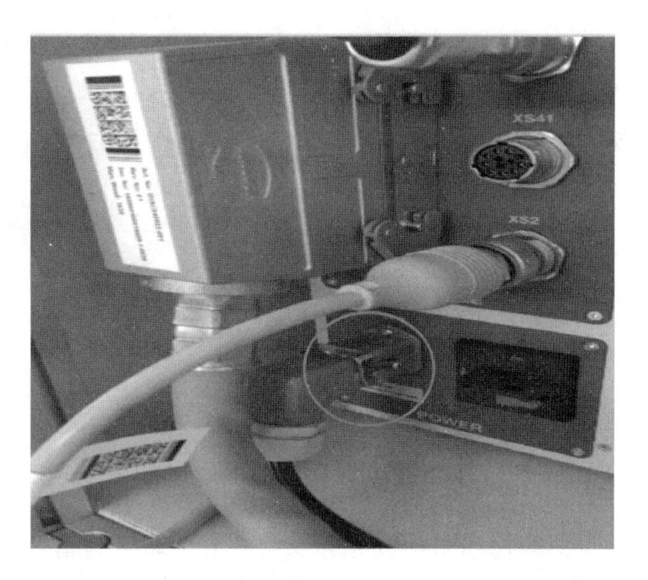

图　1.9

图　1.10

1.2.4　示教器

（1）工业机器人中的示教器也称为编程器，它主要由液晶屏幕和操作按钮组成。工业机器人的所有基本操作都可以通过示教器来完成，如机器人的手动操纵，机器人程序的编写、调试、设置及查询机器人的状态等。示教器组成如图 1.11 所示。

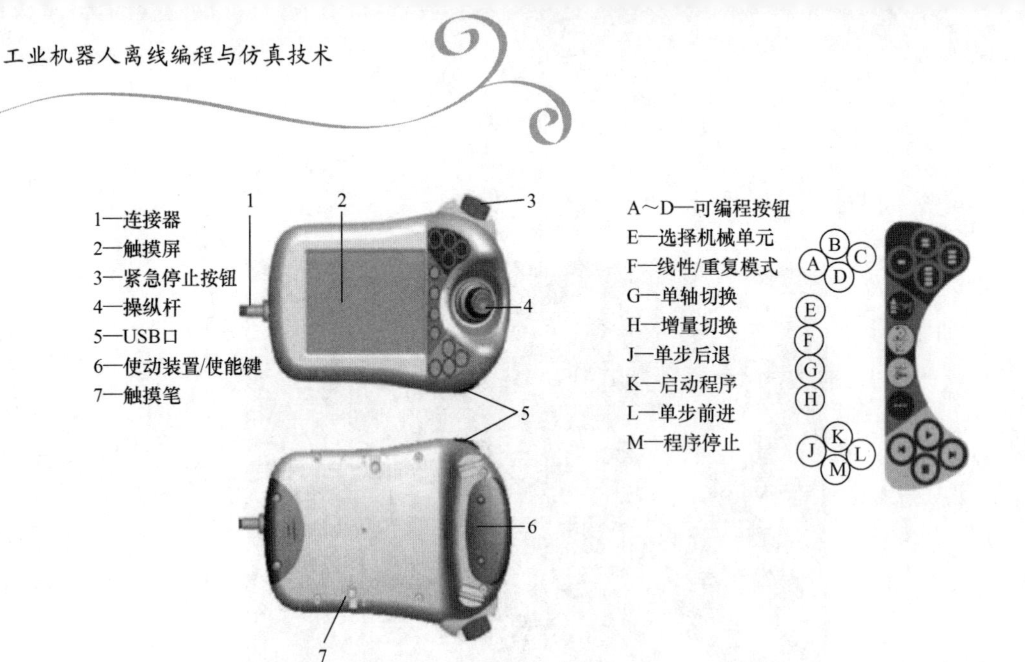

图 1.11

（2）示教器正确手持动作如图 1.12 所示，操作者应将示教器放在左手上，然后用右手进行屏幕和按钮的操作。

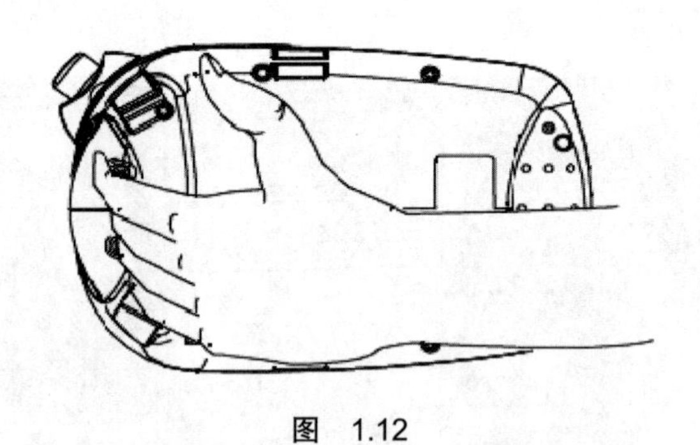

图 1.12

（3）示教器的“使能键”安装于侧面，该按钮是一个两挡按钮。在自动模式下，该按钮无效。在手动模式下点亮使能键第一挡，机器人将处于电机开启状态，此状态下才可以对机器人进行手动操作和程序调试。当按下第二挡时机器人电机失电，停止运动。

（4）示教器的“操纵杆”可以在上下左右和顺时针、逆时针六个方向上旋转运动，同时还可以控制机器人三个方向的正反运动。

（5）示教器的“可编程按钮”功能，用户可以自行配置使用。后续详解。

1.3 工业机器人安全

1.3.1 安全的重要性

“安全第一”是安全生产方针的基础，当安全和生产发生矛盾的时候，必须先要解

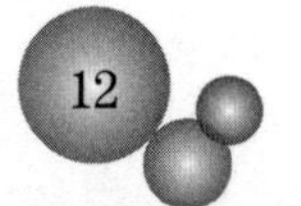

决安全问题，保证劳动者在安全生产的条件下进行生产劳动。只有在保证安全的前提下，生产才能正常进行，才能充分发挥职工的生产积极性，提高劳动生产率，促进我国经济建设的发展和保持社会的稳定。

“预防为主”是安全生产方针的核心和具体体现，是实施安全生产的根本途径。安全工作千千万，必须始终将“预防”作为主要任务予以统筹考虑。除了自然灾害造成的事故，任何建筑施工、工业生产事故都是可以预防的。关键之关键，必须将工作的立足点纳入“预防为主”的轨道。“防患于未然”，把可能导致事故发生的所有机理或因素，消除在事故发生之前。

生产必须安全，就是在施工作业过程中，必须尽一切所能为劳动者创造安全、卫生的劳动条件，积极克服生产中的不安全、不卫生因素，防止伤亡事故和职业性毒害的发生，使劳动者在安全、卫生的条件下顺利地进行生产劳动。

安全促进生产，就是说，安全工作必须紧紧地围绕生产活动来进行，不仅要保障职工的生命安全和身体健康，而且要促进生产的发展。离开安全，生产工作就毫无实际意义。

1.3.2　认识和理解安全标志与操作提示

从事机器人相关作业时一定要注意相关的安全标志与操作提示，并严格按照相关标志的指示执行，以此来确保作业人员和机器人的安全，并逐步提高安全防范意识和生产效率。机器人操作相关标志与含义见表 1-5，其可以告诫、提示人们对某些不安全因素要高度注意和警惕，是一种可以消除预料到的风险或把风险降低到人体和机器可接受范围内的常用方式。

表 1-5　机器人操作相关标志与含义

标志	含义
	危险 警告，如果不依照说明操作，就会发生事故，并导致严重或致命的人员伤害和 / 或严重的产品损坏。该标志适用于以下险情：碰触高压电气装置、爆炸、火灾、有毒气体、压轧、撞击和从高处跌落等
	警告 警告，如果不依照说明操作，可能会发生事故，造成严重的伤害（可能致命）和 / 或重大的产品损坏。该标志适用于以下险情：碰触高压电气单元、爆炸、火灾、有毒气体、挤压、撞击、高空坠落等
	电击 针对可能会导致严重的人身伤害或死亡的电气危险的警告

续表

标志	含义
	小心 警告，如果不依照说明操作，可能会发生人员伤害和/或产品损坏的事故。该标志适用于以下险情：灼伤、眼部伤害、皮肤伤害、听力损伤、挤压或滑倒、跌倒、撞击、高空坠落等。此外，它还适用于某些涉及功能要求的警告消息，即在装配和移除设备过程中出现有可能损坏产品或引起产品故障的情况时，也会采用这一标志
	静电放电 针对可能会导致严重产品损坏的电气危险的警告。在看到此标志时，在作业前要进行释放人体静电的操作，最好能带上静电手环并可靠接地后才开始相关的操作
	注意 描述重要的事实和条件。请一定要重视相关的说明
	禁止 此标志要与其他标志组合使用才会代表具体的意思
	在拆卸之前，请参阅产品手册
	不得拆卸 有此标志提示的机器人部件，绝对不能拆卸，否则会导致对人身的严重伤害或产品的损坏
	旋转更大 此轴的旋转范围（工作区域）大于标准范围。一般用于大型机器人（比如 IRB 6700）的轴 1 旋转范围的扩大

续表

标志	含义
	制动闸释放 按此按钮将会释放机器人对应轴电机的制动闸。这意味着机器人可能会掉落，特别是在释放轴 2、轴 3 和轴 5 时要注意机器人对应轴因为地球引力的作用而向下失控的运动
	倾翻风险 如果机器人底座固定用的螺栓没有在地面做牢靠的固定，那就可能造成机器人的翻倒。所以要将机器人固定好并定期检查螺栓的松紧
	储能 1. 警告此部件蕴含储能。 2. 与不得拆卸标志一起使用
	无机械限位 表示没有机械限位
	加注润滑油 如果不允许使用润滑油，则可与禁止标志一起使用

1.3.3　工业机器人的安全作业关键事项

工业机器人本体各轴都非常沉重，每一个轴电机都会配置制动闸用于在机器人本体处于非运行状态时对各轴电机进行制动。如果没有连接制动闸、连接错误、制动闸损坏或任何故障导致制动闸无法使用，都会产生危险。即使在主开关关闭的情况下，机器人控制柜里部分器件也是一直带电的，并且会对人身造成伤害。因此，在机器人工作时需特别注意相关安全事项。

1. 手动操纵机器人时

（1）请不要戴手套操作示教盘和操作面板。
（2）在点动操作机器人时要采用较低的倍率速度以增加对机器人的控制机会。
（3）在使用操纵杆操作机器人之前要考虑机器人的运动趋势和方向。
（4）要预先考虑好避让机器人的运动轨迹，并确认该线路不受干涉。

2. 生产运行时

（1）在开机运行前，必须知道机器人根据所编程序将要执行的全部任务。

（2）必须知道所有会左右机器人移动的开关、传感器和控制信号的位置或状态。

（3）必须知道机器人控制器和外围控制设备上的紧急停止按钮的位置，可以随时在紧急情况下按下紧急停止按钮。

（4）永远不要认为机器人没有移动其程序就已经完成了。因为这时机器人很有可能是在等待让它继续移动的信号。

技能训练

1. 学会 ABB 工业机器人示教器（图 1.13）的使用。

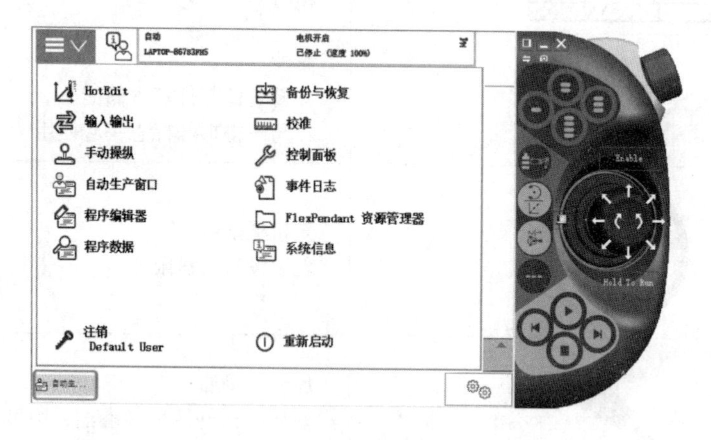

图 1.13

2. 学会 ABB 工业机器人（图 1.14）的安全操作。

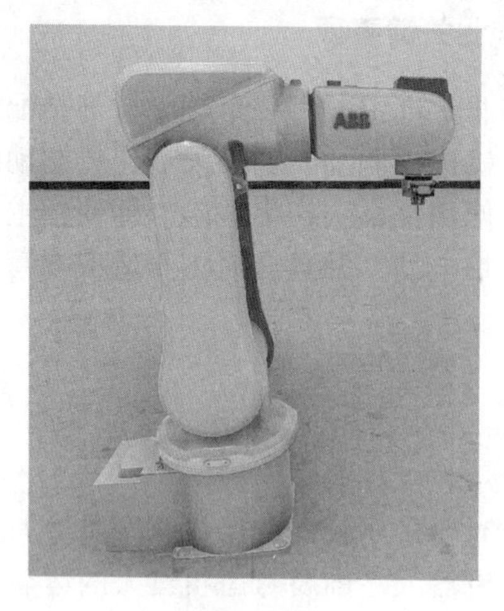

图 1.14

工业机器人虚拟示教操作

学习目标

- 了解机器人中各种坐标系的含义和应用场合
- 掌握工具坐标系的标定方法
- 学会 ABB 工业机器人虚拟仿真环境的搭建
- 学会 ABB 工业机器人的点动操作
- 学会 ABB 工业机器人零点校准与程序管理

思维导图

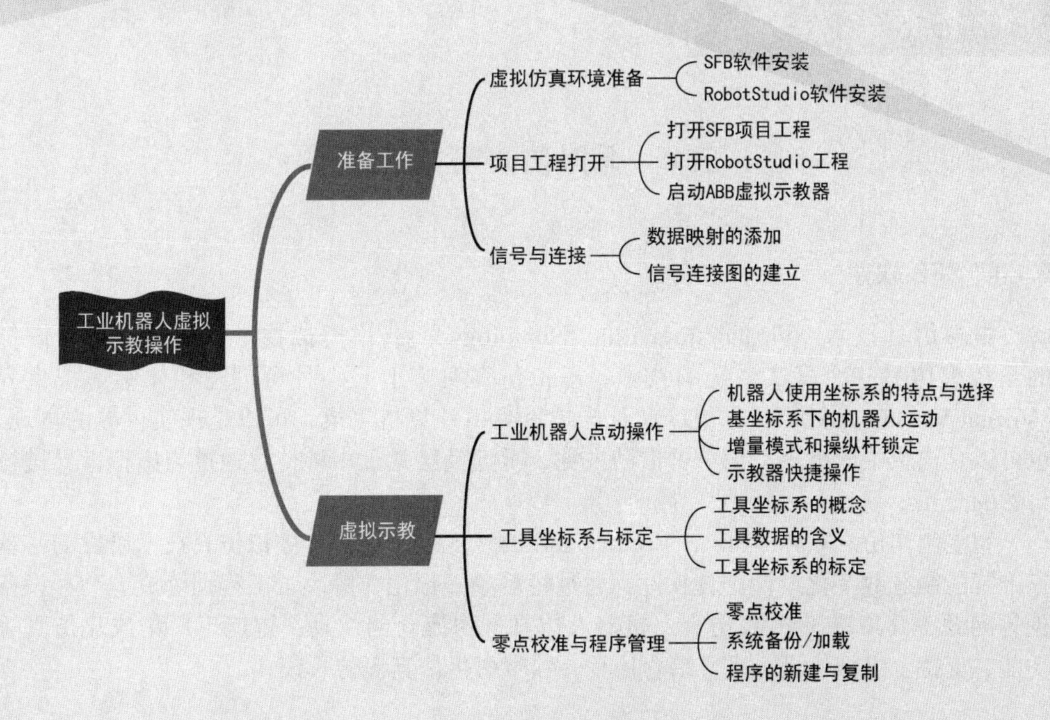

任务描述

在 SFB 项目工程中，利用虚拟示教器的手动模式对 IRB 120 机器人的点动操作进行控制，从而使得机器人可以实现六轴运动、线性运动和重定位运动，工程环境如图 2.1 所示。

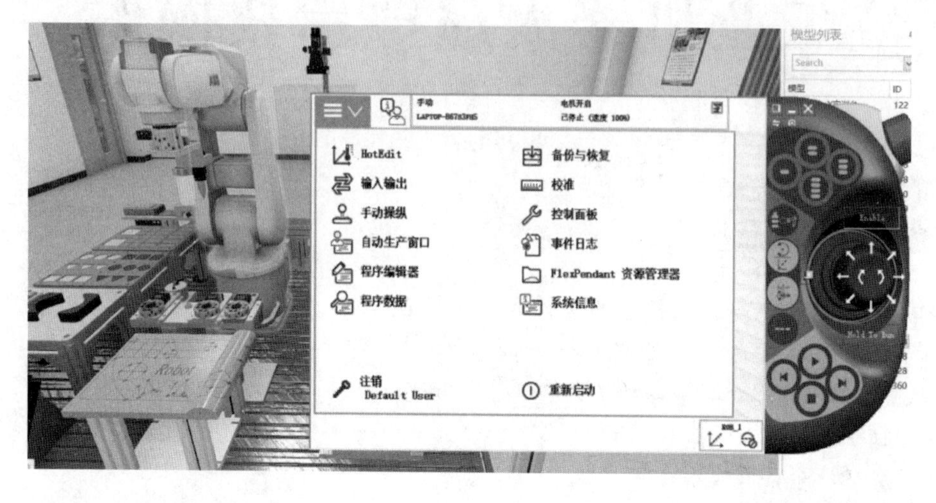

图 2.1

任务知识基础

2.1 虚拟仿真环境准备

2.1.1 SFB 软件

虚拟仿真技术（Virtual simulation technology），或称模拟技术，就是用一个虚拟的系统模仿另一个真实系统的技术。虚拟仿真实际上是一种可创建和体验虚拟世界（Virtual World）的计算机系统。此种虚拟世界由计算机生成，可以是现实世界的再现，也可以是构想中的世界，用户可借助视觉、听觉及触觉等多种传感通道与虚拟世界进行自然的交互。

智能制作仿真软件（Smart Factory Builder，SFB）是基于虚拟仿真技术研发的一款三维智能制造数字化设计仿真软件，通过将对象虚拟化，解决了工程训练成本高、设备少等问题。其集成了 PLC 仿真、机器人仿真、物流仓储仿真、智能工厂集成化仿真等功能，支持全虚拟仿真、虚实结合仿真、数字孪生仿真等仿真模式。

SFB 软件的下载、注册、登录操作步骤如下。

（1）登录网站：http://www.factory-builder.com/[2023-6-14]。

（2）单击图 2.2 中“软件下载”选项进入下载页面。

图　2.2

（3）在下载页面单击“下载”按钮进行下载，如图 2.3 所示。

图　2.3

（4）双击打开下载的安装包。

（5）按提示进行安装，安装完成后打开 SFB 软件。

（6）软件启动画面之后，会弹出“用户登录”窗口，如图 2.4 所示。

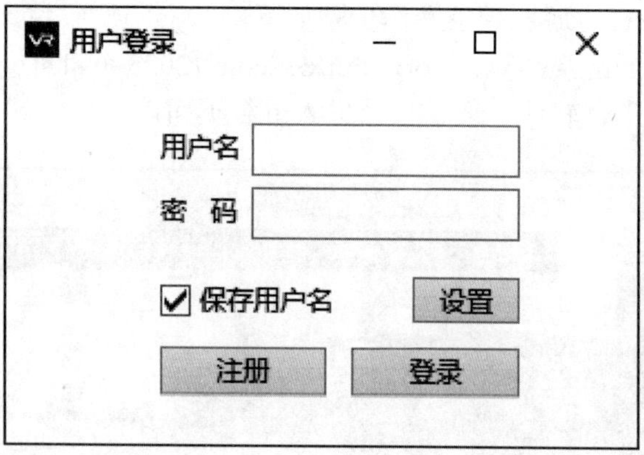

图　2.4

（7）如有已授权的账号可直接进行登录，没有账号请单击“注册”按钮，弹出注册页面，如图 2.5 所示。

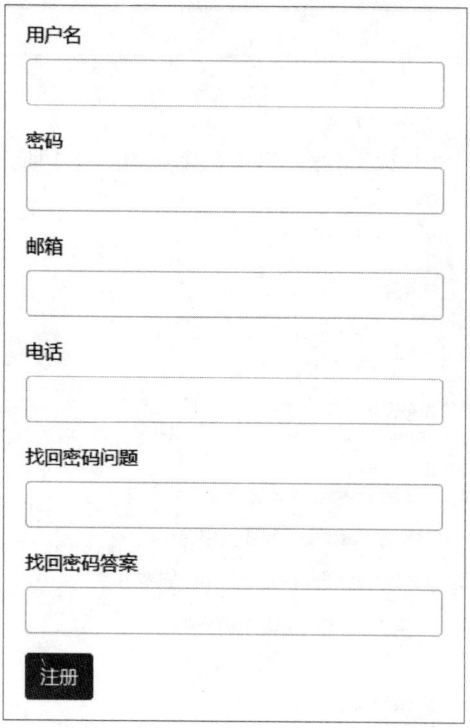

图　2.5

（8）填写对应的信息之后，完成账号注册。

（9）完成登录后，进入 SFB 的主界面，如图 2.6 所示。

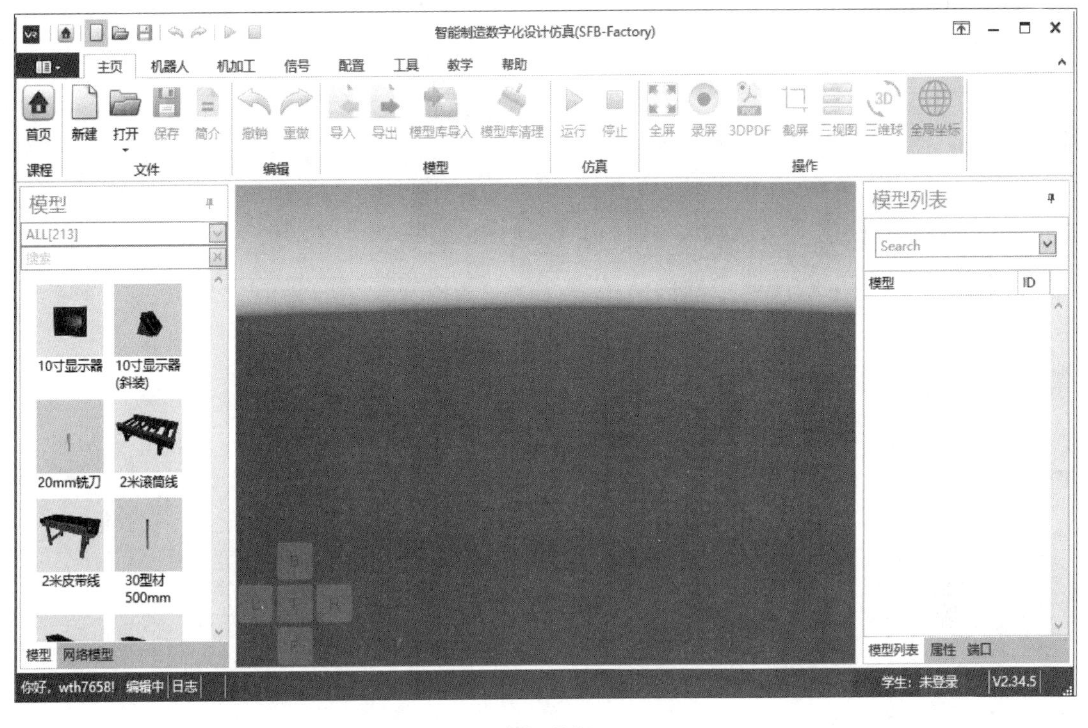

图　2.6

2.1.2　RobotStudio 软件

RobotStudio 软件是 ABB 公司专门开发的工业机器人离线编程软件，顾名思义，借助 RobotStudio 软件，可在不影响生产的前提下执行培训、编程和优化等任务，如同将真实的机器人搬到了计算机中。在实际生产中，其还可提高生产效率、降低生产风险，使生产投产更迅速、换线更快捷。

RobotStudio 软件的安装步骤如下。

（1）网上下载 RobotStudio V6.08 版本（非 V6.08 版本请自行测试）。

（2）双击打开安装程序“setup.exe”，如图 2.7 所示。

图　2.7

（3）按提示进行下一步，选择“完整安装”，并选择“安装目录”。

（4）完成安装后，启动 RobotStudio，进入 RobotStudio 主界面，如图 2.8 所示。

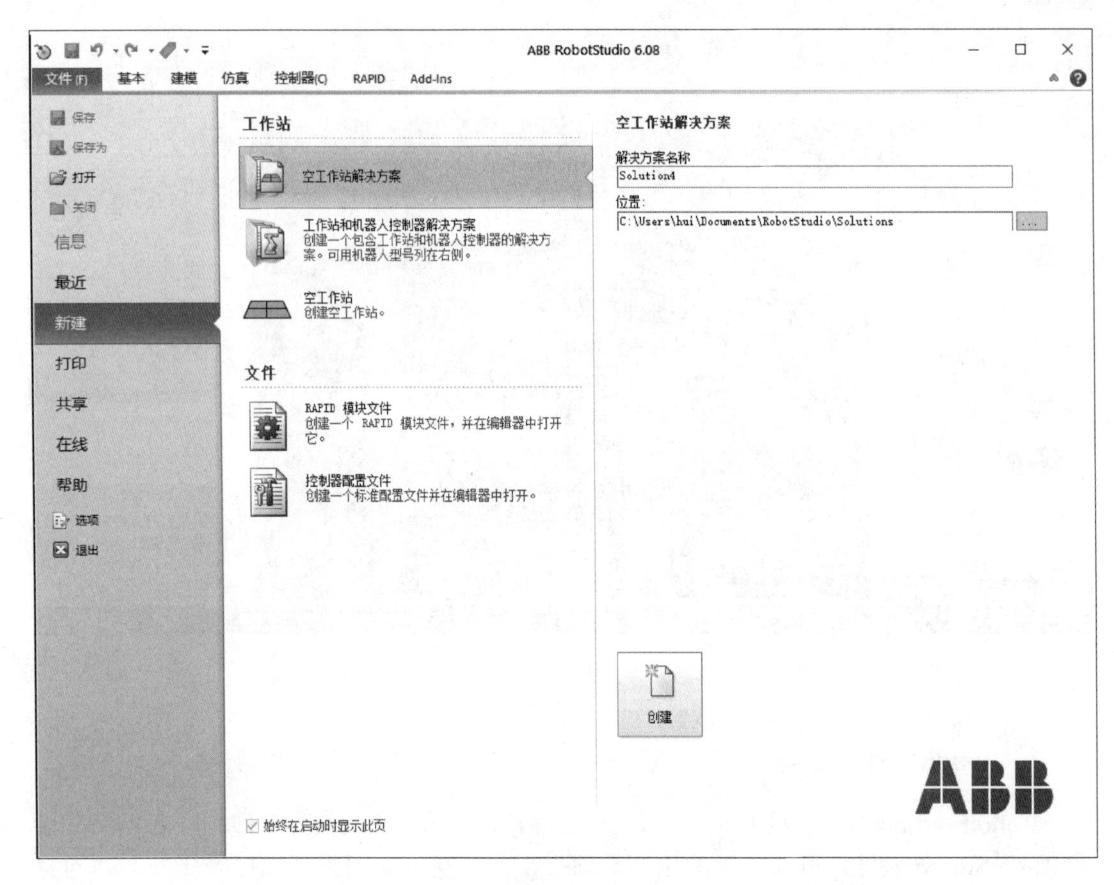

图 2.8

2.2 项目工程打开

2.2.1 打开 SFB 项目工程

（1）双击解压提供的“IRB120 机器人示教与编程基础实验 – 虚拟仿真实验 – 工程 .zip”压缩包。

（2）切换到 SFB 软件，单击“打开”菜单，选择“IRB120 机器人示教与编程基础实验 .sfb”，如图 2.9 所示。

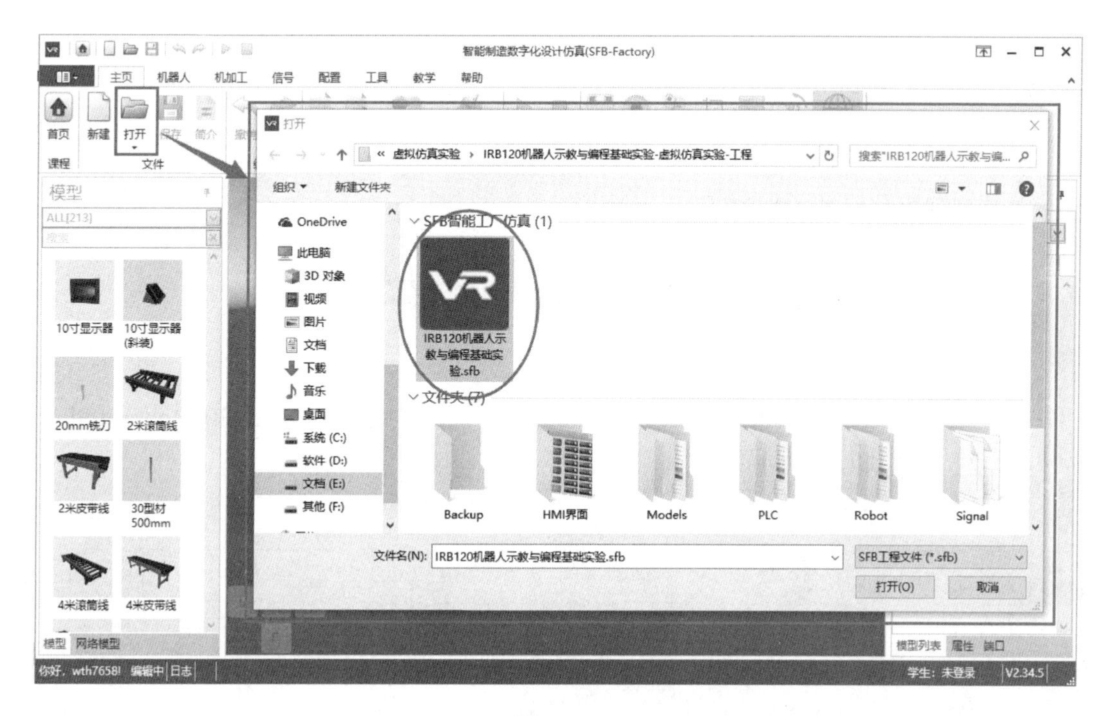

图　2.9

（3）打开 SFB 项目工程文件，界面分区如图 2.10 所示。

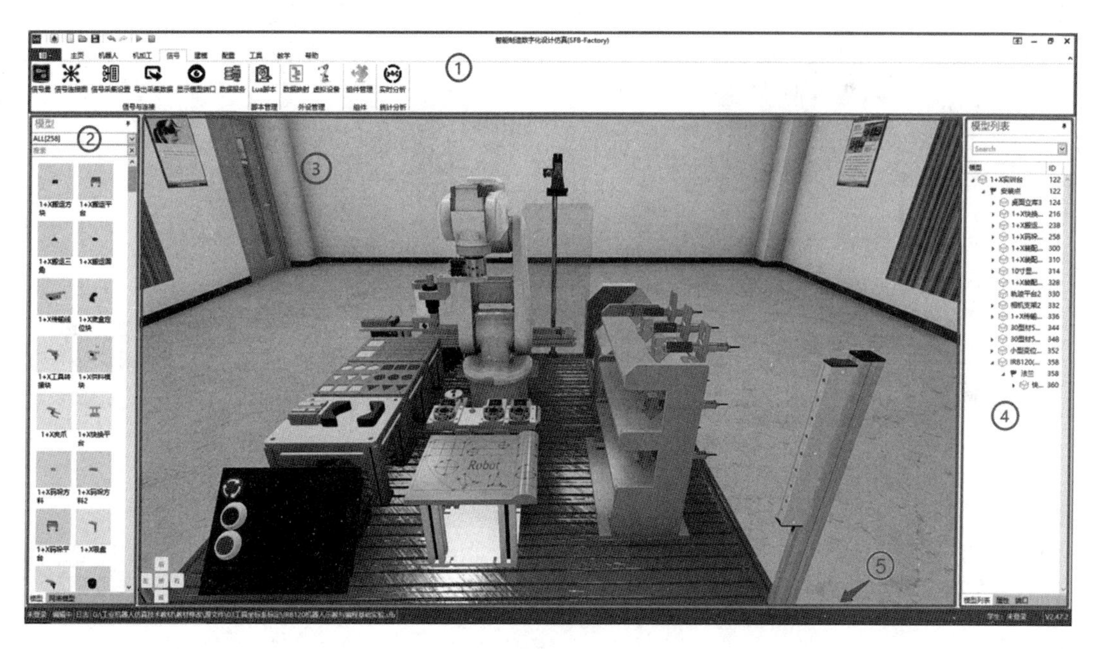

图　2.10

界面分区功能如下。

①菜单工具栏。

②模型库。

③场景。

④模型列表、属性、端口。

⑤状态栏。

上述分区的具体功能可以在菜单工具栏的帮助中查看。

2.2.2 打开 RobotStudio 工程

（1）切换到 RobotStudio 软件，单击“打开”菜单，选择“IRB120_RobotStudio_6.08.rspag”，如图 2.11 所示。

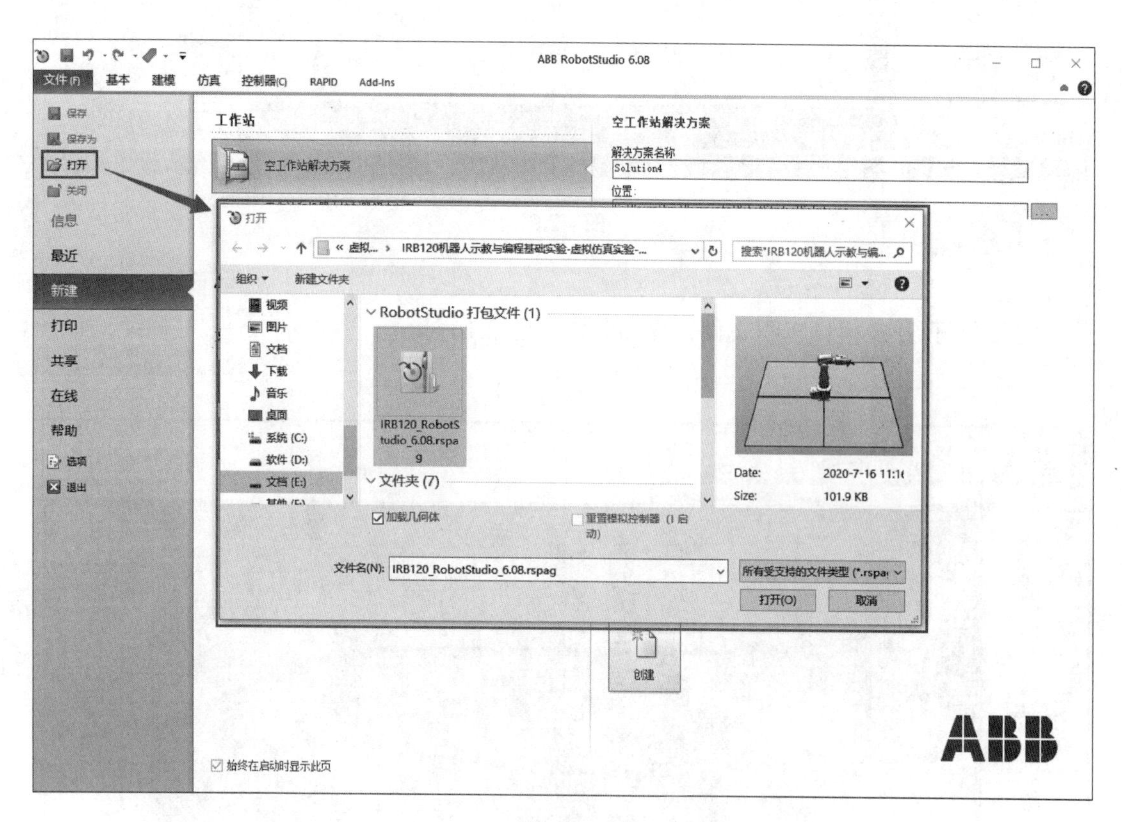

图 2.11

（2）打开 RobotStudio 工程，弹出解包向导，如图 2.12 所示。

（3）根据提示进行解包，完成工程的打开，如图 2.13 所示。

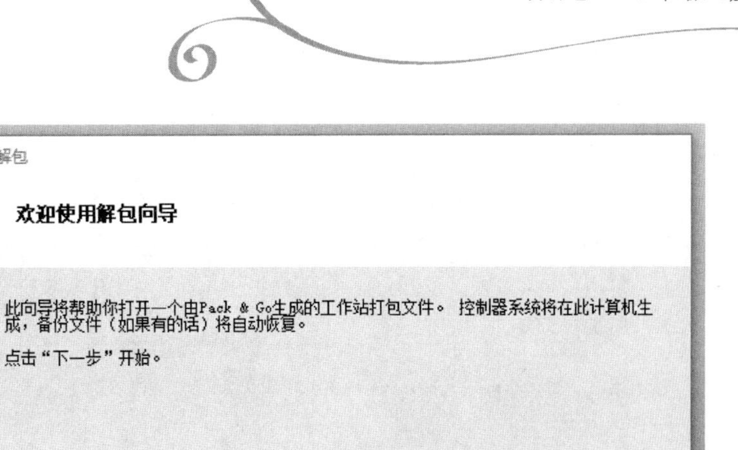

图　2.12

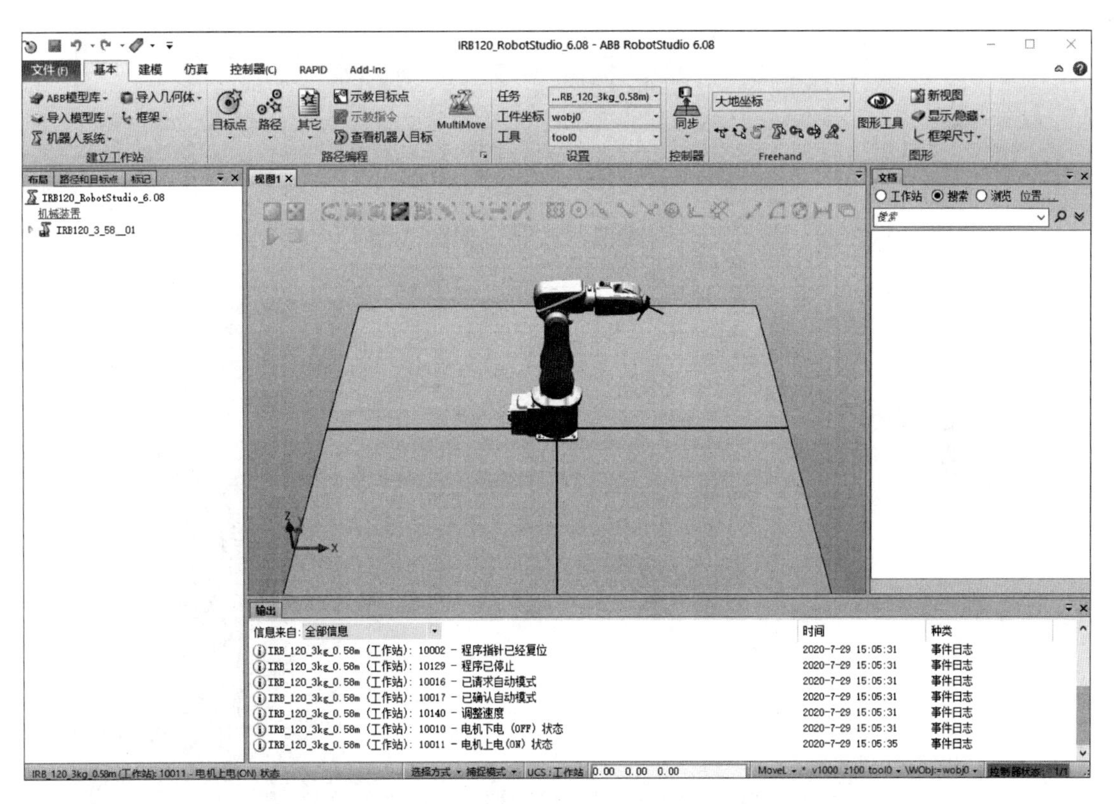

图　2.13

2.2.3　启动 ABB 虚拟示教器

（1）RobotStudio 软件切换到“控制器”选项卡，找到“示教器”，如图 2.14 所示。

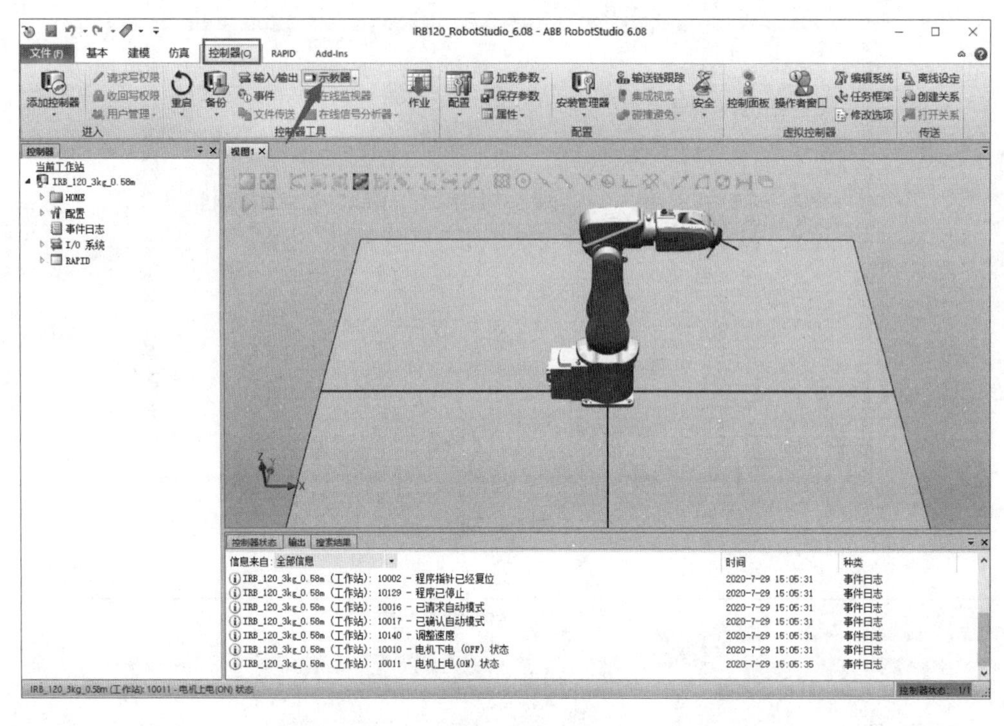

图 2.14

（2）单击“示教器”菜单，启动虚拟示教器，如图 2.15 所示。

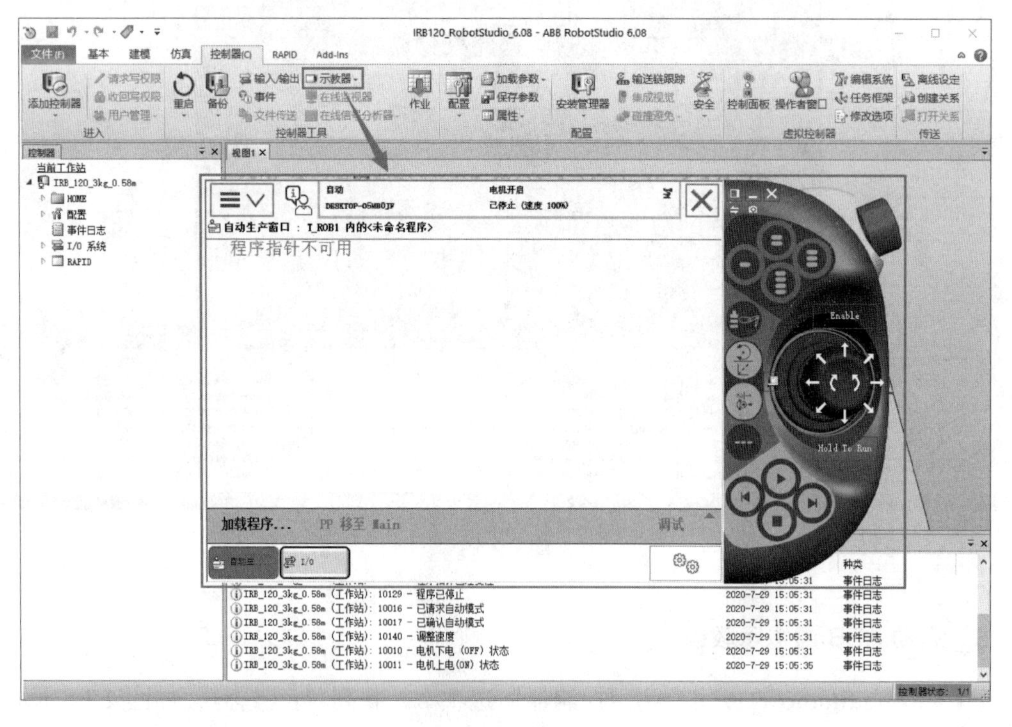

图 2.15

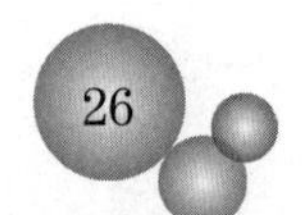

2.3　信号与连接

2.3.1　添加数据映射

（1）在“控制器”选项卡下，右击“IRB_120_3kg_0.58m”，找到“打开系统目录”选项，如图 2.16 所示。

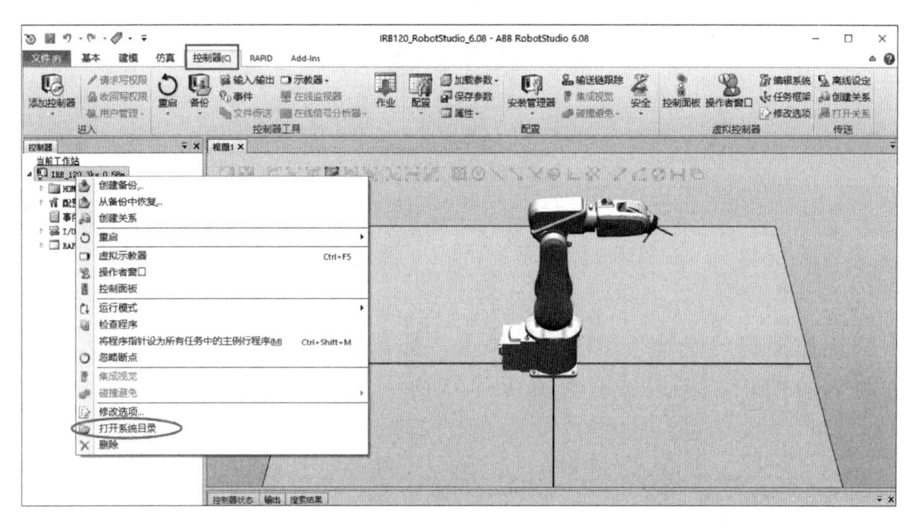

图　2.16

（2）单击“打开系统目录”命令，会自动弹出一个文件夹，如图 2.17 所示。

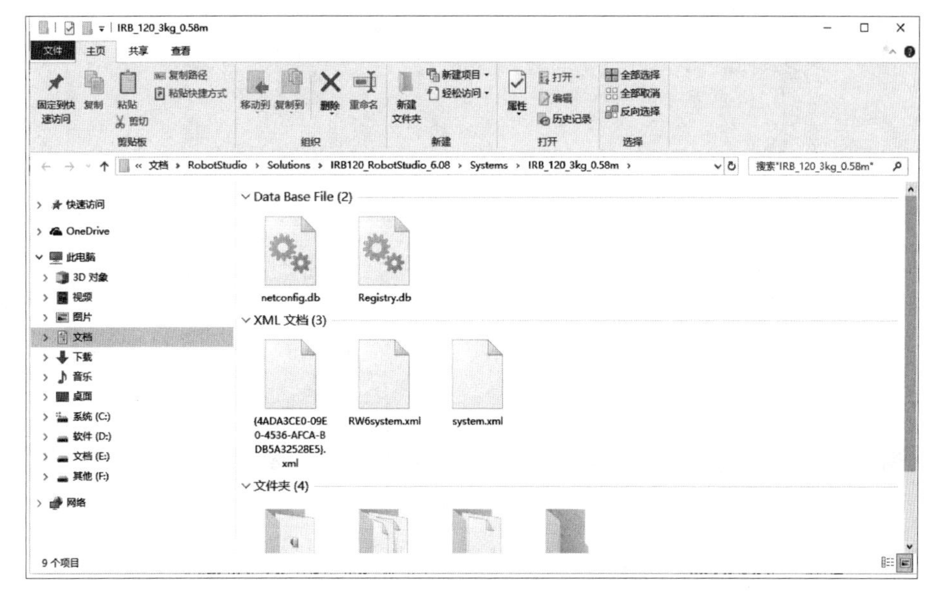

图　2.17

（3）该文件夹是控制系统的所在目录，找到其中的xml文件，其中“{ }”中的字符串即控制系统的ID，如图2.18所示，复制这一串字符串。

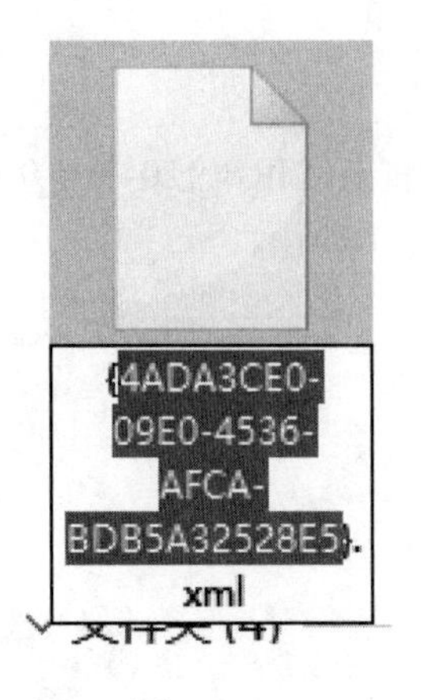

图 2.18

（4）软件切换到“信号”选项卡，单击“数据映射”按钮，打开“设备数据映射”窗口，如图2.19所示。

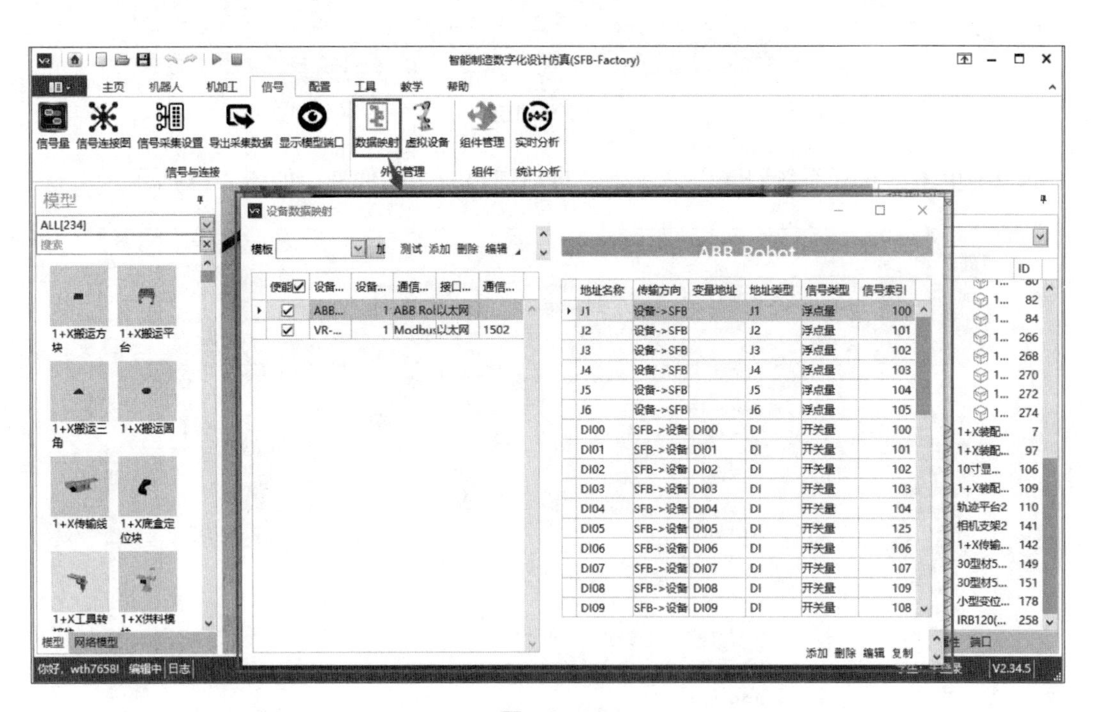

图 2.19

（5）双击“ABB_Robot”，打开“设备属性”窗口，如图2.20所示。

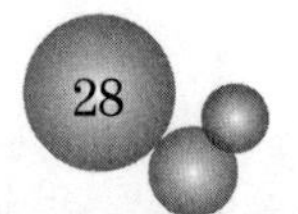

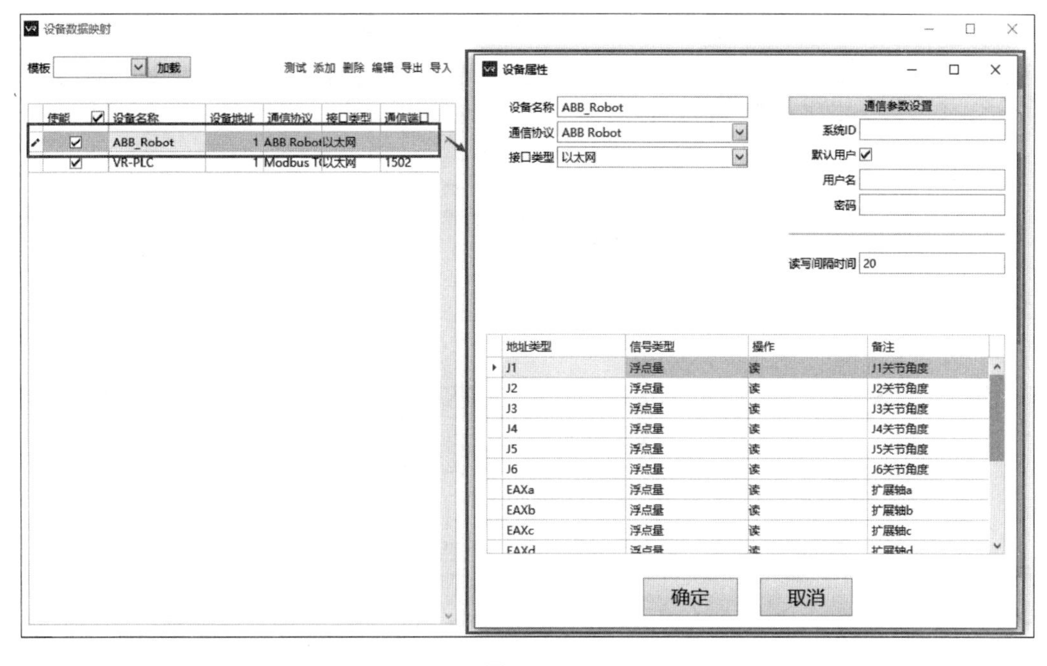

图　2.20

（6）将之前复制的系统 ID 填入，如图 2.21 所示。

图　2.21

（7）确定更改之后，选中“ABB_Robot”，单击“测试”命令，弹出“通信连接测试成功”提示框，则表示通信连接正常，如图 2.22 所示。如失败则需要检查相应设置。

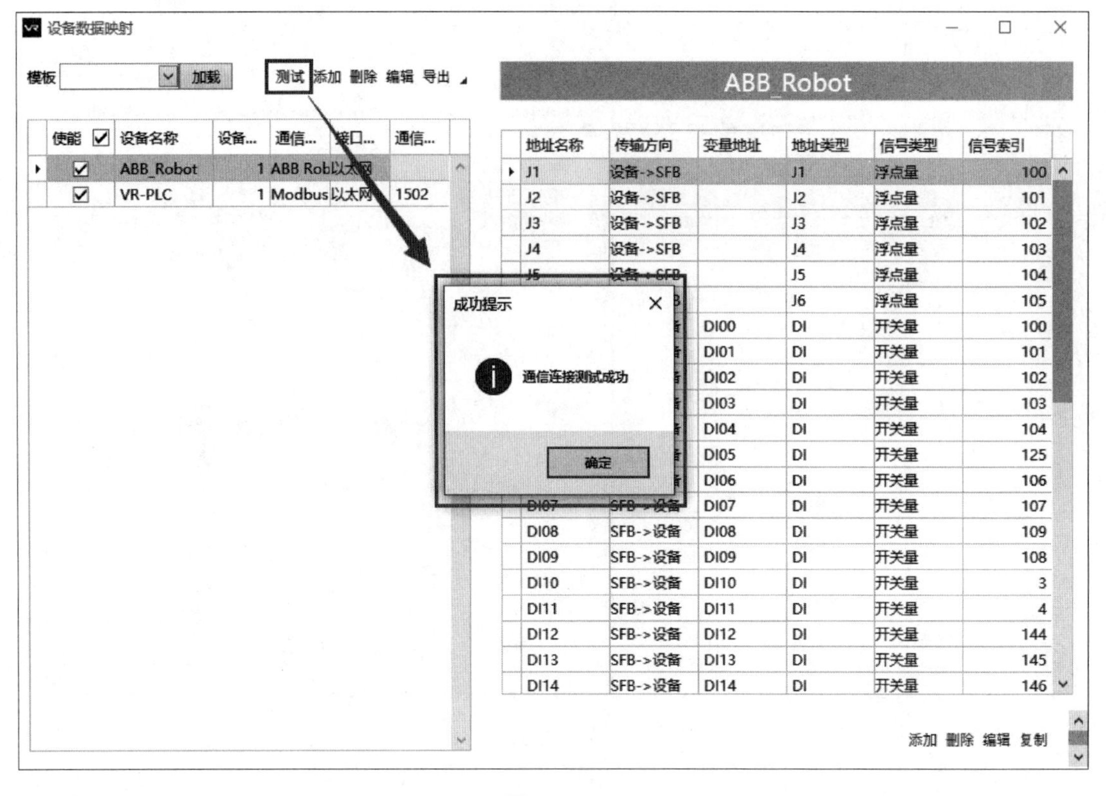

图 2.22

特别提示

SFB 数据映射中的“系统 ID”非必填项，如为空，则自动连接 RobotStudio 中的一个机器人控制器，如 RobotStudio 中有多个机器人控制器，则系统 ID 必须与对应控制器相同。

2.3.2 建立信号连接图

（1）单击“信号”选项卡中的“信号连接图”功能，如图 2.23 所示，启动“信号连接图”窗口。

图 2.23

（2）单击左上角的“新建”功能，填入名称“信号连接图”后单击“确定”按钮，如图 2.24 所示。

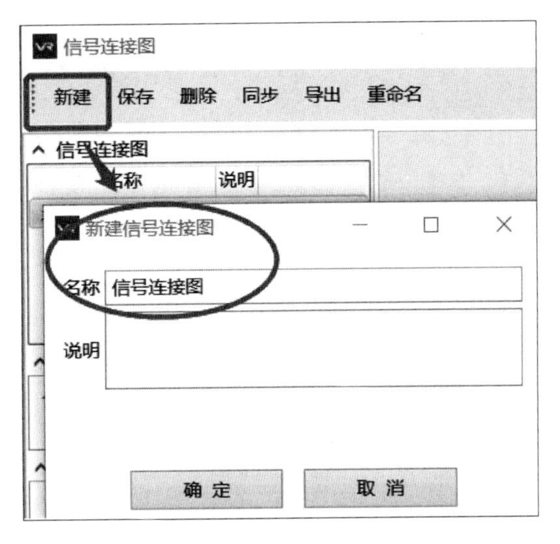

图　2.24

（3）将左侧的工业机器人 ABB_Robot 和 IRB120 示教器拖入右侧绘图区域，如图 2.25 所示。

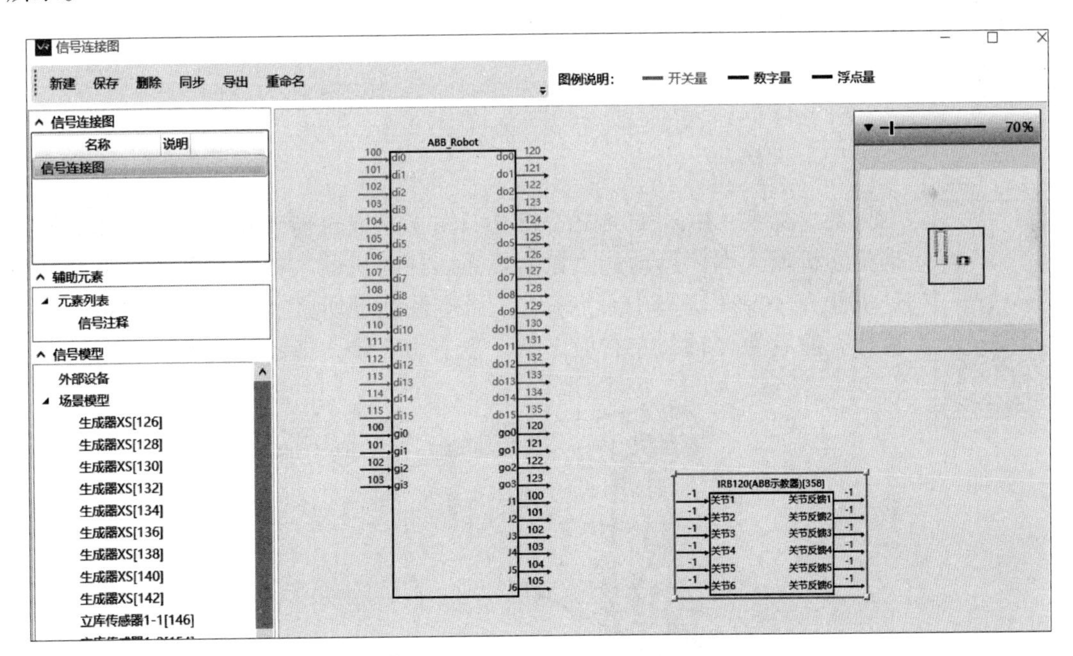

图　2.25

（4）参照上图建立信号连接，注意信号连线必须从输出连到输入（信号模型左侧代表输入，右侧代表输出），如图 2.26 所示。

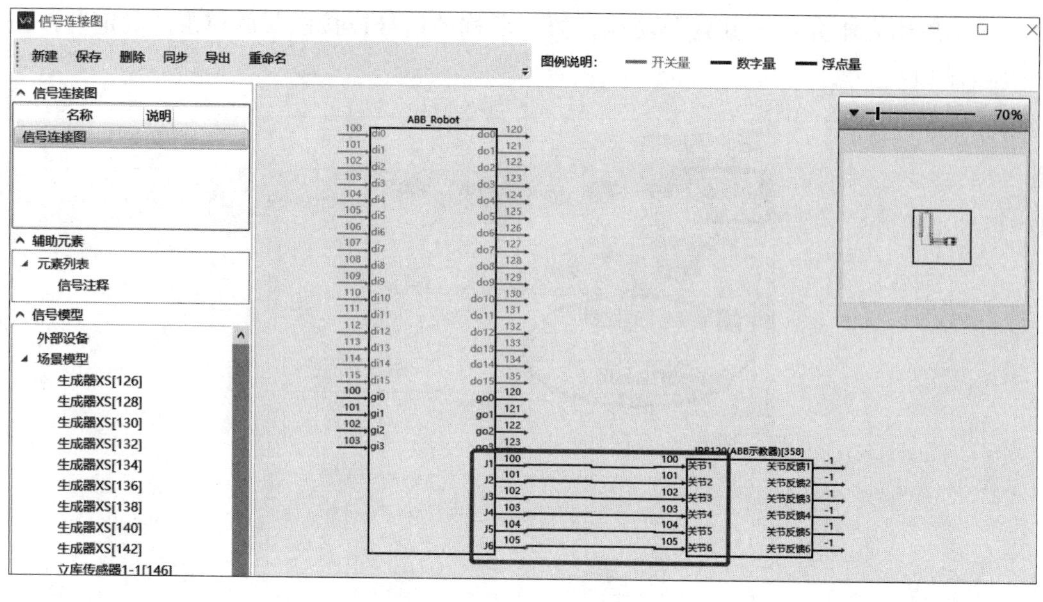

图 2.26

2.4 工业机器人点动操作

2.4.1 机器人使用的坐标系

1. 基坐标系

基坐标系（Base Coordinate System）是以机器人安装基座为基准，用来描述机器人本体运动的直角坐标系。任何机器人都离不开基坐标系，其是机器人 TCP（工具中心点）在三维空间运动所必需的基本坐标系，面对机器人前后为 X 轴，左右为 Y 轴，上下为 Z 轴，如图 2.27 所示。

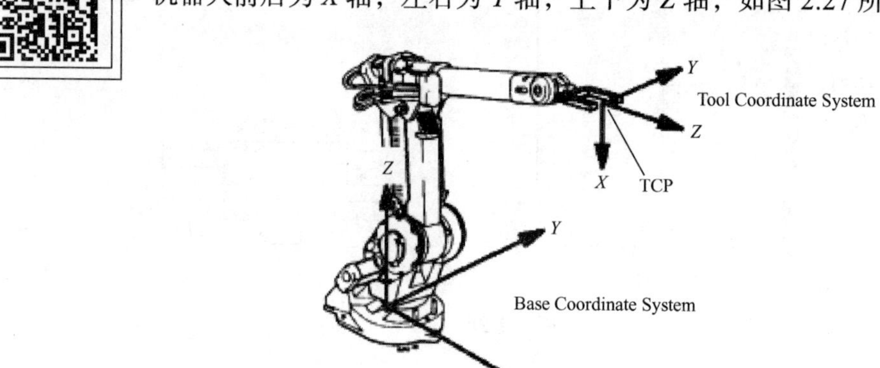

图 2.27

2. 大地坐标系

大地坐标系（World Coordinate System）也称为世界坐标系，它是以大地作为参考平面的，如图 2.28 所示。大地坐标系可以让两个或多个机器人定位到车间里的同一个点，在两个或多个机器人协同工作（比如一个机器人抓另外一个机器人焊接好的部件）时，使用大地坐标系特别方便。

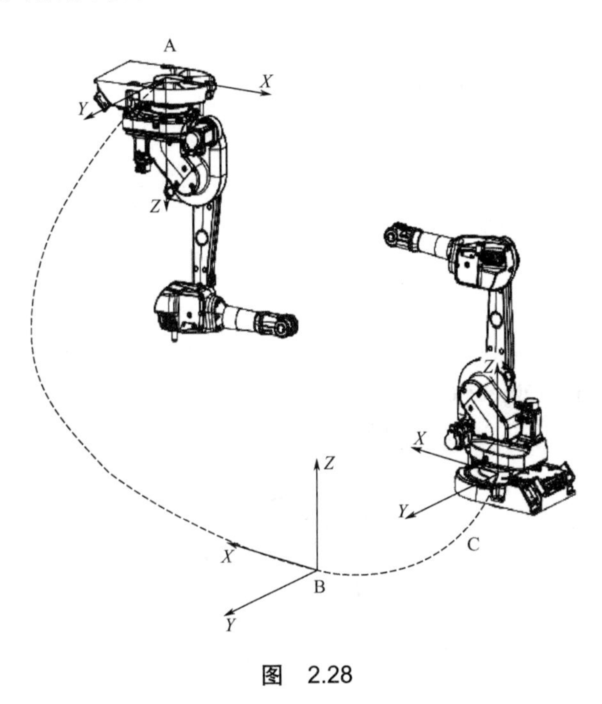

图　2.28

特别提示

基坐标系和大地坐标系有什么区别呢?

既然基坐标系是以底盘为参考平面，那么底盘的固定地方不同，其参考系就不同。当底盘水平固定在地面上时，基坐标系与大地坐标系就在同一个平面内（原点可能不同），此时机器人的运动也可以大地坐标系为参考。当底盘离开地面一定距离（甚至把机器人倒置）时，机器人的参考平面就不能以大地为基准了，必须以底盘所在的平面为基准。

图 2.28 中 A、C 为基坐标系，B 为大地坐标系。

3. 工具坐标系

工业机器人出厂时有一个默认的工具坐标系（Tool Coordinate System）（用户设置），该工具坐标系位于机器人第六轴法兰盘的中心。实际工作中，机器人会安装不同的末端执行器，例如焊枪、抓手、胶枪等，所以要根据末端执行器的种类和特点，重新建立一个或多个工具坐标系，方便操作者灵活地调整机器人末端执行器的姿态，更加精确地控制机器人的运动轨迹，如图 2.29 所示。

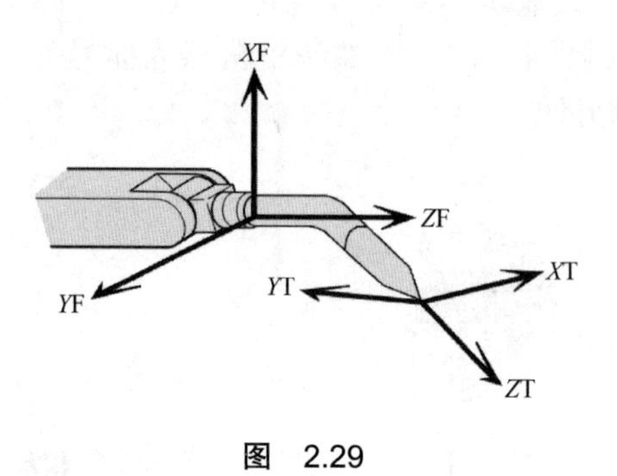

图 2.29

4. 工件坐标系

工件坐标系（Work Object Coordinate System）（用户设置）是以工件为基准的直角坐标系，可用来描述 TCP 的运动，如图 2.30 所示。

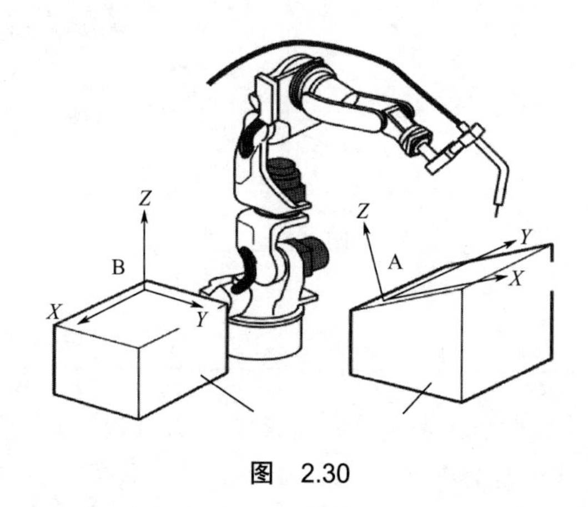

图 2.30

图 2.30 中工件 A 表面和工件 B 表面都可定义为工件坐标系。

2.4.2 基坐标系下的机器人运动

1. 轴运动

（1）打开任务 2.3 中的 SFB 项目工程文件，如图 2.31 所示。此时机器人并未安装末端执行机构。

（2）单击 SFB 项目工程“模型列表”栏，将 1+X 快换平台中的“快换夹具 OX-05AI[夹具侧]”拖动到 IRB120 法兰的“快换夹具 OX-05A[机械手侧]”中，如图 2.32 所示。

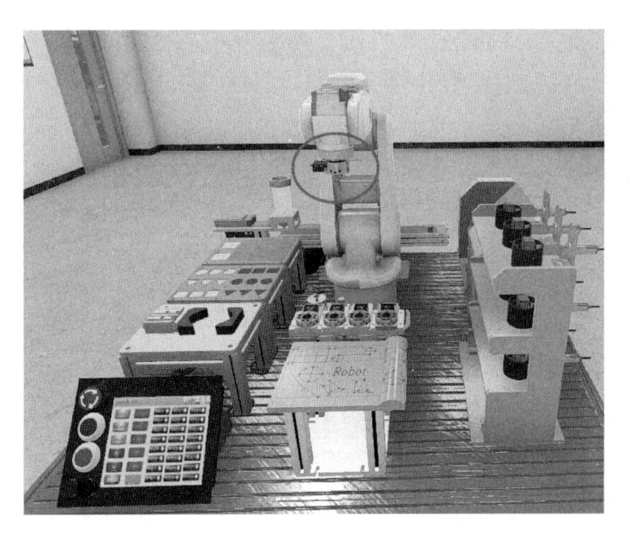

图　2.31

（3）选择 IRB120 中的快换夹具 OX-05AI[夹具侧]，单击“属性”栏，如图 2.33 所示。

图　2.32

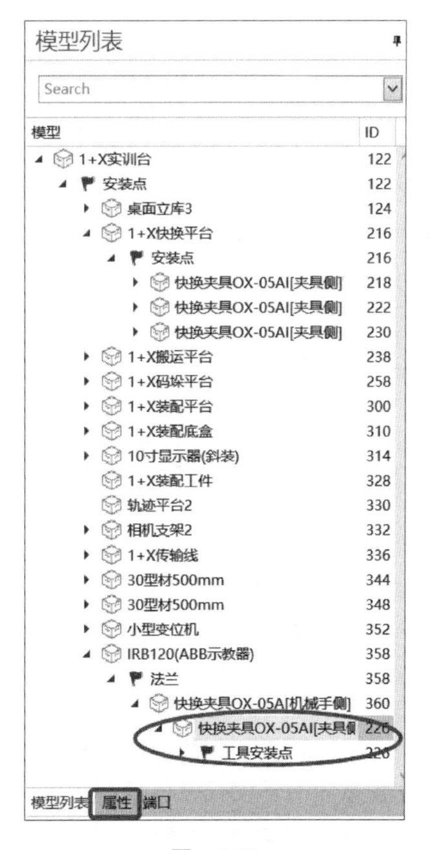

图　2.33

（4）在属性栏界面中，将位置中的六个参数改成图 2.34 所示的数据。

（5）上述操作完成后回到 SFB 场景中，可见针尖已被安装至机器人快换夹具的机械手侧，如图 2.35 所示。

（6）单击“启动”按钮运行 SFB 虚拟场景，如图 2.36 所示。

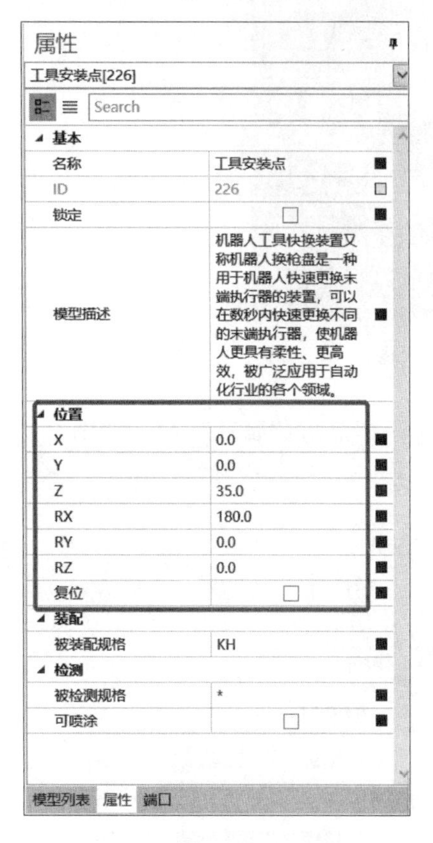

图 2.34

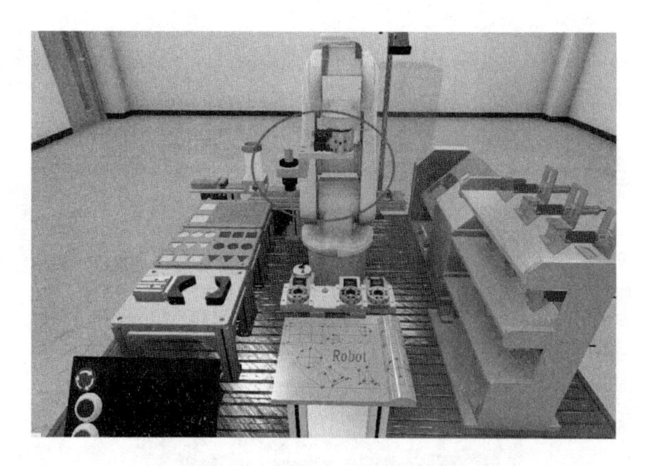

图 2.35

图 2.36

（7）通过示教器将机器人模式切换成手动模式，并点亮使能键。通过状态栏确认当前系统状态为手动模式及电机启动状态，如图 2.37 所示。

（8）单击“菜单”选择“手动操纵 – 动作模式”选项，将动作模式选择为轴 1–3 或者轴 4–6 后单击“确定”按钮，如图 2.38 所示。

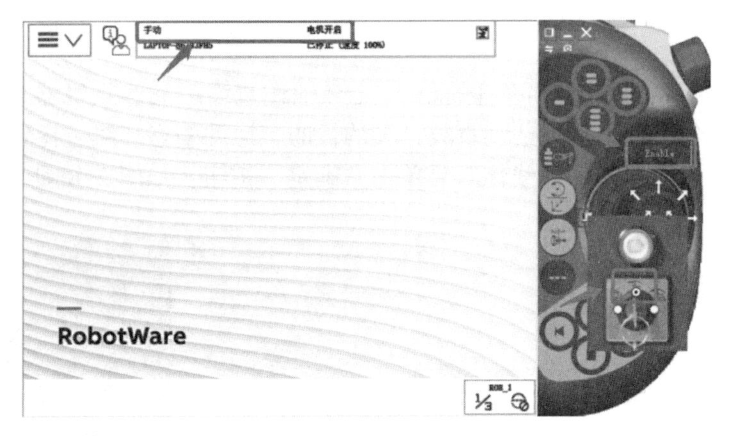

图　2.37

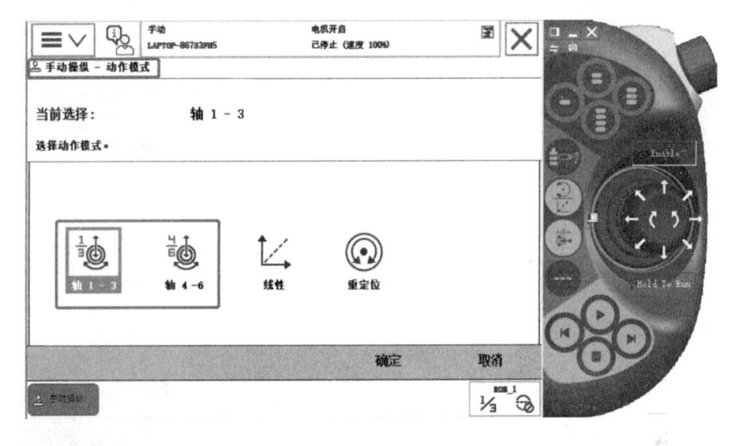

图　2.38

（9）通过推动操纵杆，观察机器人六轴的运动方式，如图 2.39 所示。

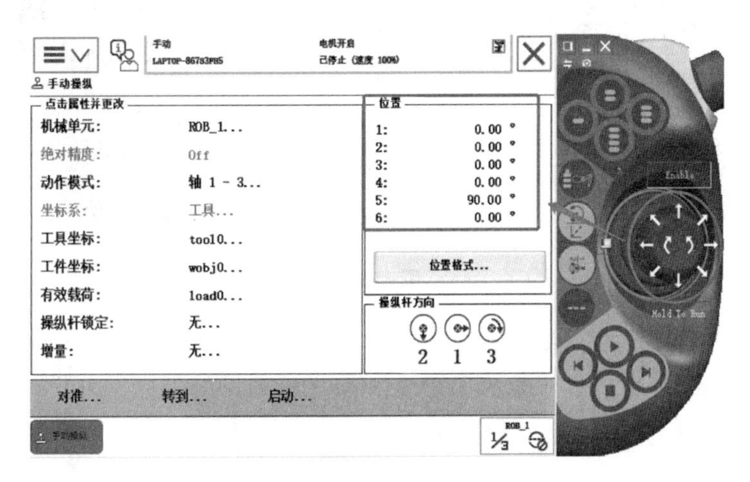

图　2.39

2. 线性运动

线性运动是机器人 TCP 沿基坐标 X、Y、Z 轴作直线运动，且机器人会根据走直线的需求自动调整各个轴，从而达到直线行驶的目的，运动姿态和轨迹比较直观。

（1）将动作模式选择为“线性”后单击“确定”按钮，如图 2.40 所示。

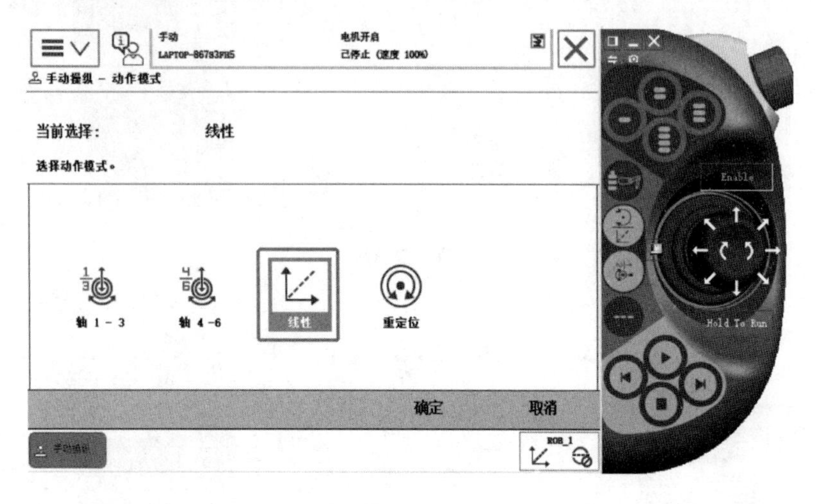

图 2.40

（2）将坐标系选择为“基坐标”后单击“确定”按钮，如图 2.41 所示。

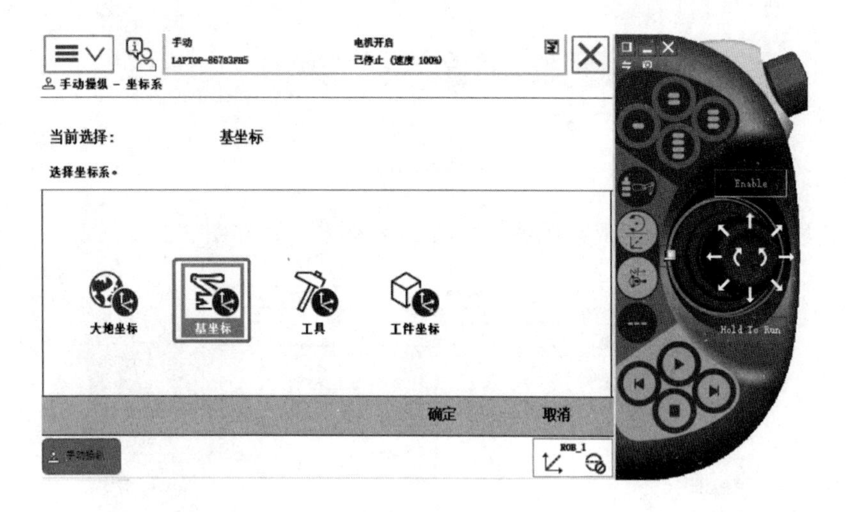

图 2.41

（3）上下、左右、前后方向推动操纵杆，观察机器人 X、Y、Z 轴方向的运动，如图 2.42 所示。其中，X、Y、Z 表示 TCP 在相应坐标系下的坐标，$q1$、$q2$、$q3$、$q4$ 为用四元数法表示的空间姿态。

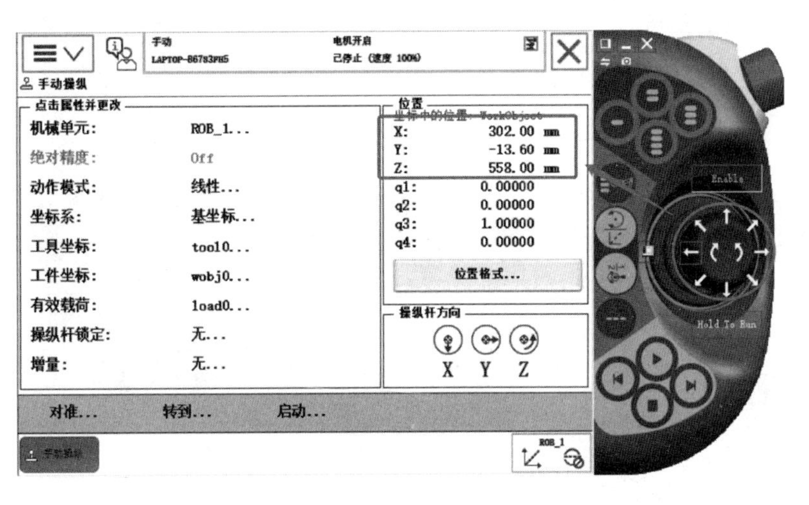

图　2.42

3. 重定位运动

重定位运动是指机器人第六轴法兰盘上的 TCP 在空间中绕着基坐标旋转的运动，也可以理解为机器人绕着 TCP 作姿态调整的运动。

（1）将动作模式选择为“重定位”后单击“确定”按钮，如图 2.43 所示。

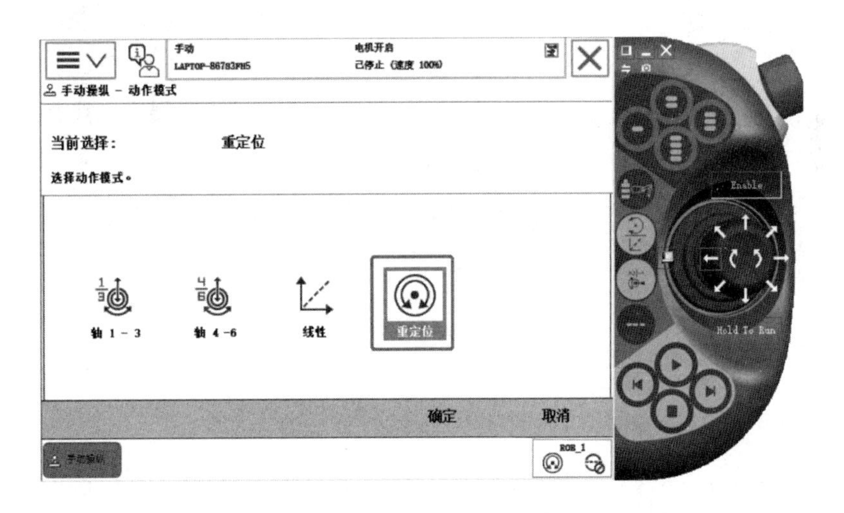

图　2.43

（2）将坐标系选择为“基坐标”后单击“确定”按钮，如图 2.44 所示。

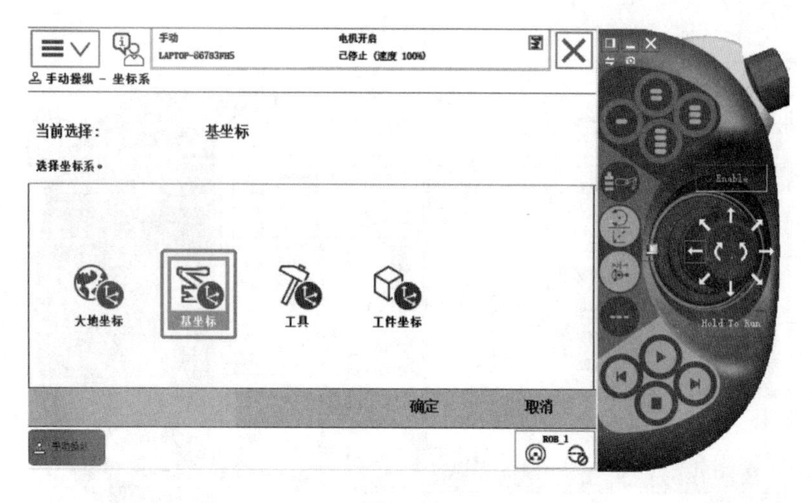

图 2.44

（3）上下、左后、前后方向推动操纵杆，观察机器人 *X*、*Y*、*Z* 轴方向的运动和空间姿态的变化，如图 2.45 所示。

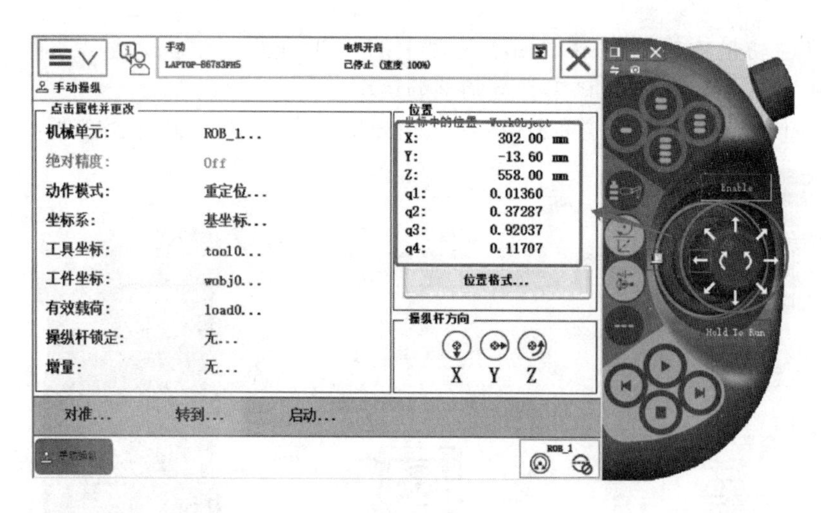

图 2.45

2.4.3 增量模式和操纵杆锁定

在需要微动的时候，若不熟悉机器人的使用，通过操纵杆操纵机器人移动较小幅度比较困难，而在增量模式下，操纵杆偏移幅度不影响机器人速度，为初学者提供了方便。在增量模式下，操纵杆偏转一次，机器人就移动一步（增量）。如果操纵杆偏转持续一秒钟或数秒钟，机器人就会持续移动（速率为每秒 10 步）。增量移动幅度见表 2-1。

表 2-1　增量移动幅度

增量	距离 /mm	角度 /°
小	0.05	0.005
中	1	0.02
大	5	0.2
用户		

单击“手动操纵”→“增量”按钮，出现图 2.46 所示的增量选择窗口，选择所需的增量模式，如“小”，单击“确定”按钮后返回“手动操纵”窗口。

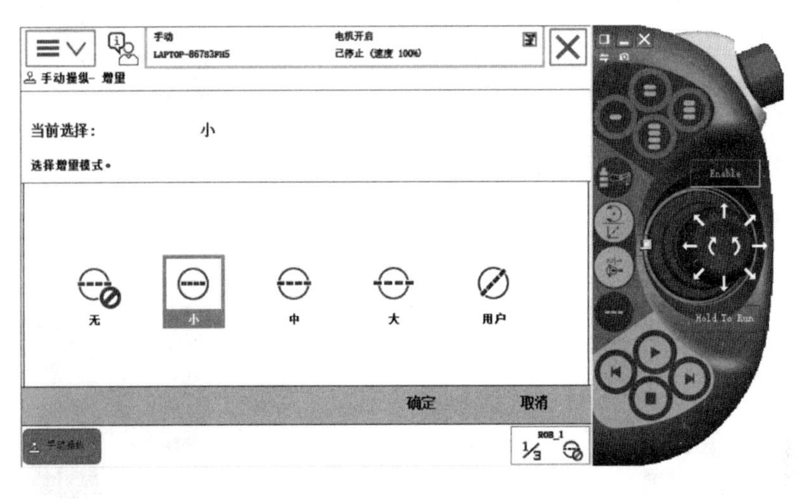

图　2.46

特别提示

在不需要移动机器人的情况下，可以将操纵杆锁定，以防误操作。锁定以后，操纵杆将无法控制机器人移动。

2.4.4　示教器快捷操作

快捷操作可提供比手动操纵界面更加快捷的方式进行各动作模式切换，且可在手动模式下显示机器人当前的机械单元、动作模式和增量大小等。熟练使用快捷操作可以更为高效地操控机器人运动。

（1）示教器右侧有实体键可以进行轴切换、线性和重定位快速切换，如图 2.47 所示。

（2）单击示教器右下角“快捷设置菜单”→“机器人”图标→“显示详情”，可以在该界面调整操纵杆速度，选择动作模式、坐标系、工具及工件坐标系，如图 2.48 所示。

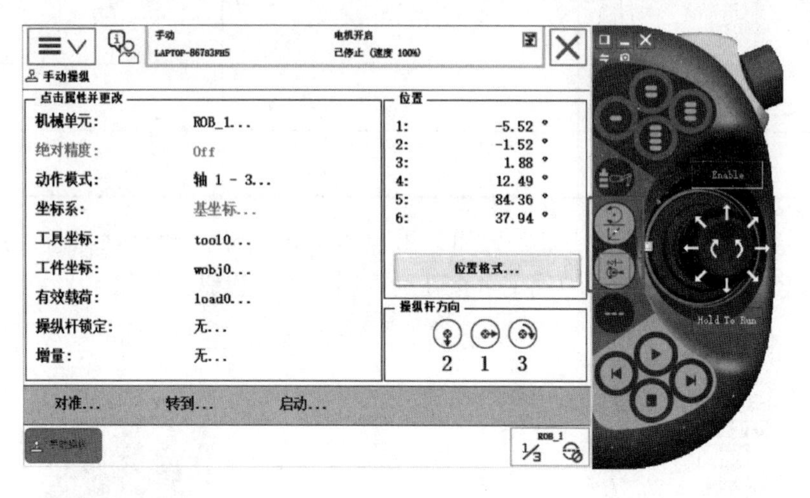

图 2.47

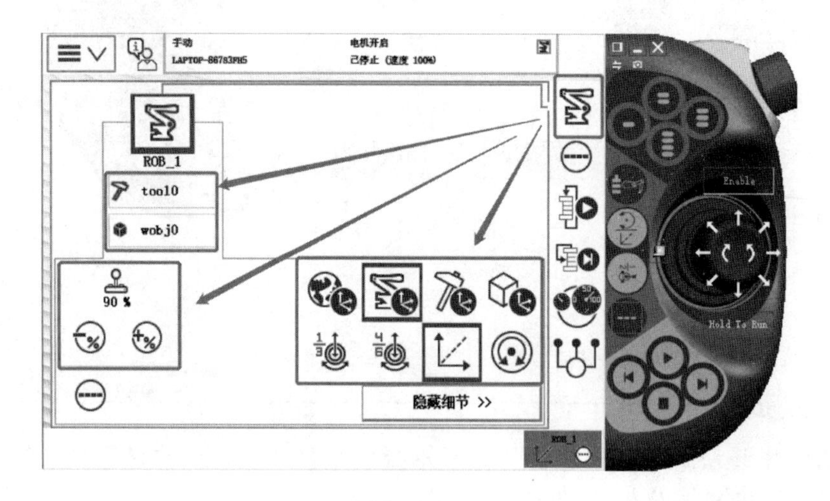

图 2.48

（3）单击“增量开关”可以打开或关闭增量模式，增量模式可以设置对应数值，如图 2.49 所示。

（4）单击“运行模式”可以选择单周或连续，如图 2.50 所示。

（5）单击“步进模式”可以选择对应步进方式，如图 2.51 所示。

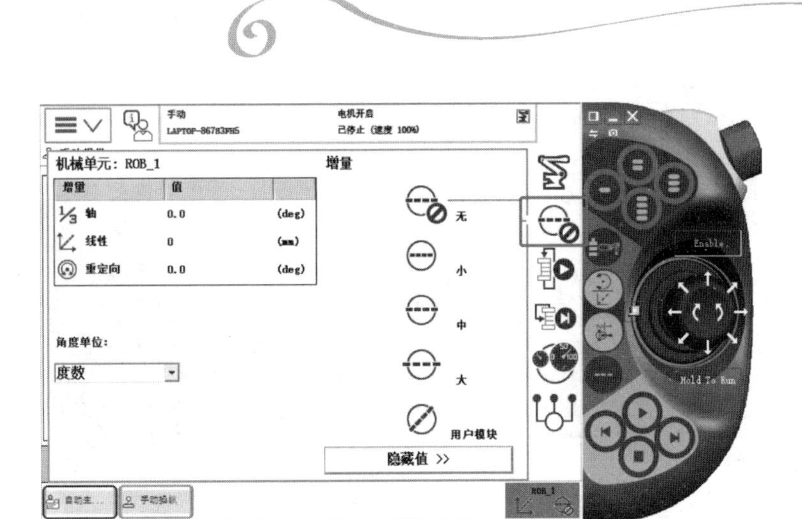

图　2.49

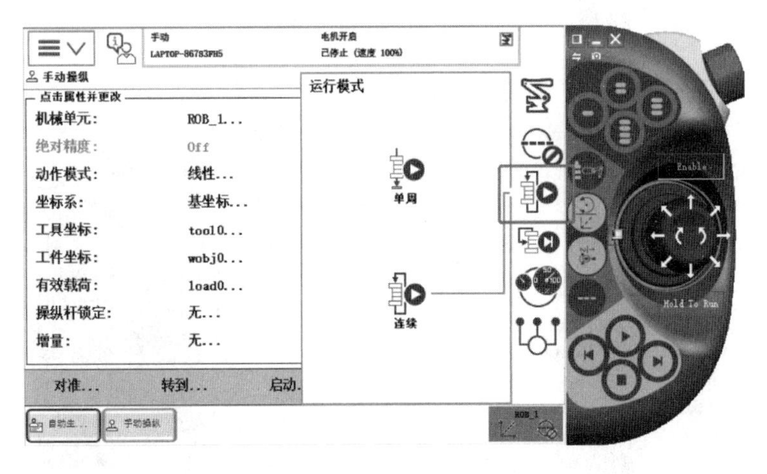

图　2.50

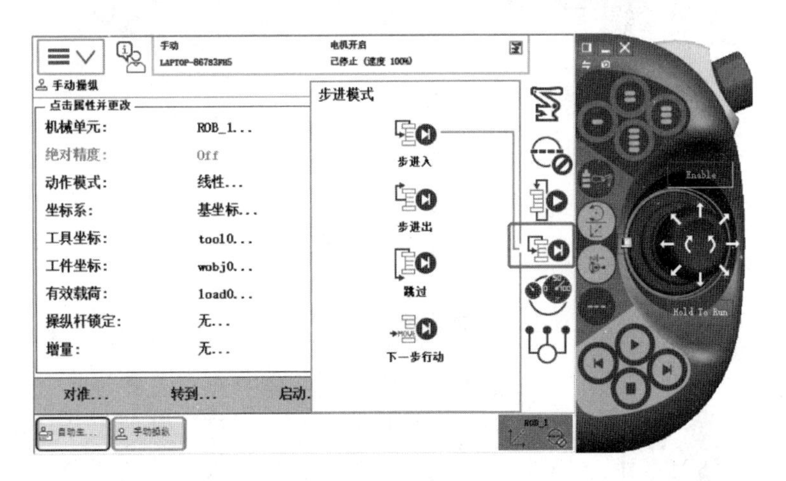

图　2.51

（6）单击“速度”可以设置运行速度，如图 2.52 所示。

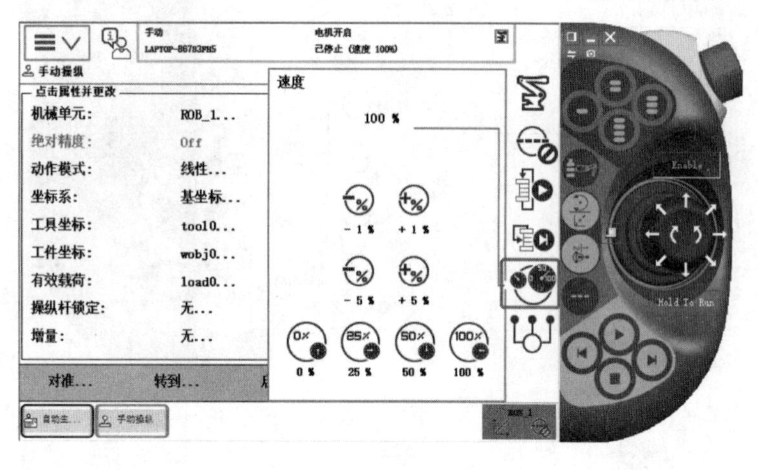

图 2.52

（7）单击“任务选项”可以切换运行任务，如图 2.53 所示。

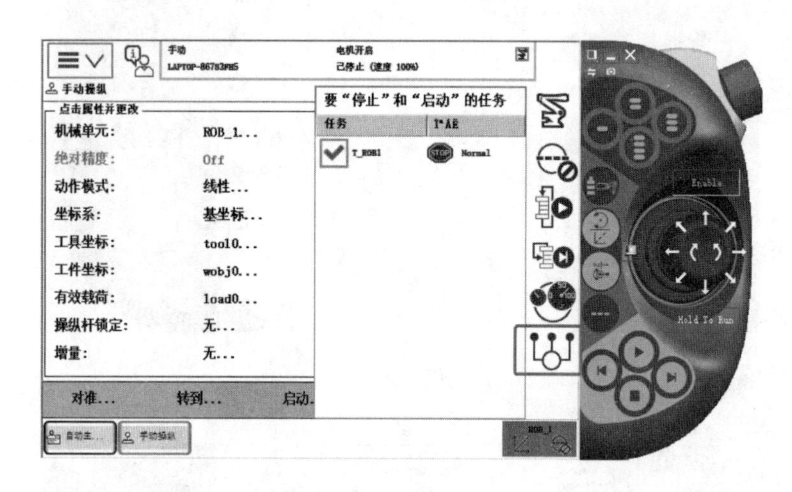

图 2.53

2.5　工具坐标系与标定

工具坐标系与标定

2.5 工程文件

2.5.1　工具坐标系的概念

机器人工具是由用户根据需求自行设计的，尺寸、质量千差万别。作为控制器只有知道工具的尺寸和角度，才能得到工具末端的位置，进行机器人运动的规划。当机器人末端坐标系与默认的工具坐标系重合时，表示机器人未安装任何

工具。控制器得到工具的质量、重心、力矩等信息，尤其当负载较大时，这些参数更加重要，鉴于本书使用的为小负载工具，故只需要设置尺寸与角度就可以，质量设置一个近似值即可。

如图 2.54 所示，在标定工具坐标系时，需要标定位置和姿态，也可以只标定位置。位置即工具坐标系原点 $\{O_T\}$ 在机器人末端坐标系 {R} 下的坐标。姿态即工具坐标系 {T} 与机器人末端坐标系 {R} 方向的偏转角（四元数法表示）。若只标定位置，则工具坐标系 {T} 与机器人末端坐标系 {R} 方向保持一致。若需要方向不一致时，则还需要标定姿态信息。

工具坐标系的原点和轴方向相对于大地或者基坐标来说，一直随着机器人的运动而在变化，但是相对于工具来说是保持不变的，如图 2.55 所示。

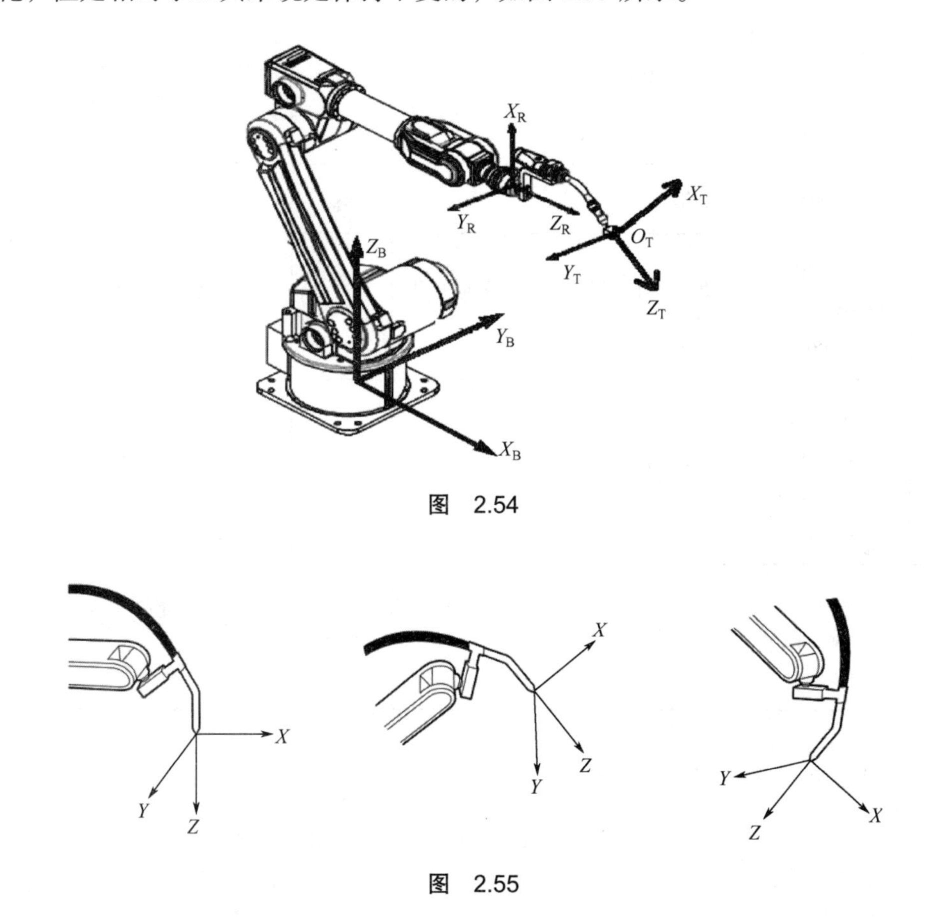

图　2.54

图　2.55

工具坐标系的原点和轴方向虽然是自定义的，但是有常用习惯。如图 2.55 将原点设置在末端点，虽然不是必须的，但这是行业惯例，因为最终想控制的是焊枪末端点，而不是其他点。

2.5.2　工具数据的含义

工具数据（tooldata）用于描述安装在机器人第六轴上的工具的 TCP 位置、质量、

重心等参数数据，在编程后执行程序时，就是将 TCP 移动到程序指定位置，所以如果更改工具及工具坐标系，机器人的移动也会随之改变，以便新的 TCP 能够到达目标。tooldata 各个数据含义见表 2-2。

表 2-2　tooldata 各个数据含义

序号	符号	含义	单位	备注
1	tframe.trans.x tframe.trans.y tframe.trans.z	TCP 位置在机器人末端坐标系下的坐标	mm	标定的位置信息
2	tframe.rot.q_1 tframe.rot.q_2 tframe.rot.q_3 tframe.rot.q_4	工具坐标系的框架定向	无	$q_1^2+q_2^2+q_3^2+q_4^2=1$ 标定的姿态信息
3	tload.mass	质量	kg	默认为 –1，必要时需要修改
4	tload.cog.x tload.cog.y tload.cog.z	重心点在机器人末端坐标系下的坐标	mm	小负载机器人不常用，默认值即可
5	tload.aom.q_1 tload.aom.q_2 tload.aom.q_3 tload.aom.q_4	力矩轴方向	无	小负载机器人不常用，默认值即可
6	tload.ix tload.iy tload.iz	转动力矩	kg • m^2	小负载机器人不常用，默认值即可

2.5.3　工具坐标系的标定

工业机器人在使用过程中，经常在机器人末端法兰面安装不同的工具来满足实际生产需求，为了准确控制工具运动的位置与姿态，需要对工具所在坐标系进行标定。若事先知道工具的尺寸和偏转角，可以采用直接输入法，实际上由于工具坐标系和安装角度有关系，空间分解不易，因此使用标定法较多，本书中采用位置标定的四点法完成工具坐标系的建立。

1. 标定位置说明

（1）若事先不知道尺寸和偏转角，则需要标定尺寸和偏转角。

（2）若只标定位置，则工具坐标系 X、Y、Z 轴方向与机器人末端坐标系轴方向一致，只是坐标原点不同，如图 2.56 所示。

（3）位置标定的方法只需将机器人要标定的 TCP 以不同的姿态移动到同一点。标定姿态如图 2.57 所示，系统便可以自动计算出工具尺寸信息，可以是 3 ～ 9 种姿态靠近同一个点，图中 P 表示机器人姿态。实际上 3 ～ 4 个便可以，点数越多，误差越小，姿态变化尽量大，可以减小标定误差。

2. 步骤

（1）选择“程序数据”，进入程序数据类型窗口，光标选中“ tooldata”，单击“显示数据”按钮，显示 tooldata 类型的数据列表，如图 2.58 所示。

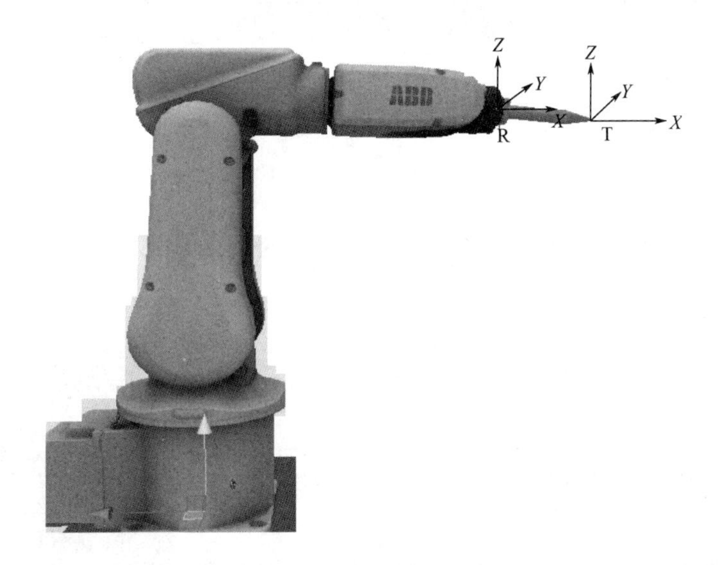

图　2.56

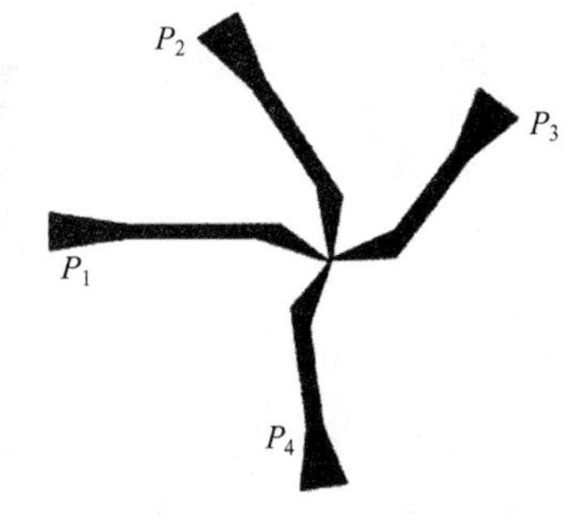

图　2.57

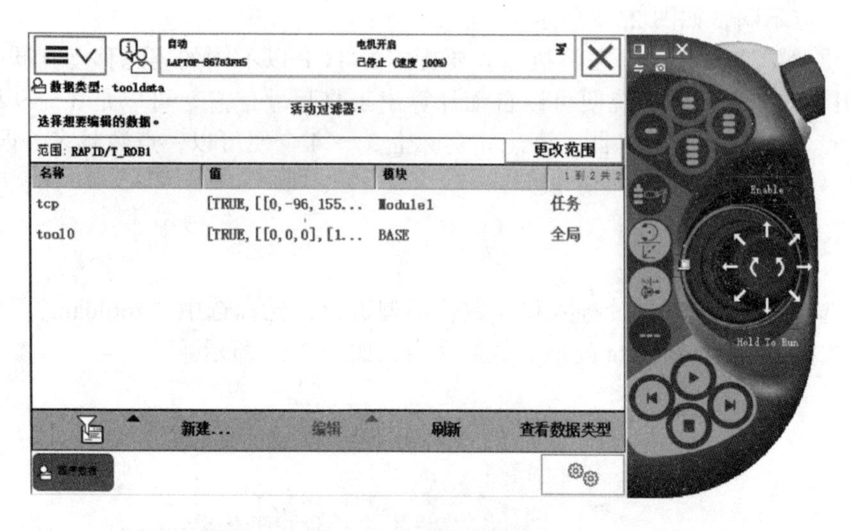

图 2.58

（2）单击“新建”，新建一个名为“tool1”的变量，如图 2.59 所示。

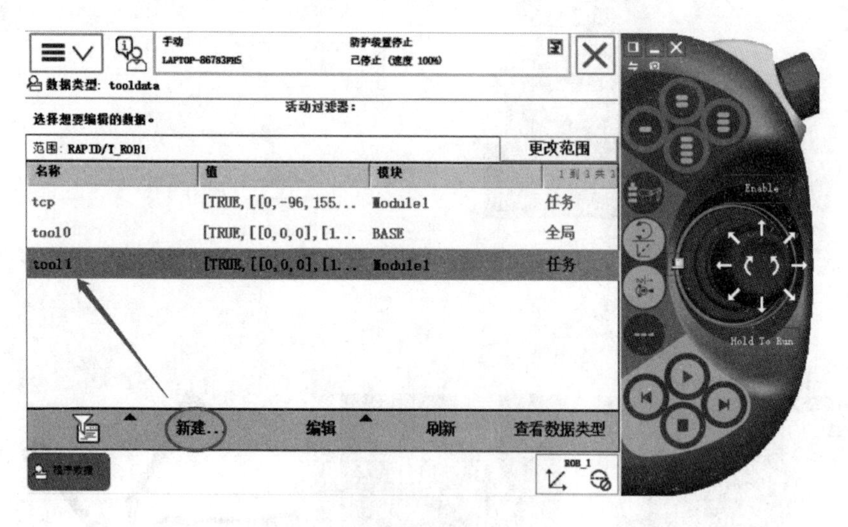

图 2.59

（3）光标选中 tool1，单击“编辑”下的“定义”命令，如图 2.60 所示。

（4）在步骤（3）进入的定义窗口中，“方法”选择“ TCP（默认方向）”，“点数”选择“4”，如图 2.61 所示。

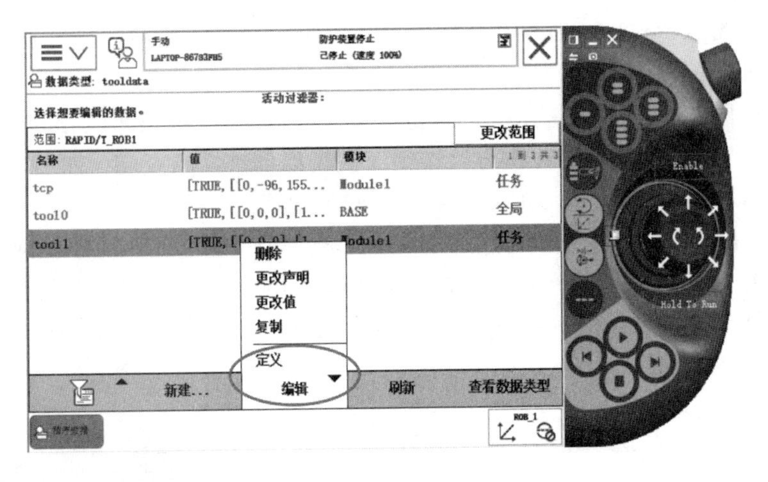

图　2.60

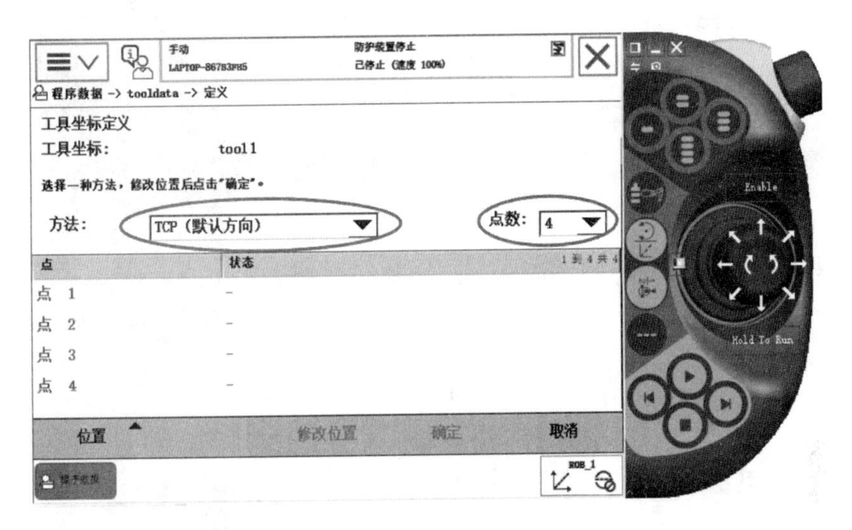

图　2.61

（5）点动机器人以某一姿态，将工具末端移动到标定点，如图 2.62 所示。

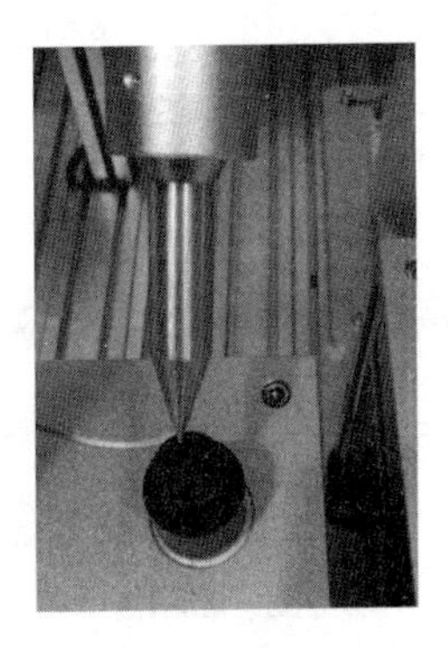

图　2.62

（6）光标选择“点 1”单击“修改位置”按钮，当前位置被记录到点 1。点 1 显示“已修改”，如图 2.63 所示。

（7）将工具末端以另外三种不同的姿态移动到标定点，光标分别选择“点 2”“点 3”及“点 4”，然后单击“修改位置”按钮，四个点都被修改完成，如图 2.64 所示。

（8）单击“确定”按钮，进入计算结果显示窗口，如图 2.65 所示。同一个工具每次的标定结果接近，但误差有所偏差。如果误差过大则需要重新修改四个点的位置。

（9）单击“确定”按钮，标定完成。光标选中 tool1，单击“编辑”下的“更改值”命令，将工具坐标的质量值 mass 改为 1，重心偏移值 y 改成 −1，如图 2.66 所示，单击“确定”按钮返回变量列表。

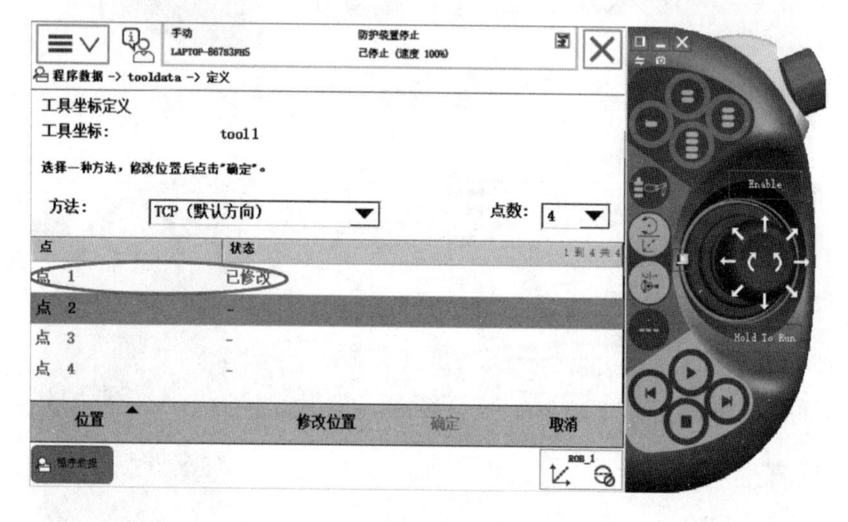

图 2.63

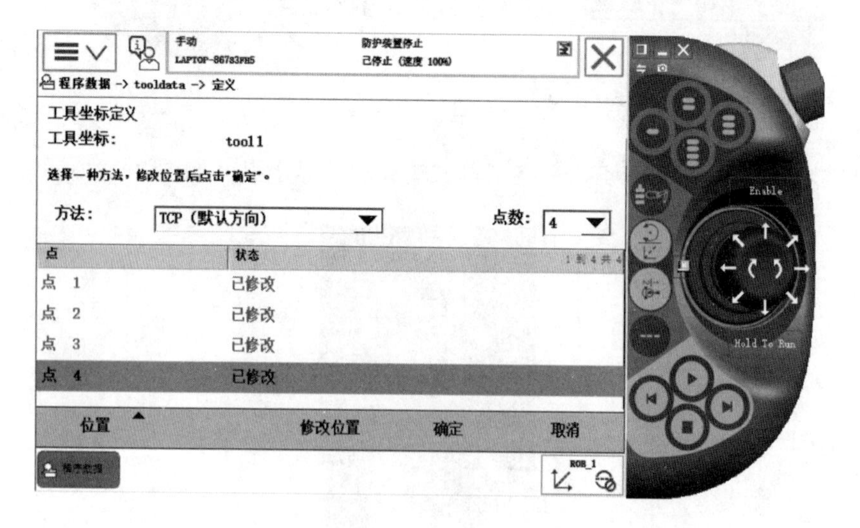

图 2.64

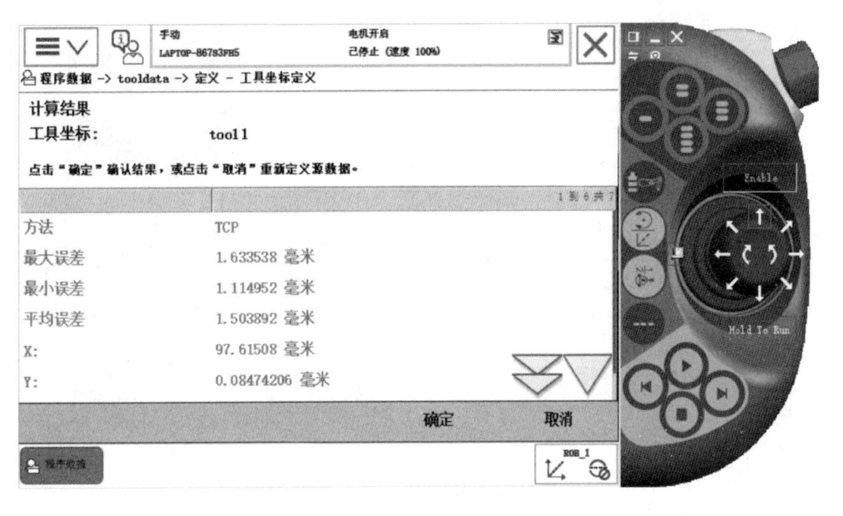

图　2.65

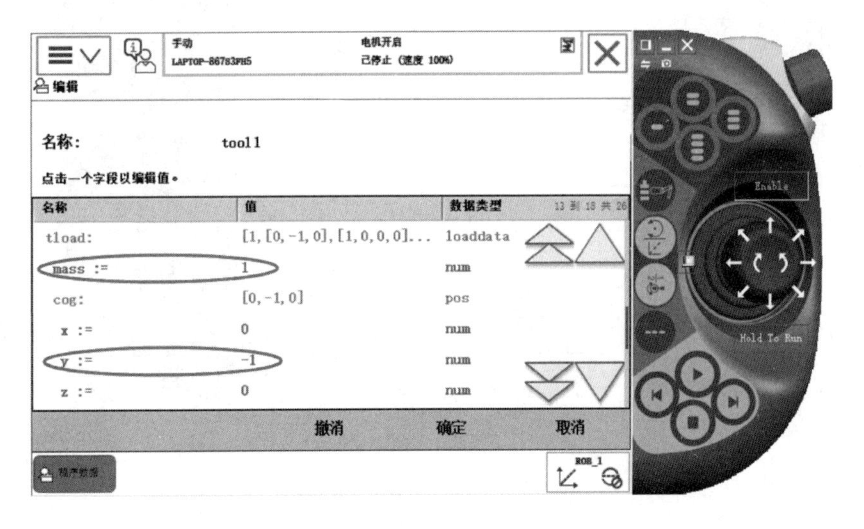

图　2.66

（10）打开“手动操纵”窗口，将“动作模式”设定为“线性”，“坐标系”选择“工具坐标系”。单击“工具坐标”，出现图 2.67 所示的工具坐标类型数据列表，选择“tool1”，单击“确定”按钮，返回手动操纵列表。

（11）建立好工具坐标系后，可以观测误差大小。将“动作模式”设定为“重定位”，“坐标系”选择“工具坐标系”，“工具坐标”选择“tool1”，如图 2.68 所示，点亮示教器的“使能键”，状态栏显示“电机开启”，不同方向操纵操纵杆观察机器人运动方式和方向。

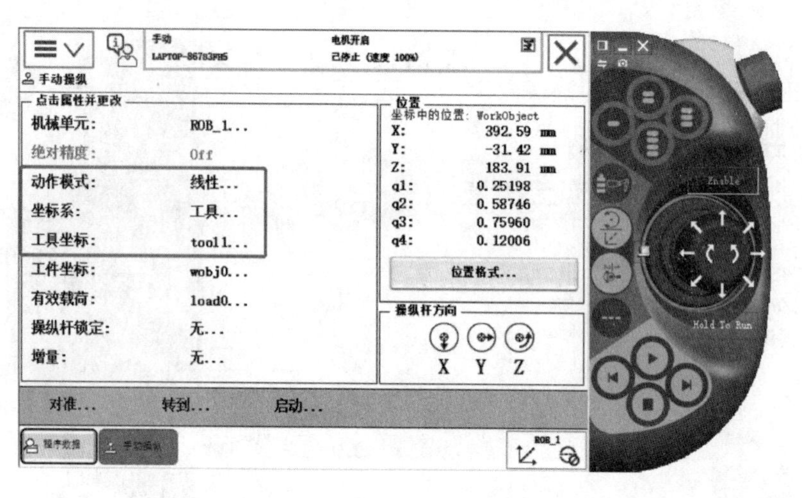

图 2.67

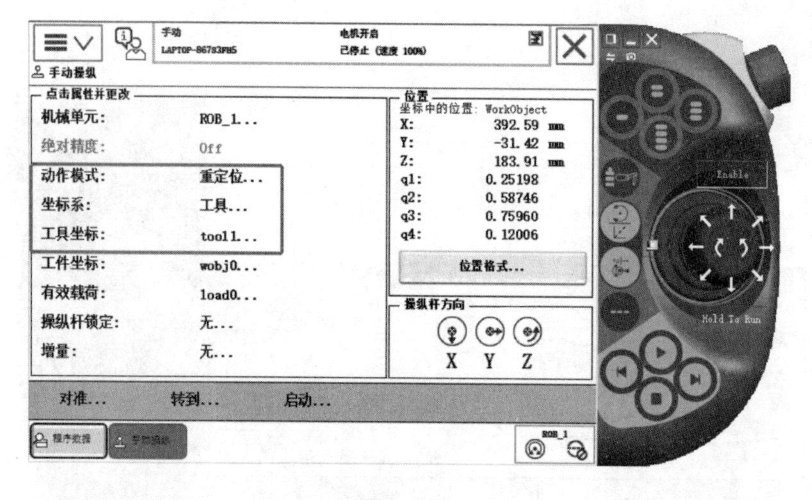

图 2.68

零点校准与程序管理

2.6 零点校准与程序管理

2.6.1 零点校准

2.6 工程文件

零点是机器人坐标系的基准，没有零点，机器人就没有办法判断自身的位置。

1. 机器人需要校准情况

在以下几种情况下，ABB 工业机器人需要校准机械零点。

（1）新购买机器人时，厂家未进行机器人原点校准。

（2）电池电量不足，更换电池。
（3）更换机器人本体或控制器。
（4）转数计数器数据丢失。

2. 校准原理

IRB 120 机器人本体的六个轴均有零点标记，如图 2.69 所示。手动将机器人各轴零点标记对准，记录当前转数计数器数据，控制器内部将自动计算出当前轴的零点位置，并以此作为各轴的基准进行控制。

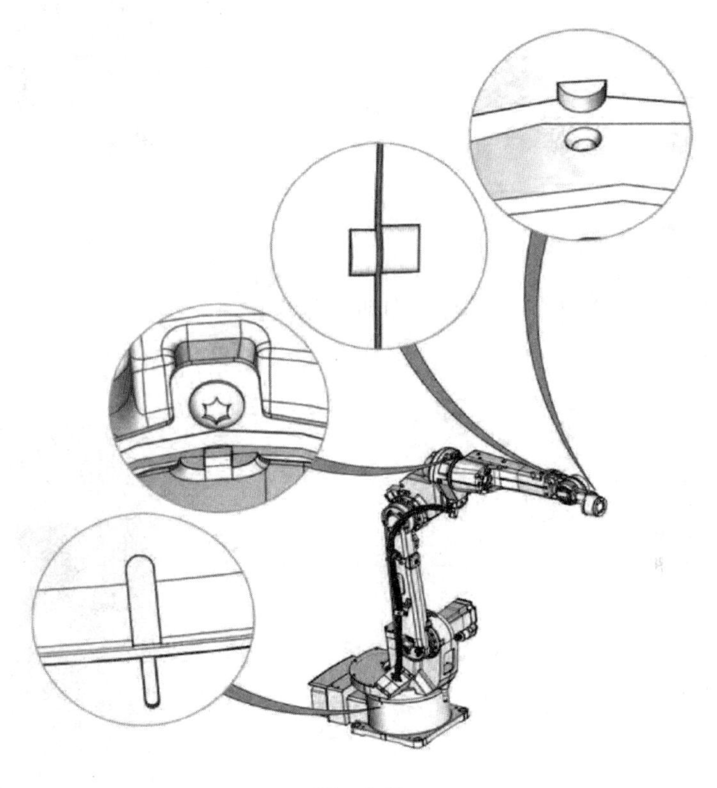

图 2.69

3. 校准步骤

（1）先将机器人本体的姿态手动调整至与各轴的零点标记重合，这个位姿即机器人本体的零点。
（2）选择菜单校准，进入图 2.70 所示的窗口。

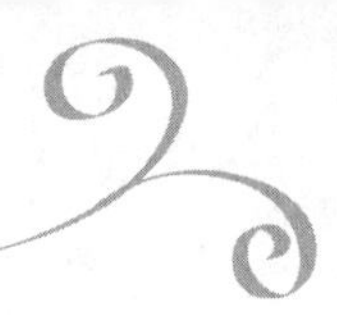

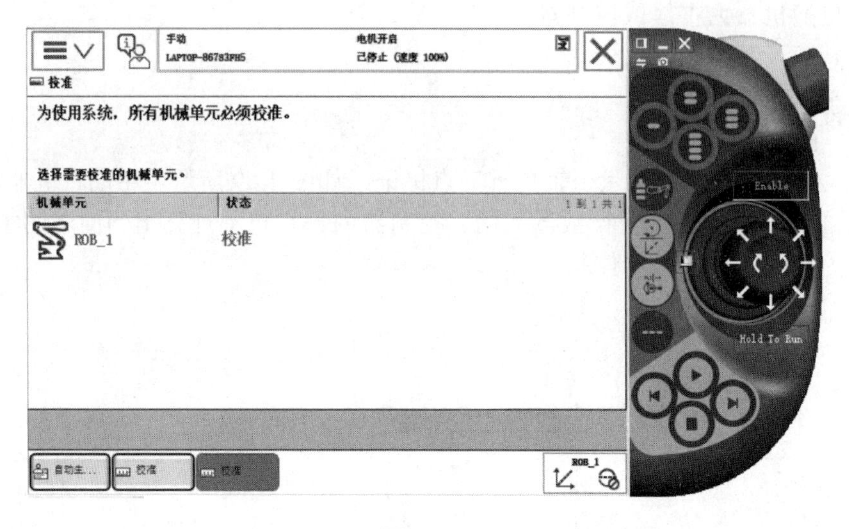

图 2.70

（3）单击“校准”按钮，进入图 2.71 所示的窗口。

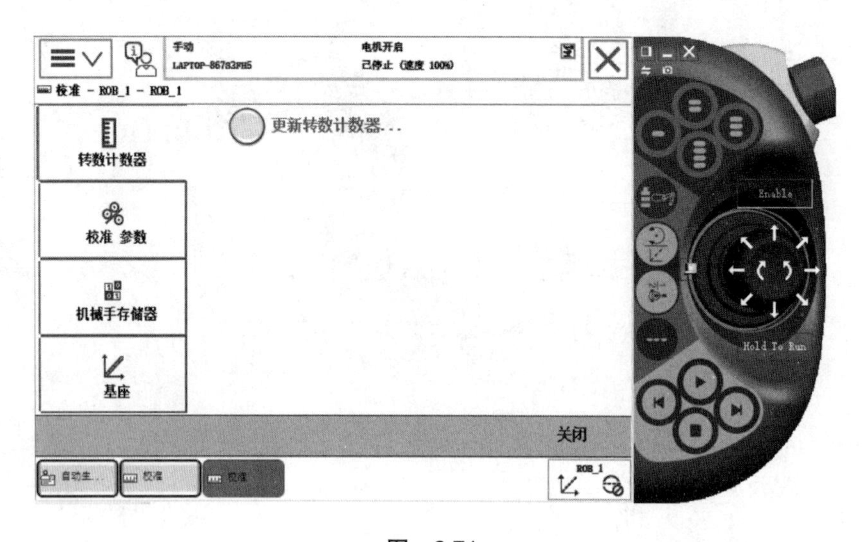

图 2.71

（4）选择“校准 参数”选项后单击“编辑电机校准偏移”按钮，如图 2.72 所示。
（5）单击“是”按钮继续下一步操作，如图 2.73 所示。
（6）将机器人本体上电机校准偏移值记录下来，如图 2.74 所示。

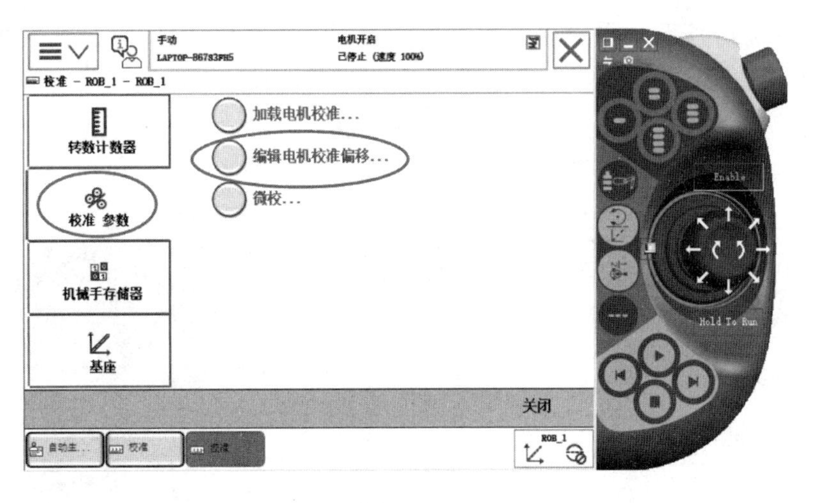

图　2.72

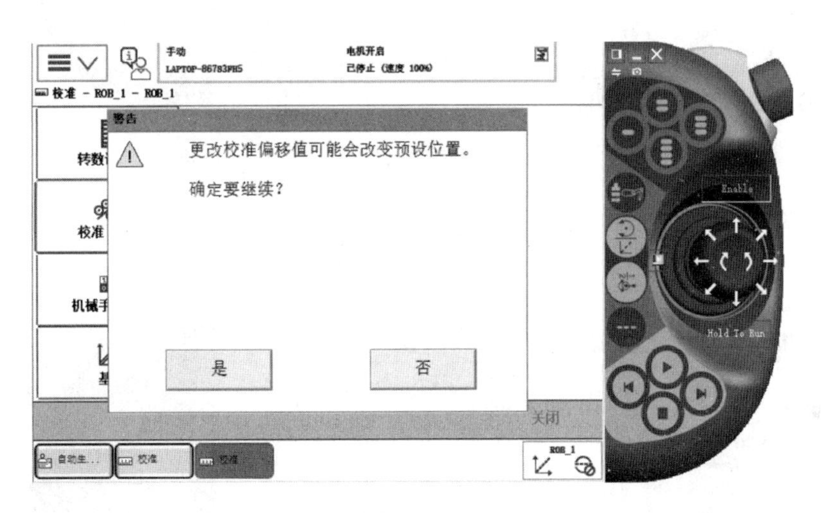

图　2.73

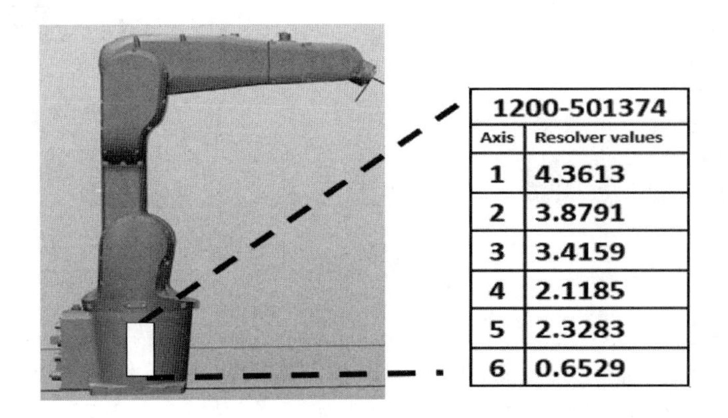

1200-501374	
Axis	Resolver values
1	4.3613
2	3.8791
3	3.4159
4	2.1185
5	2.3283
6	0.6529

图　2.74

（7）如图 2.75 所示，在当前界面中输入刚才从机器人本体上找到的电机校准偏移值，然后单击“确定”按钮。如果示教器中显示的数值与机器人本体上的标签数值一致，则无须修改，直接单击“取消”按钮退出。

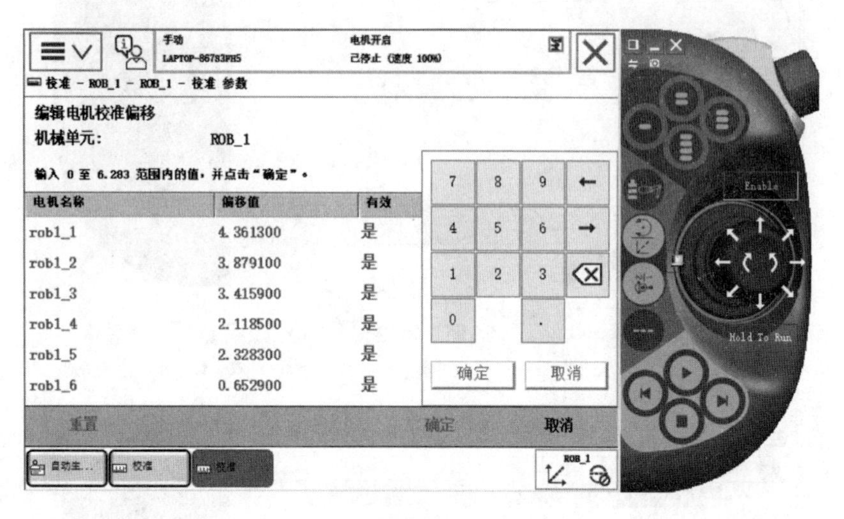

图　2.75

（8）选择“转数计数器”选项后单击“更新转数计数器”按钮，如图 2.76 所示。

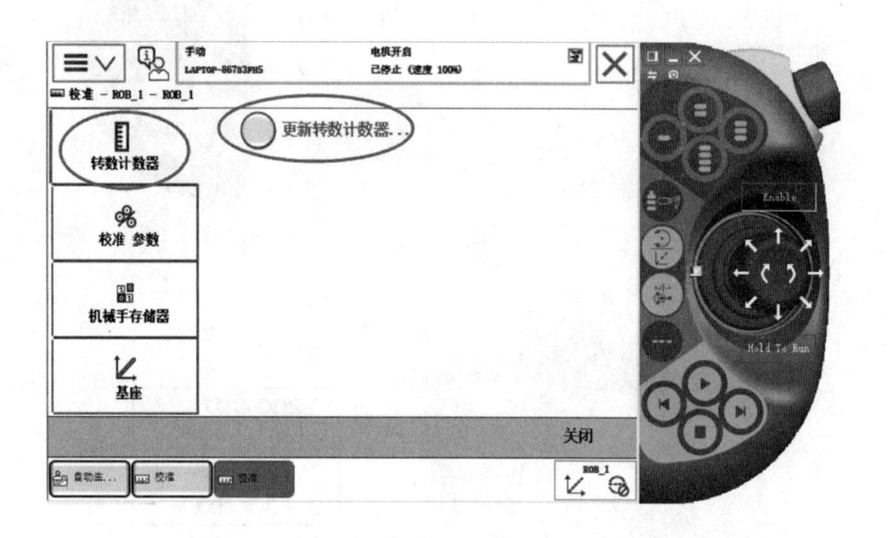

图　2.76

（9）选择“是”选项，继续单击“确定”按钮，如图 2.77 所示。

（10）勾选对应的轴号复选框（根据实际情况进行勾选），如图 2.78 所示。然后单击“更新”按钮，更新完成后重启系统。

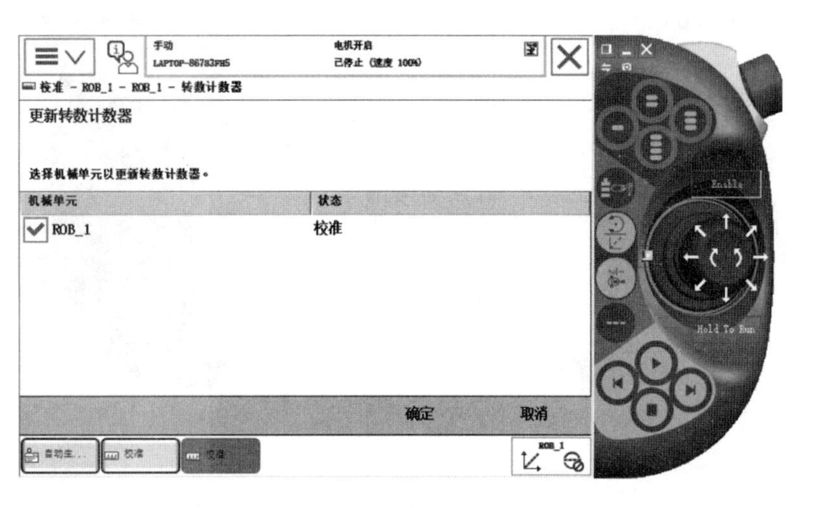

图　2.77

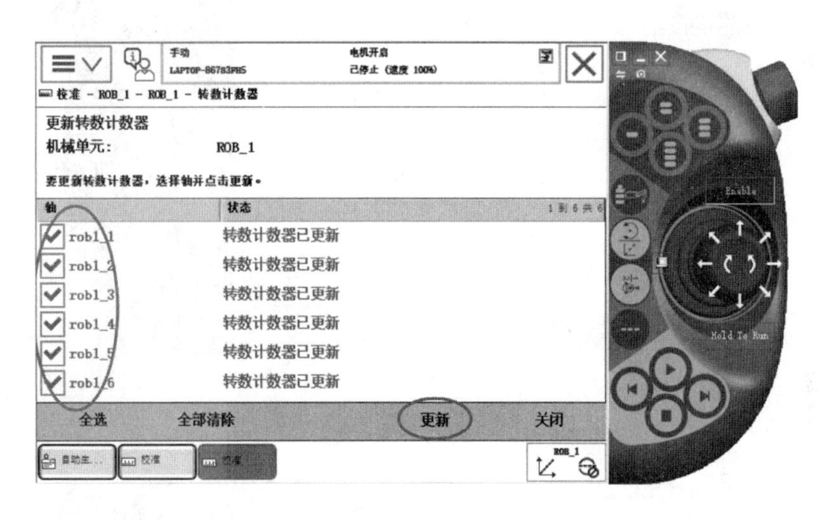

图　2.78

2.6.2　系统备份 / 加载

为防止初学者在使用过程中，随意更改系统参数导致系统出错，可以备份系统到 U 盘中，后续需要的时候从 U 盘重新加载到控制器中。

（1）进入示教器“菜单”后选择“备份与恢复”按钮，出现如图 2.79 所示的窗口。

（2）单击“备份当前系统”按钮，进入图 2.80 所示的备份窗口，选择合适的文件夹名称和路径，单击“备份”按钮，备份完成返回主窗口。

（3）需要恢复系统时单击“恢复系统”按钮（图 2.79），进入恢复窗口，找到备份的文件后单击“恢复”按钮，如图 2.81 所示。

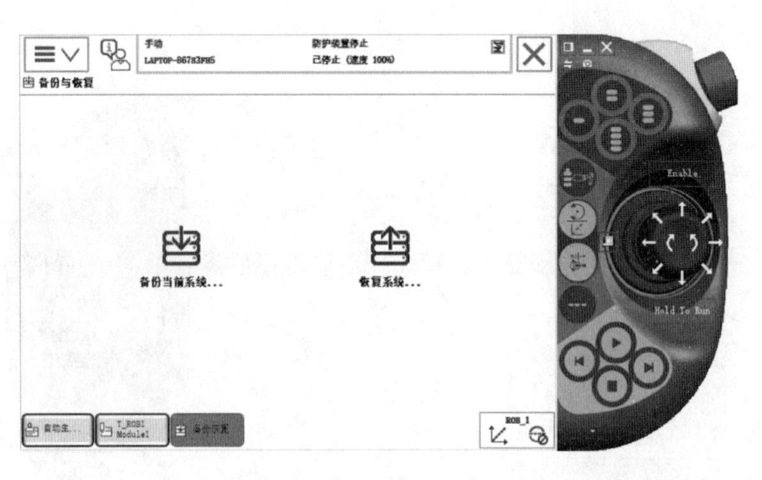

图 2.79

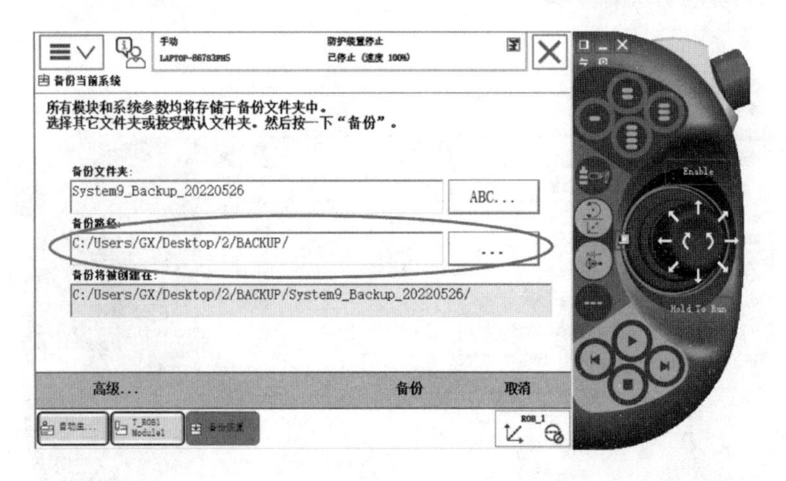

图 2.80

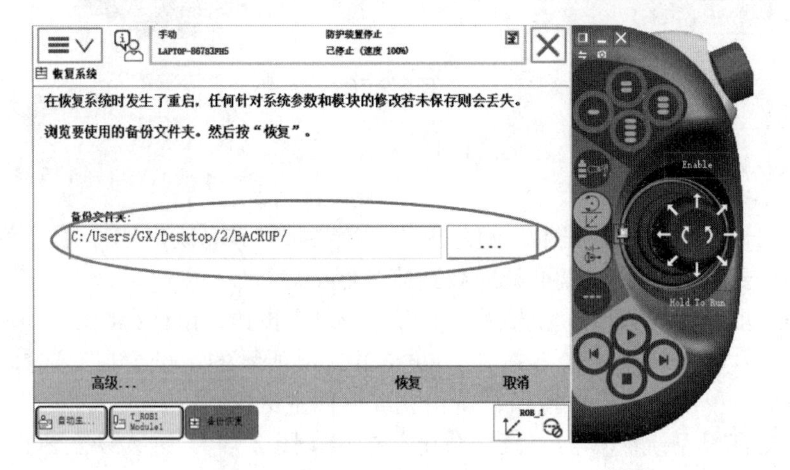

图 2.81

2.6.3　程序的新建与复制

在 ABB 工业机器人中，机器人所运行的程序被称为 RAPID，RAPID 下面又划分了 Task（任务），任务下面又划分了 module（模块），模块是机器人的程序与数据的载体，模块又分为 System modules（系统模块）与 Task modules（任务模块）。

系统模块被认为是机器人系统的一部分，系统模块在机器人启动时就会被自动加载，系统模块中通常存储机器人的各个任务中公用的数据，如工具数据、焊接数据等。任务模块在机器人中会被认为是某个任务或者某个应用的一部分，任务模块通常用于一般的程序编写与数据存储。

1. 程序的新建

（1）选择“程序编辑器”选项，进入图 2.82 所示的程序窗口。

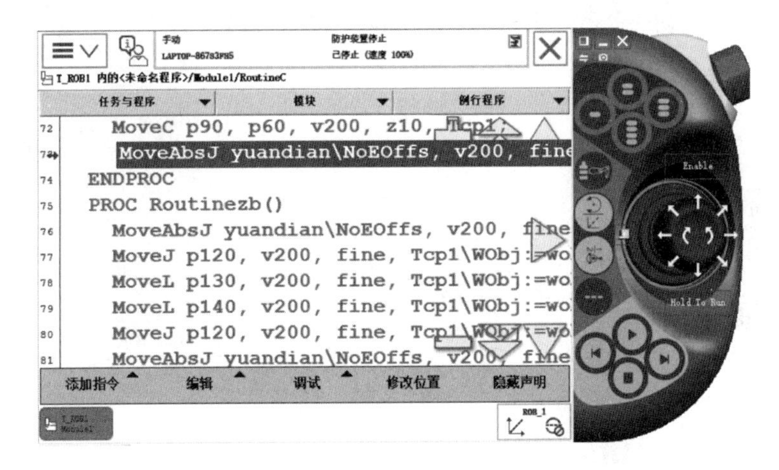

图　2.82

（2）单击“任务与程序”按钮，显示图 2.83 所示的当前任务细节。

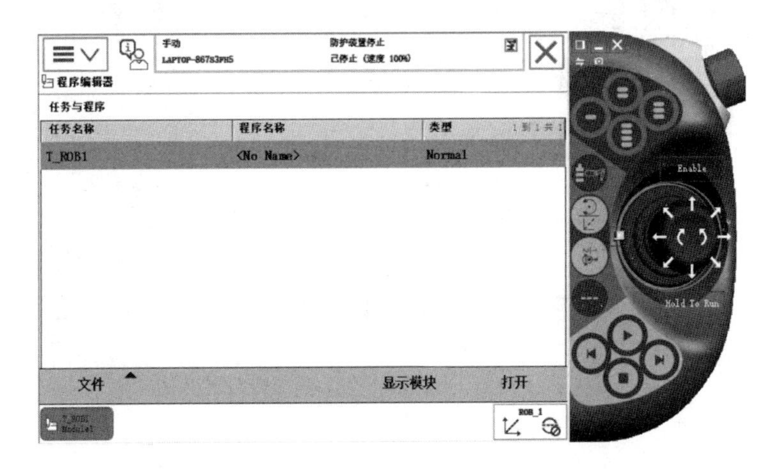

图　2.83

（3）单击“文件”按钮可以新建、加载、另存当前任务，如图 2.84 所示。保存后，文件可以从资源管理器中看到对应文件夹。

2. 程序的复制

（1）选择“程序编辑器”选项后单击“模块”按钮，如图 2.85 所示。

（2）单击左下角“文件”按钮后选择“另存模块为”选项，如图 2.86 所示。

可以通过 U 盘或其他路径另存，示教器上 USB 口位置如图 2.87 所示。

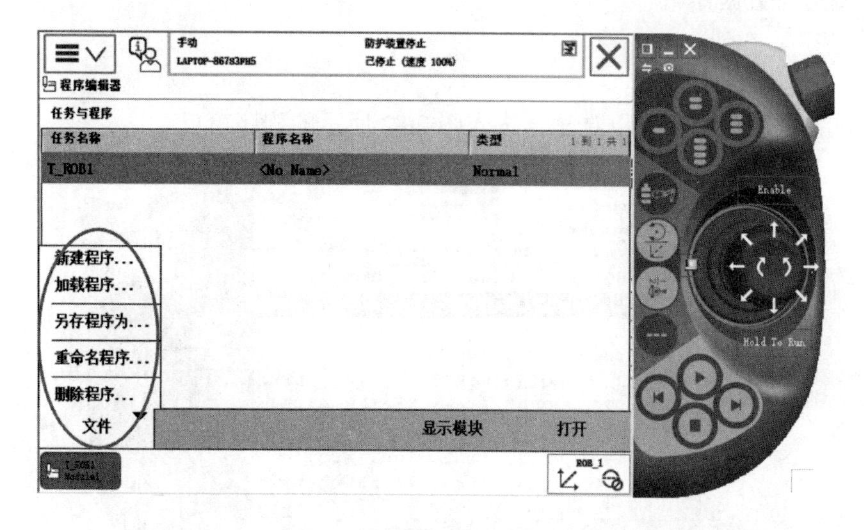

图 2.84

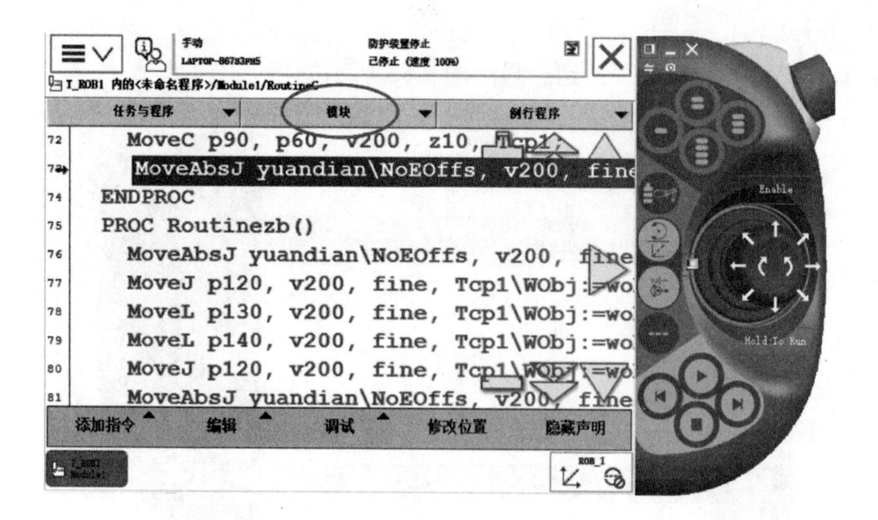

图 2.85

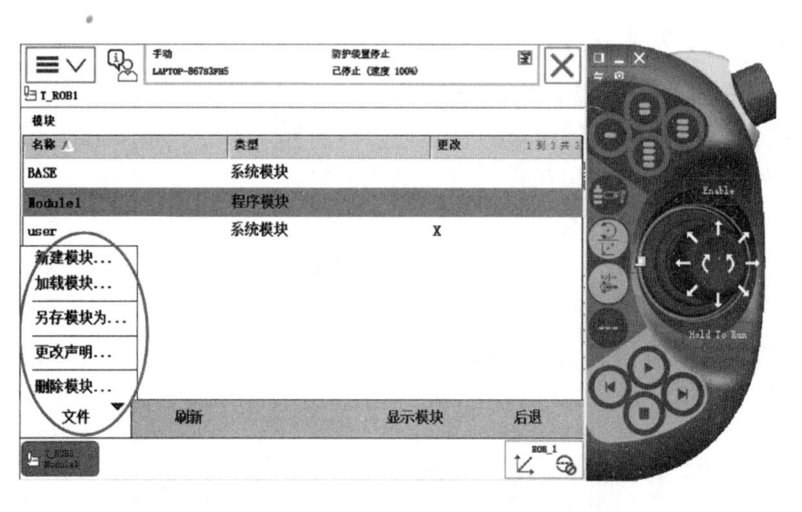

图　2.86

图　2.87

（3）单击“向上翻页”按钮（如图 2.88 中圈出位置所示），找到 U 盘或者其他路径。

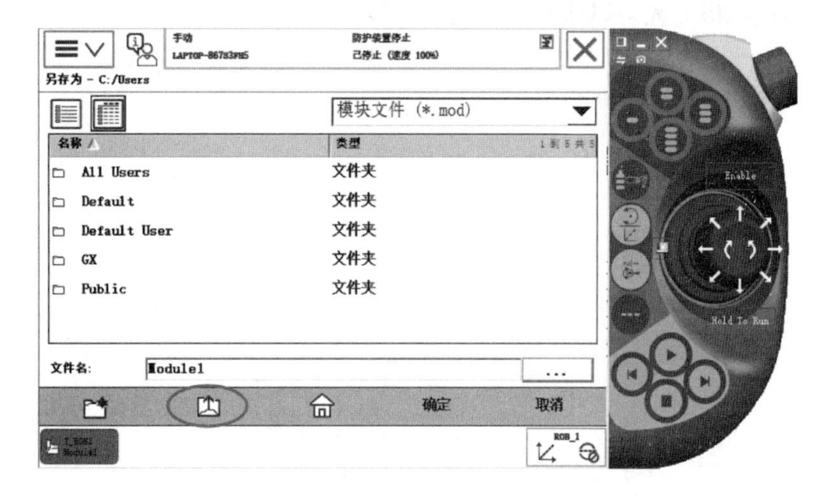

图　2.88

（4）选择U盘，程序的文件名可以自行更改，然后单击“确定”按钮，这样所选择的机器人程序就保存到U盘的根目录下了。

（5）当我们要把U盘里的程序拷贝到另一台机器人时，只需要在步骤（3）时选择“加载模块”选项，找到对应的机器人程序加载即可。

技能训练

1. 在图2.89所示的SFB项目工程中，请分别将快换平台上的其他三个工具（夹爪、吸盘、打磨机）安装到IRB 120机器人法兰盘上，并完成工具数据的建立。

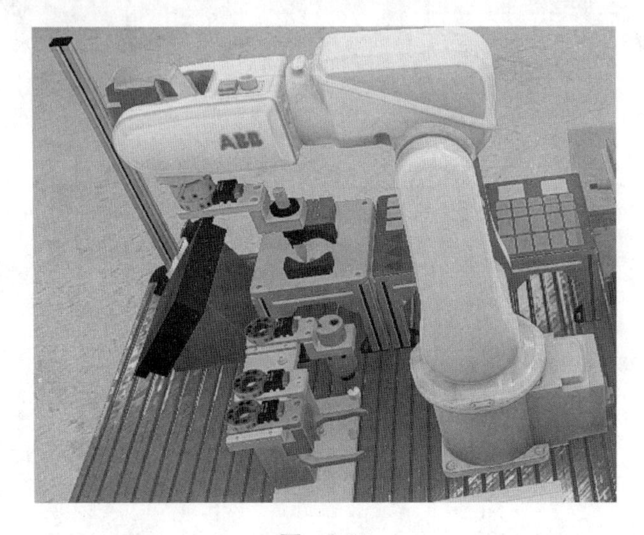

图 2.89

2. 在上题的基础上，利用虚拟示教器对带不同末端执行器的IRB 120机器人进行手动控制，从而使得机器人可以实现六轴运动、线性运动和重定位运动。

工业机器人的离线编程指令

学习目标

- 掌握 RAPID 程序的构成
- 掌握工件坐标系的建立方法和 Wobjdata 中数据含义
- 学会基本运动指令和进阶指令的使用
- 学会数字量 I/O 的配置和 I/O 指令的使用
- 学会条件与循环编程操作

思维导图

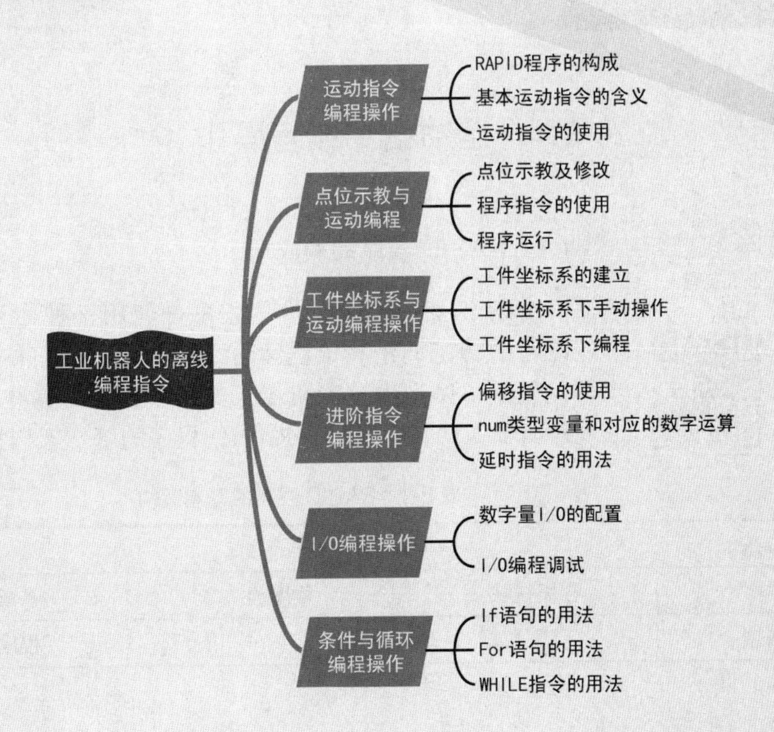

任务描述

该项目采用ABB120工业机器人完成轨迹平台的加工任务，即机器人按不同方式沿着矩形、三角形、圆形等轨迹运动。在项目实施中，需要完成I/O信号的连接、程序数据创建、工件坐标建立、目标点示教、程序编写与调试等步骤方可实现任务。轨迹平台如图3.1所示。

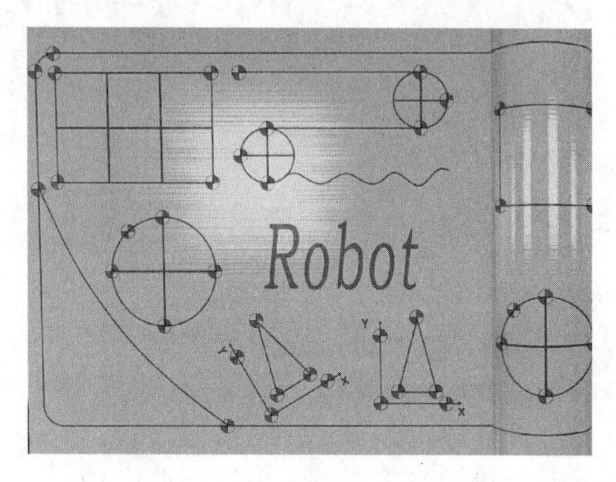

图 3.1

任务知识基础

3.1 运动指令编程操作

运动指令编程操作

3.1 工程文件

3.1.1 RAPID 程序的构成

ABB工业机器人的应用程序是使用一种称为RAPID编程语言的特定词汇和语法编写而成的。它是一种英文编程语言，包含了一连串控制机器人的指令，执行这些指令可以实现对机器人的控制操作。RAPID程序的基本架构见表3-1。

表 3-1 RAPID 程序的基本架构

RAPID 程序			
程序模块 1	程序模块 2	程序模块 3	系统模块
程序数据	程序数据	……	程序数据

（续表）

RAPID 程序			
程序模块 1	**程序模块 2**	**程序模块 3**	**系统模块**
主程序 main	例行程序	……	例行程序
例行程序	中断程序	……	中断程序
中断程序	功能	……	功能
功能		……	

RAPID 程序的架构说明如下。

（1）RAPID 程序由程序模块和系统模块构成，一般用程序模块来构建机器人程序，而系统模块是由机器人生产厂家编制的，用户无须修改，ABB 工业机器人自带两个系统模块，user 模块和 BASE 模块。

（2）可以根据不同的任务创建不同模块，如主控模块、初始化模块等，这样便于归类管理不同用途的例行程序和数据。

（3）每一个程序模块可以包含程序数据、例行程序、中断程序和功能四种对象，但不一定都有这四种对象。程序模块之间的程序数据、例行程序、中断程序和功能是可以相互调用的。

（4）在一个 RAPID 程序中，同时只能有一个主程序 main，可存在于任意一个程序模块中，作为整个 RAPID 程序执行的起点。

3.1.2　基本运动指令的含义

机器人的运动是由机器人的运动指令来控制的，运动指令决定了该条运动语句的性质，以及机器人在进行运动规划时的思路。平常接触的运动指令共有四条（MoveAbsJ、MoveJ、MoveL、MoveC），这四条是机器的基本运动指令，其他的复合运动指令也是基于这四条指令而创建的。运动指令功能介绍如图 3.2 所示。

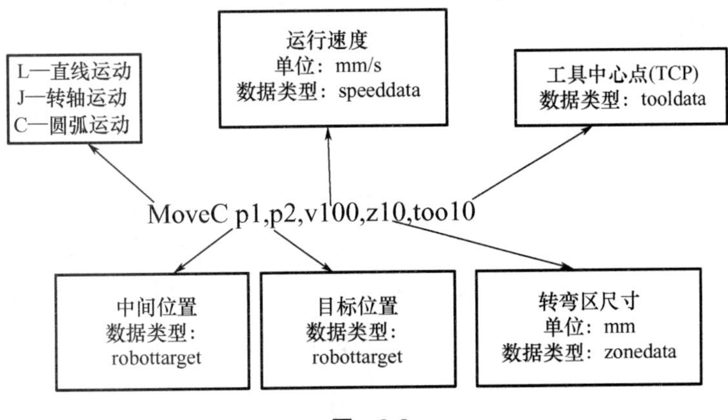

图　3.2

1. MoveAbsJ—把机器人移动到绝对轴位置

MoveAbsJ（绝对关节移动）用来把机器人或者外部轴沿着一个非直线路径移动到一个绝对轴位置。指令终点是一个单一点，起点是上一行程序的终点。

例：MoveAbsJ p50，v1000，z50，tool2；

机器人沿着一个非直线路径移动到绝对轴位置 p50，速度数据是 v1000，Zone 数据是 z50，需注意，因为是绝对关节移动指令，工具坐标系的选择不影响移动路径及终点位置和姿态。

2. MoveJ—通过关节移动机器人

当运动不必是直线的时候，MoveJ 用来快速将机器人从一个点移动到另一个点，机器人沿着一个非直线路径移动到目标点。

例：MoveJ p1，vmax，z30，tool2；

机器人以 tool2 工具的 TCP 沿着一个非直线路径移动到位置 p1，速度数据是 vmax，Zone 数据是 z30。

3. MoveL—让机器人做直线运动

MoveL 用来让机器人以 TCP 沿着直线运动到给定的目标点。

例：MoveL p1，v1000，z30，tool2；

机器人以 tool2 工具的 TCP 沿直线运动到位置 p1，速度数据为 v1000，Zone 数据是 z30。

4. MoveC—让机器人做圆弧运动

MoveC 用来让机器人以 TCP 沿圆弧运动到一个给定的目标点。在运动过程中，TCP 相对圆的方向通常保持不变。

例：MoveC p1，p2，v500，z30，tool2；

机器人以 tool2 工具的 TCP 沿圆弧经过 p1 到达 p2，速度数据为 v500，Zone 数据为 z30。圆弧由开始点、中间点 p1 和目标点 p2 确定。

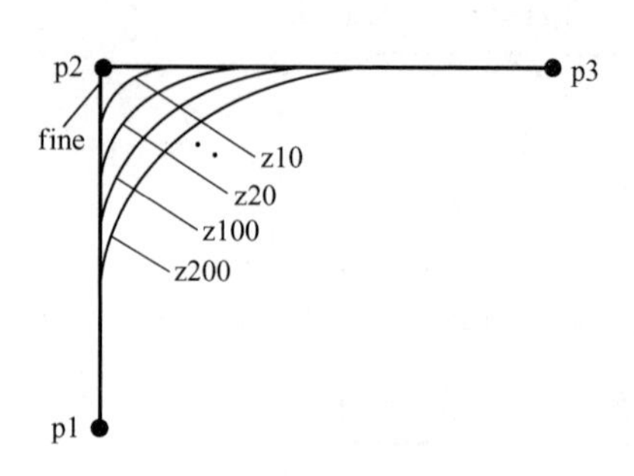

图 3.3

5. Zone 的含义

Zone 表示转弯半径，如图 3.3 所示，转弯半径越大，机器人运动路径越圆滑，但是路径将不经过目标点而有所偏移，建议初学者刚开始学习的时候使用 fine（表示精准到达)，防止转弯时和周边物体碰撞。

6. 速度的含义与选择

默认情况下 v××× 中的 ××× 越大，速度越快，初学者建议使用速度为 v50 ～ v200。

7. 运动指令点的说明

MoveAbsJ、MoveL、MoveJ 都是从起点运动到终点，需要两个点才能运动，实际这些指令后面只有一个位置点数据为终点，起点即机器人当前位置或上一行运动指令的终点。

MoveC 需要圆弧起点、圆弧上中间一点和圆弧终点三个点，如图 3.4 所示。而 MoveC 指令后面只有两个点，分别为中间一点 C_p2 和圆弧终点 C_p3，起点为机器人当前位置或上一行运动指令的终点。

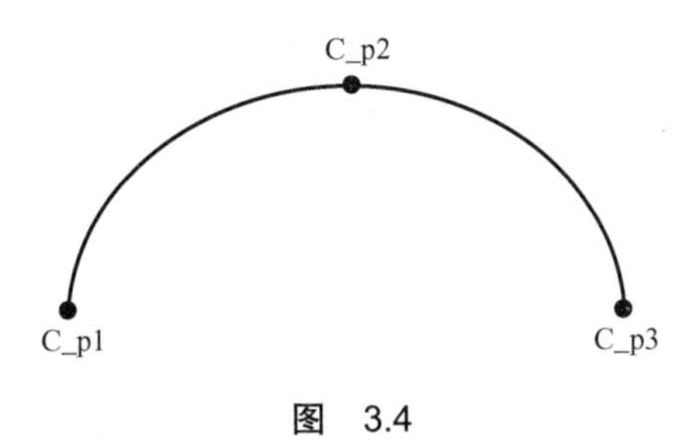

图　3.4

由上可知，不可能通过一个 MoveC 指令完成一个圆，整圆需要两个 MoveC 指令。完成如图 3.5 所示的整圆运动，指令如下。

```
MoveL p1,v200,fine,tool1;
MoveC p2,p3,v200,z20,tool1;
MoveC p4,p1,v200,fine,tool1;
```

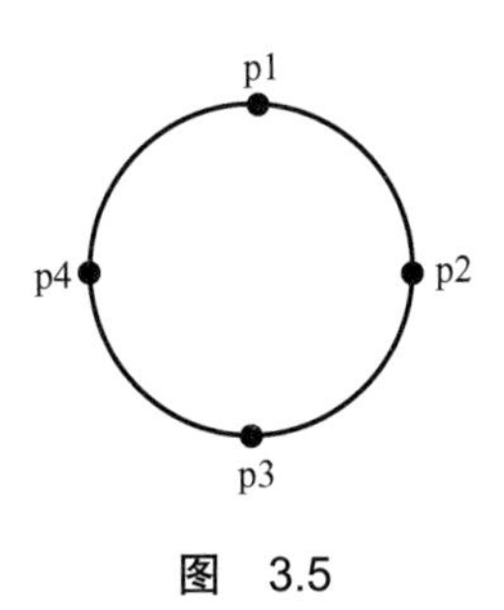

图　3.5

3.1.3　运动指令的使用

1. 准备工作

（1）打开 SFB 项目工程文件和 ABB120 工业机器人的 RobotStudio 工程，完成 SFB 的设备数据映射并测试通信成功，如图 3.6 所示。

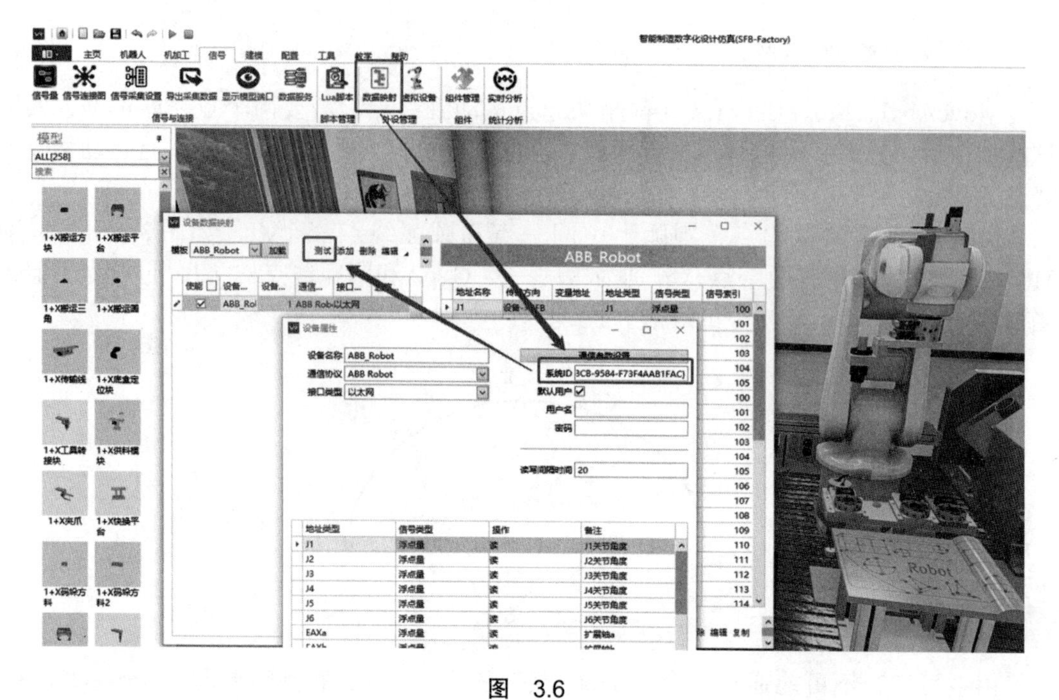

图 3.6

（2）在 SFB 项目工程文件中完成 ABB120 工业机器人和示教器的信号连接，如图 3.7 所示。

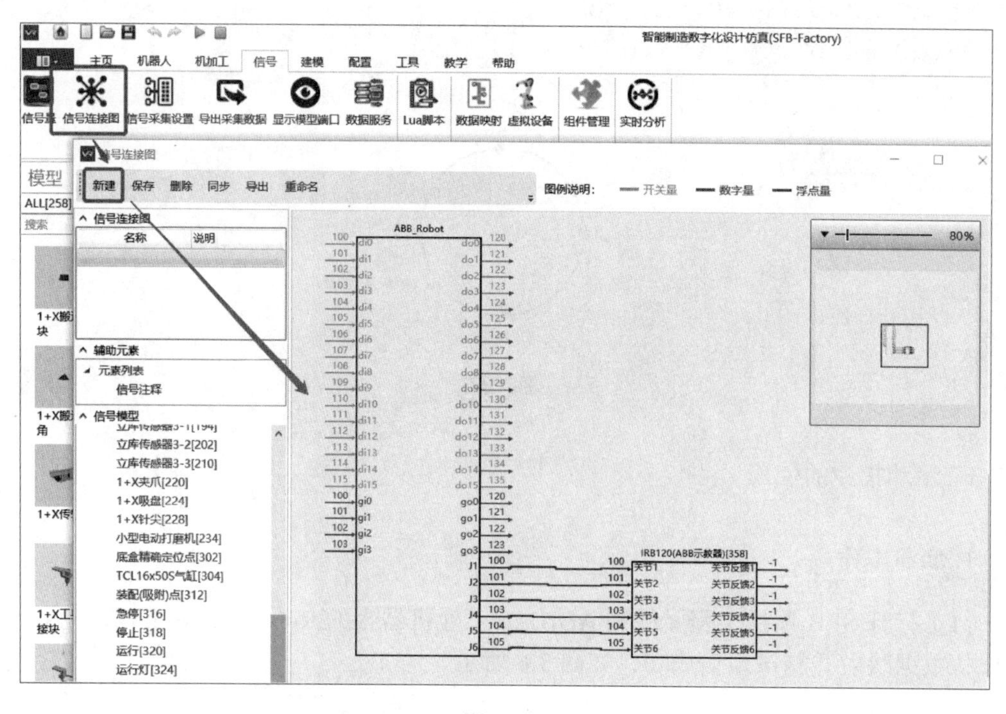

图 3.7

（3）打开示教器，将机器人模式调为手动模式。

（4）新建一个 tooldata 类型变量，命名为“ toolPen”，通过四点法定义当前工具的 TCP，如图 3.8 所示。

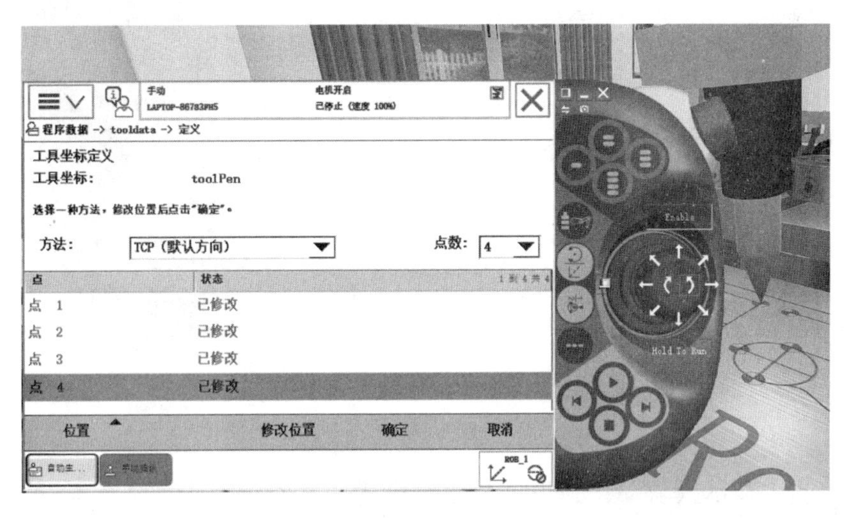

图　3.8

（5）在“手动操纵”窗口，设置“工具坐标”为“toolPen”。

（6）新建一个模块和例行程序。在示教器“菜单”界面中，选择“程序编辑器”选项，出现如图 3.9 所示的窗口。

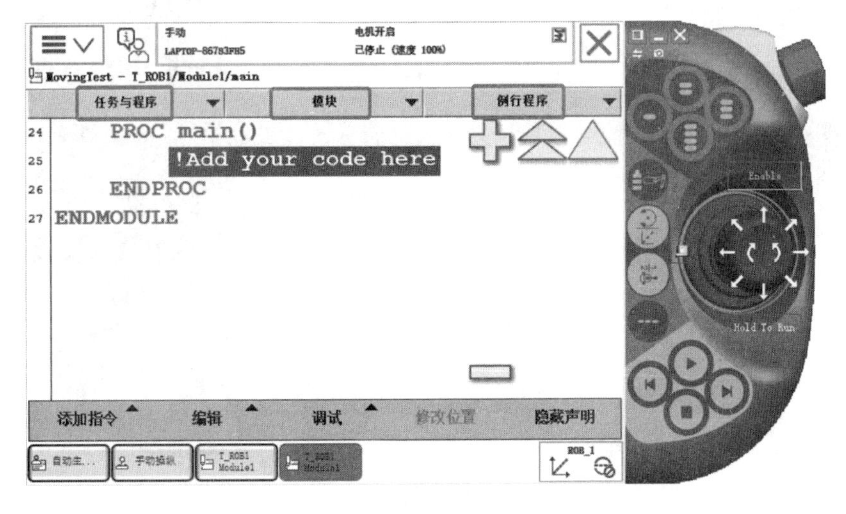

图　3.9

（7）单击“模块”按钮，出现模块一览，如图 3.10 所示。单击“文件”按钮，选择“删除模块”选项，删除系统中 main 模块以外的所有程序模块。（BASE 和 user 为系统模块，请勿删除！）

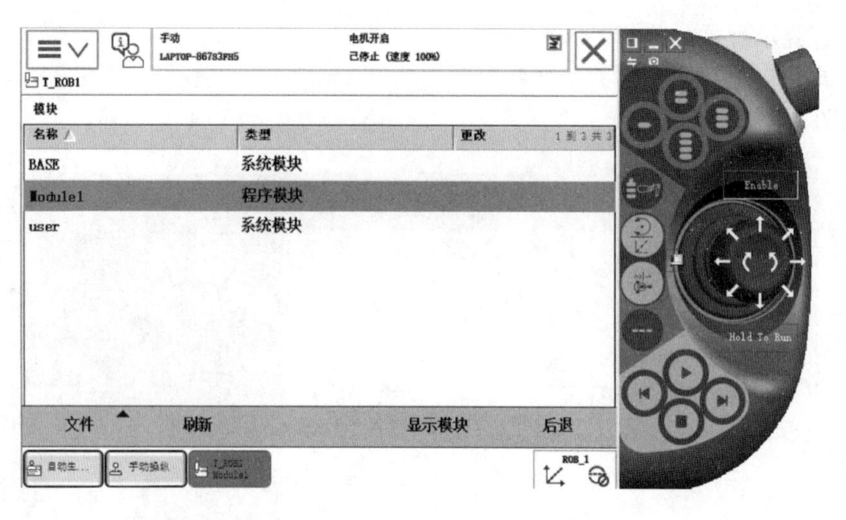

图 3.10

（8）单击“显示模块”按钮返回程序编辑界面，然后单击“例行程序”按钮，出现当前模块下的例行程序一览，再新建两个例行程序，单击“文件”→“新建例行程序”，更改名称后，单击“确定”按钮，回到例行程序一览，两个例行程序名称分别为Routine1、Routine2，出现如图3.11所示的窗口。

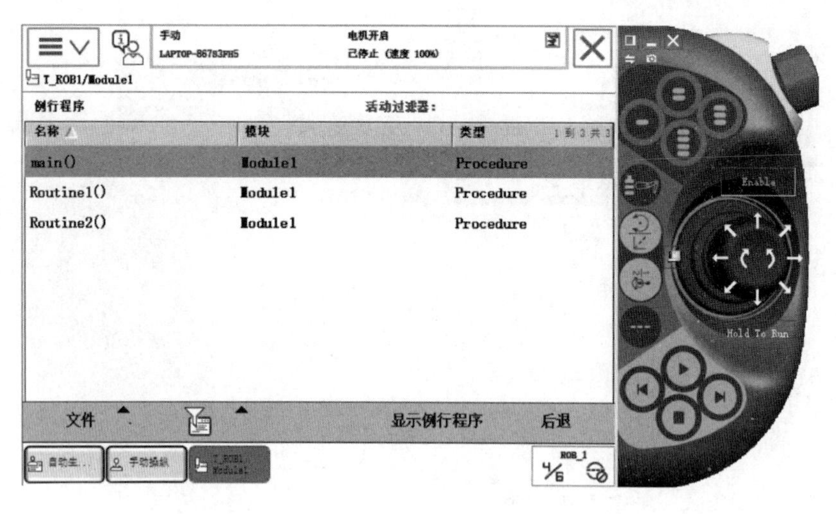

图 3.11

2. MoveAbsJ、MoveJ、MoveL运动指令的使用

Routine1任务：将机器人从起点pHome以弧线方式移动到目标点p10，然后沿着

直线运动到目标点 p20，最后以绝对关节移动方式返回 pHome。

（1）光标选中 Routine1，单击“显示例行程序”按钮，如图 3.12 所示。

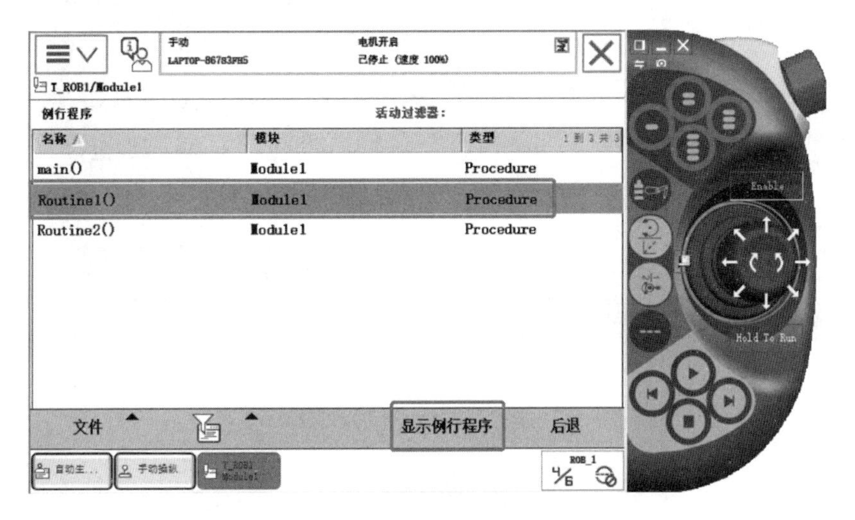

图　3.12

（2）在 Routine1 界面中，单击“<SMT>”代码，将机器人调整到原点附近位置，单击“添加指令”按钮，出现如图 3.13 所示的指令列表。

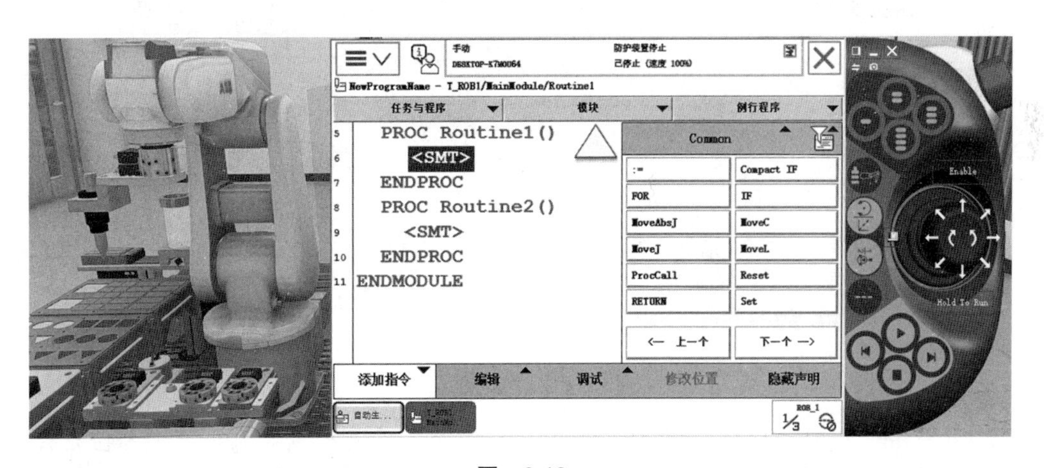

图　3.13

（3）单击“MoveAbsJ”代码，一行 MoveAbsJ 指令被添加到例行程序 Routine1 中，如图 3.14 所示。箭头方向代表移动窗口移动方向，用于上下左右移动，窗口“+”和“-”用于文字的放大和缩小。

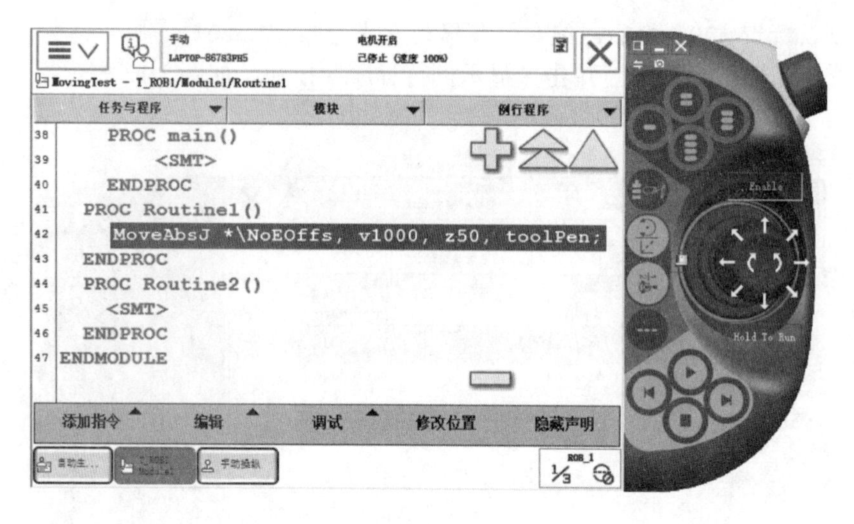

图　3.14

（4）双击指令中的“*”号，出现如图 3.15 所示的关节位置变量选择窗口。

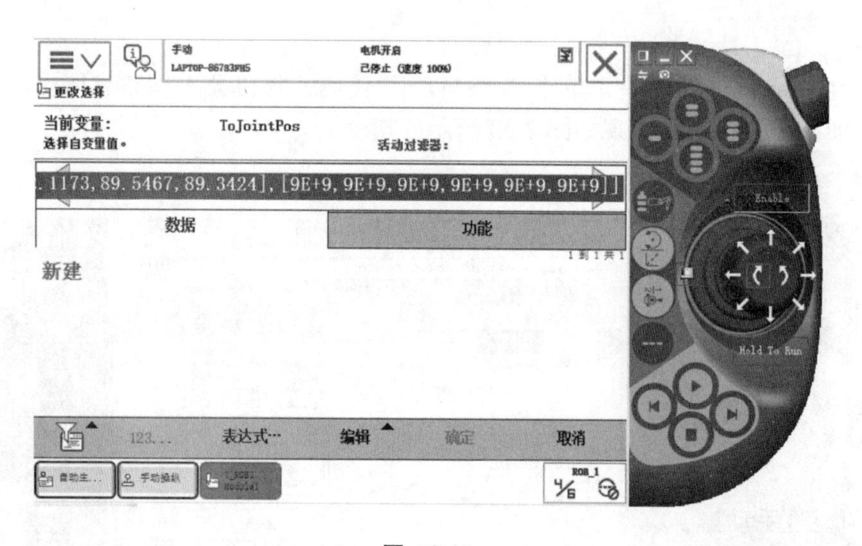

图　3.15

（5）单击“新建”按钮，将名称改为“ pHome”（表示机器人当前关节位置），如图 3.16 所示，然后单击“确定”按钮，返回关节位置变量选择窗口，再选中“ pHome”选项，单击“确定”按钮，返回程序编辑窗口。

（6）双击速度“ v1000”代码，选择“ v200”代码，单击“确定”按钮（系统会自动记录选择的速度，后续添加新的指令速度自动默认为 v200）。双击转弯半径“ z50”代码，选择“ fine”代码，单击“确定”按钮（系统会自动记录选择的转弯半径，后续添加新的指令转弯半径自动默认为 fine），如图 3.17 所示。

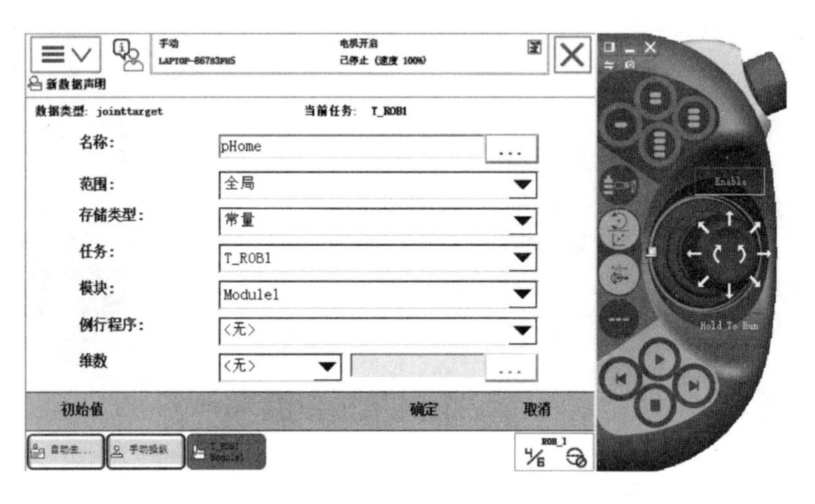

图　3.16

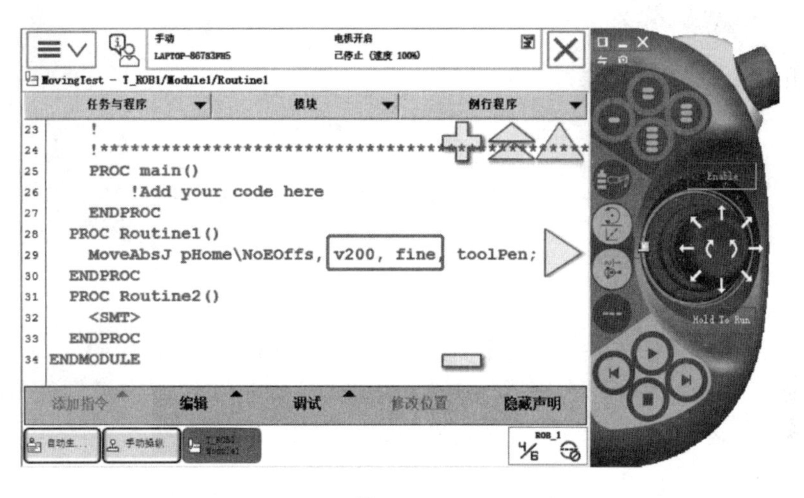

图　3.17

（7）通过手动操作将 TCP 移动到 p10 点（根据实际情况选取一个目标点），光标选中上一行 MoveAbsJ 程序，单击“添加指令”按钮，选择“ MoveJ”代码，弹出窗口，选择“在当前行下方”，一个 MoveJ 指令就被写到程序中。双击“ * ”号，新建一个机器人位置变量命名为 p10，单击“确定”按钮，返回程序编辑窗口，并修改 p10 当前位置，如图 3.18 所示。

（8）通过手动操作将 TCP 移动到 p20 点，如图 3.19 所示。光标选中上一行程序，打开指令列表，选择“ MoveL”代码，一个 MoveL 指令就被写到程序中，记录的位置为添加指令时 TCP 当前的位置和姿态，即 p20。

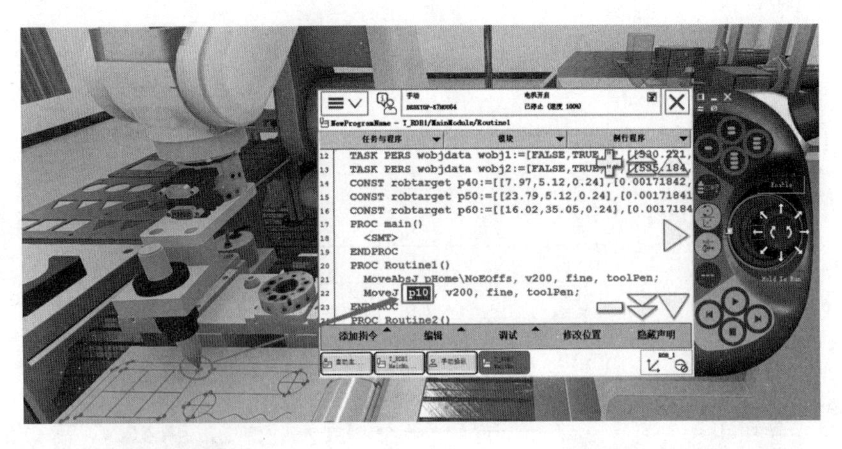

图 3.18

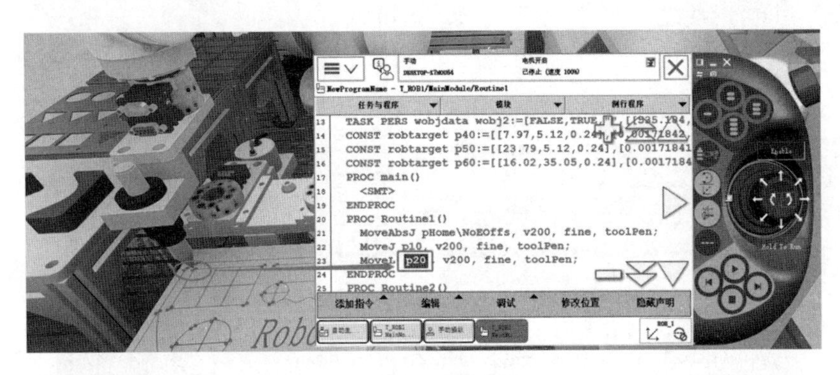

图 3.19

（9）光标选中上一行，打开指令列表，选择“MoveAbsJ”代码，一个MoveAbsJ指令就被添加，将移动目标点改为pHome，单击“确定”按钮，返回程序编辑窗口，如图3.20所示。运行后机器人又返回到最开始的位置。

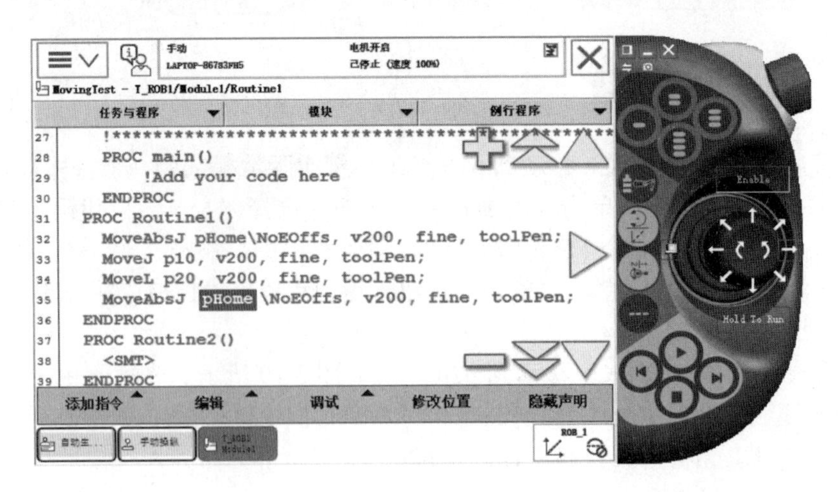

图 3.20

（10）单击“调试”按钮，弹出窗口选择“ PP 移至例行程序”选项，如图 3.21 所示。然后选择“ Routine1”代码，单击“确定”按钮。按下“单步前进”按键，机器人每运行一行程序，就单步运行一次直到运行结束，观察机器人运动是否正确。若轨迹正确，按下“启动程序”按键，程序从当前状态一直运行到该例行程序结束。

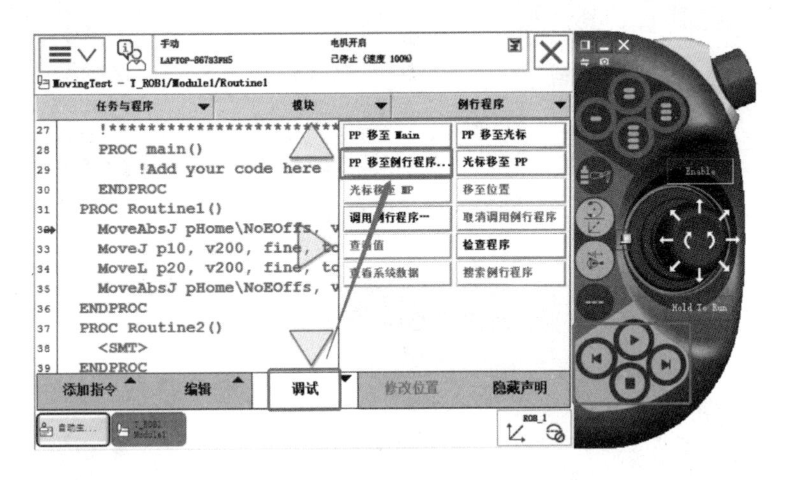

图　3.21

3. MoveC 运动指令的使用

Routine2 任务：机器人从起始位置 pHome 弧线运动到 p1，然后沿着圆弧运动到 p21，最后返回初始位置 pHome。

（1）打开 Routine2，选中“ <SMT>”，添加 MoveAbsJ 指令，关节位置变量选择“pHome”，如图 3.22 所示。

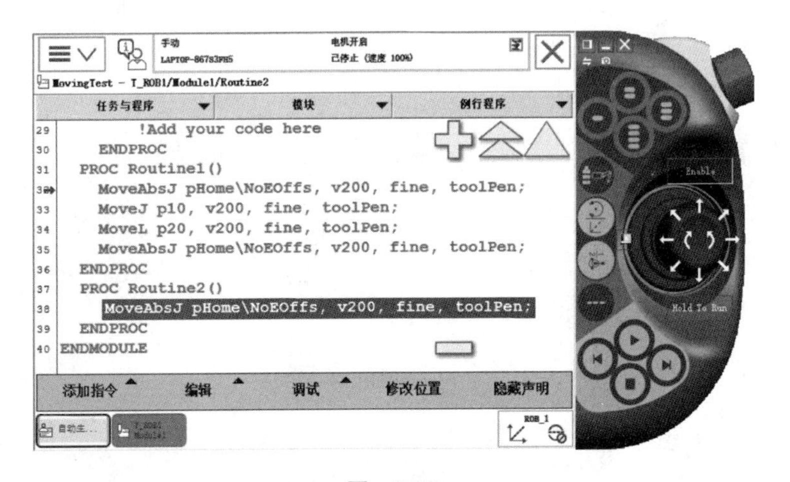

图　3.22

（2）将机器人 TCP 移动到点 p1，添加 MoveJ 指令到下一行，如图 3.23 所示。

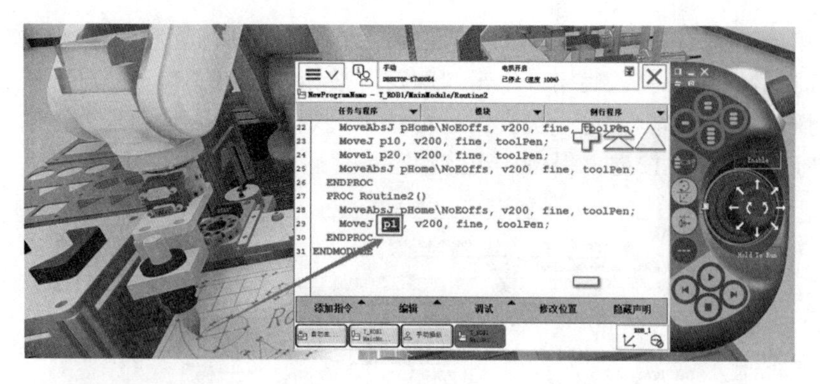

图 3.23

（3）将机器人移动到圆弧中间的一点，添加 MoveC 指令到下一行，此时圆弧指令中的 p11 变量为机器人当前位置，如图 3.24 所示。

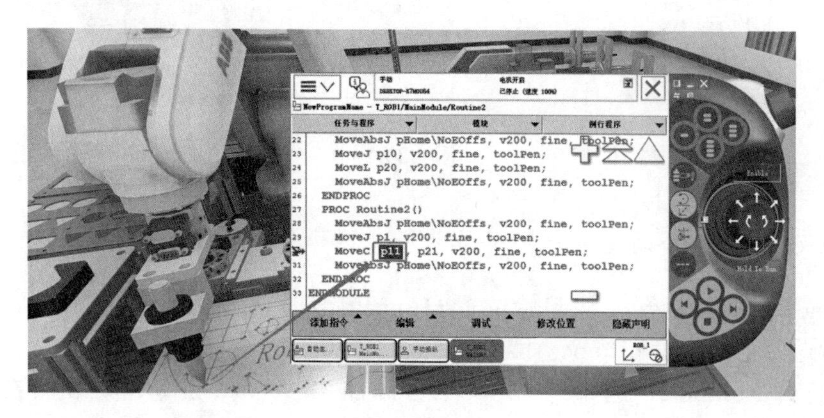

图 3.24

（4）将机器人 TCP 移动到圆弧终点，选中 p21 即为当前位置，单击“修改位置”按钮，弹出窗口，然后单击“修改”按钮，如图 3.25 所示。

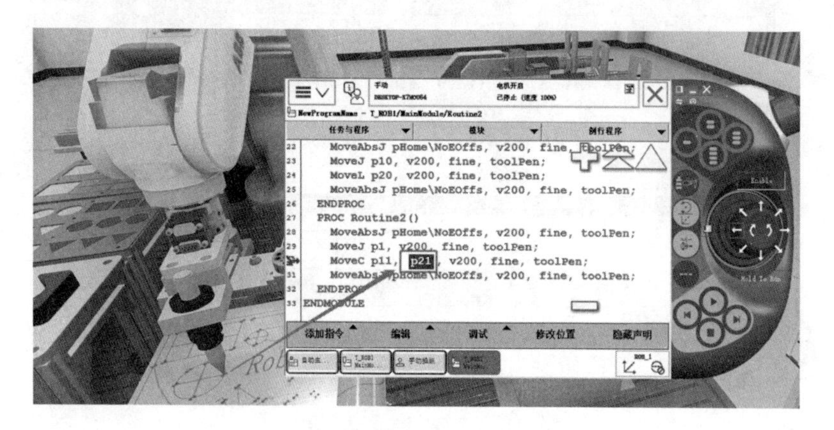

图 3.25

（5）单击“调试”按钮，弹出窗口选择“PP 移至例行程序”选项，然后选择“Routine2”代码，单击“确定”按钮。按下“单步前进”按键，机器人每运行一行程序，就单步运行一次直到运行结束，观察机器人运动是否正确。若轨迹正确，按下“启动程序”按键，程序从当前状态一直运行到该例行程序结束。

3.2　点位示教与运动编程

点位示教与运动编程

3.2.1　点位示教及修改

1. 准备工作

（1）打开示教器，将机器人模式调为手动模式。

（2）打开项目 3.1.3 编写的程序 Routine1、Routine2。分别试运行查看是否正确，若文件被删除，则需要重新编写。

（3）在“手动操纵”窗口下，设置“工具坐标”为“toolPen”。

3.2 工程文件

2. 修改点的位置

（1）打开 Routine1，单击“pHome”代码，再单击“调试”按钮，出现如图 3.26 所示的窗口。

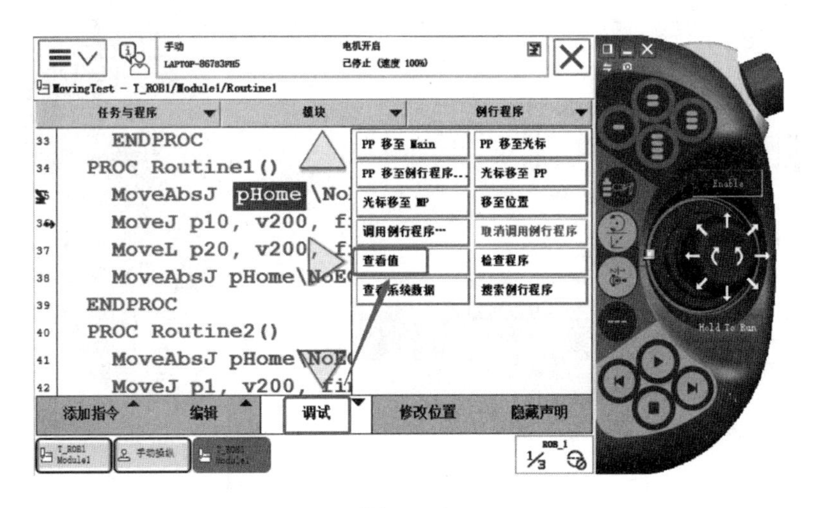

图　3.26

（2）选择“查看值”选项，显示 pHome 的值如图 3.27 所示，rax 表示各关节的角度。单击“rax_5：=”字段，将第五轴角度修改为 90（这一步的操作是为了让机器人初始点位 J5 关节朝下，便于调试）。单击“确定”按钮回到程序编辑窗口。

（3）单击“调试”按钮，出现如图 3.28 所示的窗口，选择“PP 移至例行程序”选

项，然后选择“Routine1”，单击“确定”按钮。按下“单步前进”按键，机器人每运行一行程序，就单步运行一次直到运行结束，观察机器人运动是否正确。

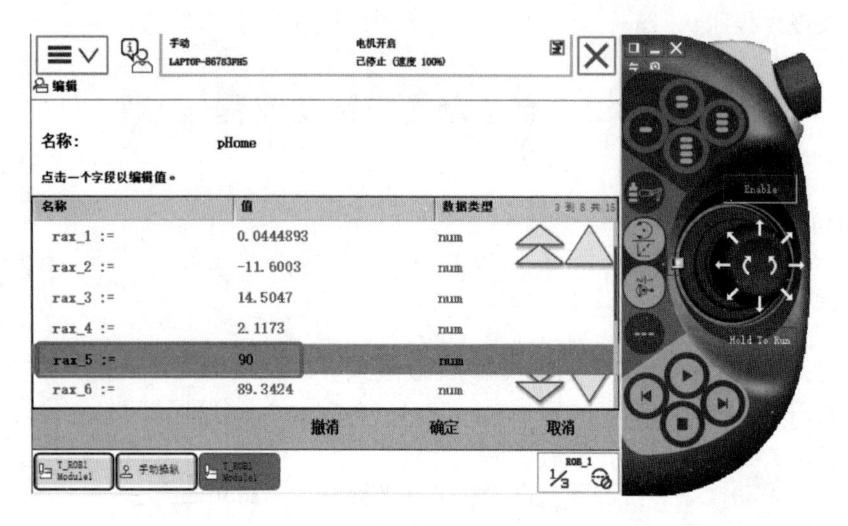

图 3.27

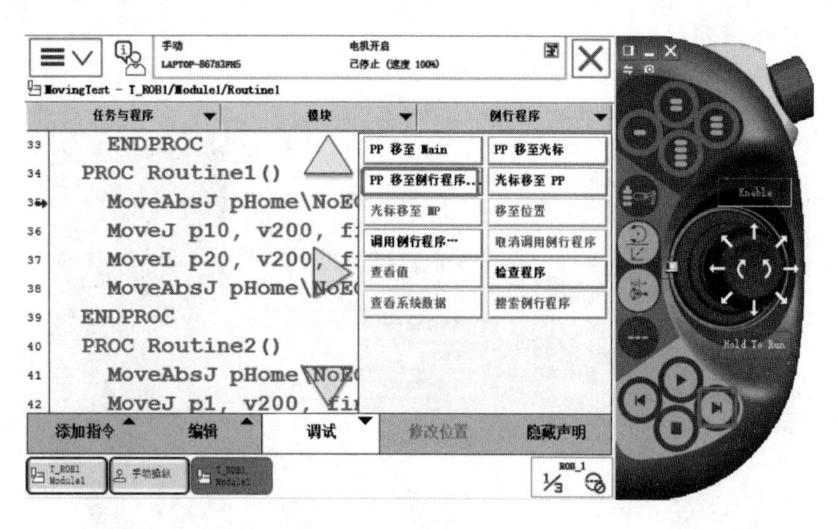

图 3.28

（4）若单步调试出现错误，则需要重新修改目标点的位置，光标选中对应的点位，例如 p20，将 TCP 重新移动到某一点位，单击“修改位置”按钮，则机器人 p20 位置更新为当前位置，如图 3.29 所示。再利用单步运行检查，直至程序指令无误。

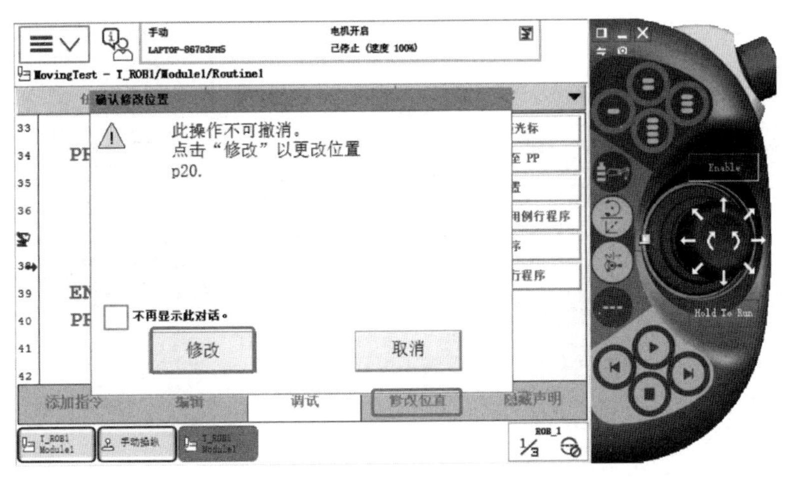

图　3.29

3. 修改机器人运动速度

（1）打开 Routine1，选中对应运动指令，双击速度参数“v200”代码，出现如图 3.30 所示的速度选择窗口。选择合适的速度，单击“确定”按钮。

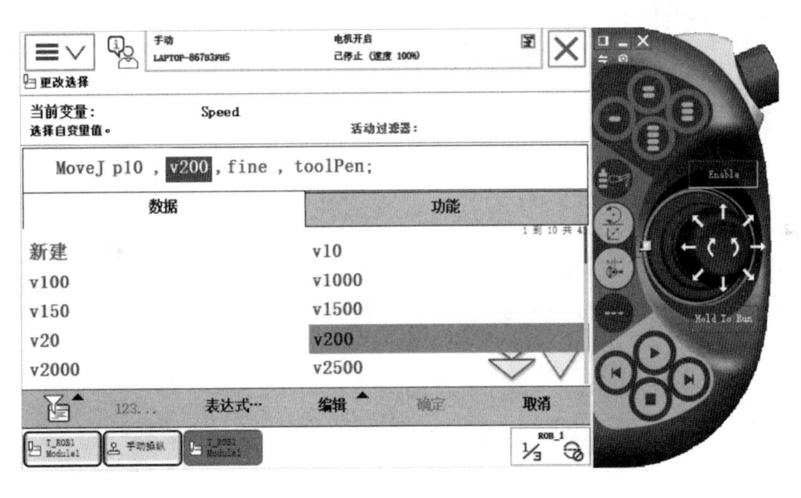

图　3.30

（2）单击“调试”按钮，弹出窗口选择“PP 移至例行程序”选项，然后选择“Routine1”选项，单击“确定”按钮。按下“单步前进”按键，可观察机器人运动与原来速度的变化情况。

4. 修改转弯半径

（1）打开 Routine1，双击转弯半径参数“fine”，出现如图 3.31 所示的 Zone 变量选择窗口，根据实际情况选择转弯半径，单击“确定”按钮。

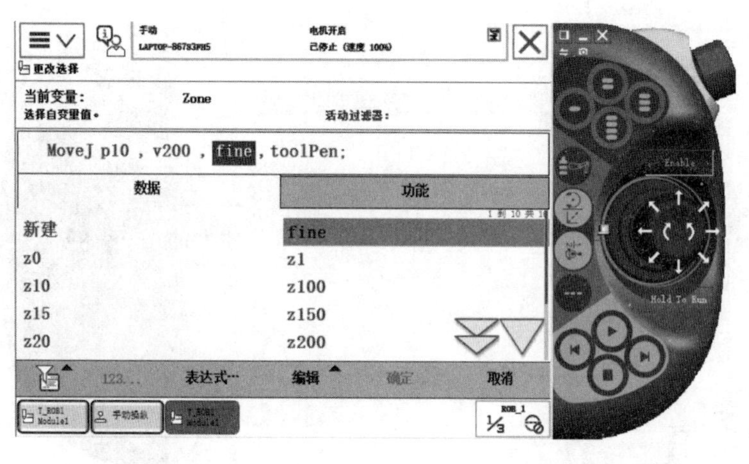

图 3.31

（2）当修改完成后，单击“调试”按钮，弹出窗口选择“PP 移至例行程序”选项，然后选择“Routine1”选项，按下“启动程序”按键，程序从当前状态一直运行到该例行程序结束并可观察程序路径的运行差异。

特别提示

转弯半径在单步前进时不起作用，最后一行程序的转弯半径同样不起作用。

3.2.2　程序指令的使用

1. 程序调用（ProcCall）

（1）打开 main 程序，选中“<SMT>”代码，单击“添加指令”按钮，打开的指令列表如图 3.32 所示。若 main 中有别的指令，先删除再添加。

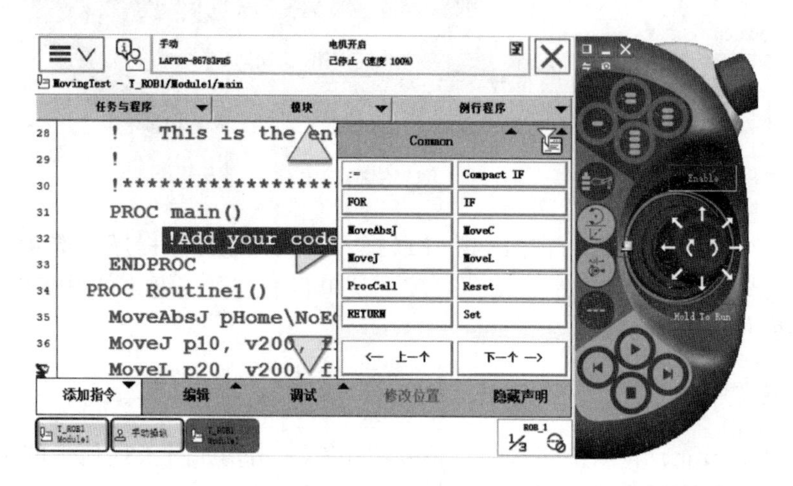

图 3.32

（2）单击图 3.32 中的“ProcCall”按钮，弹出例行程序列表，如图 3.33 所示，选中“Routine1”选项，单击“确定”按钮，Routine1 被添加到 main 中。

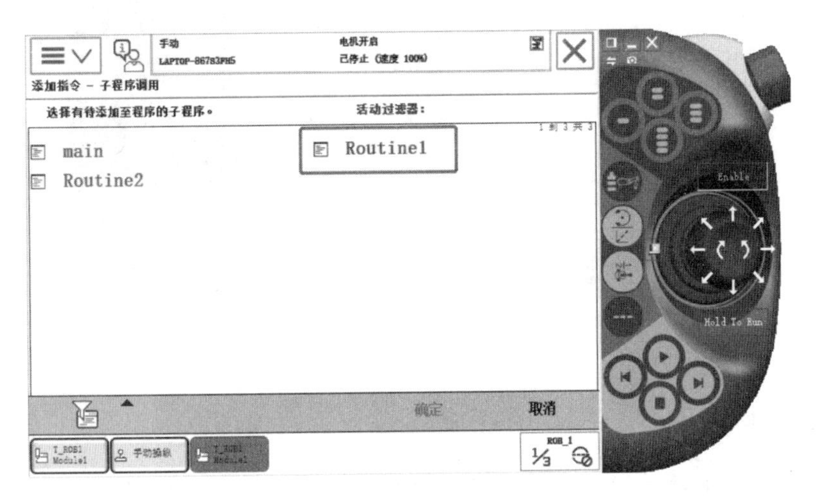

图　3.33

（3）按照上述步骤，继续调用 Routine2，main 程序如图 3.34 所示。

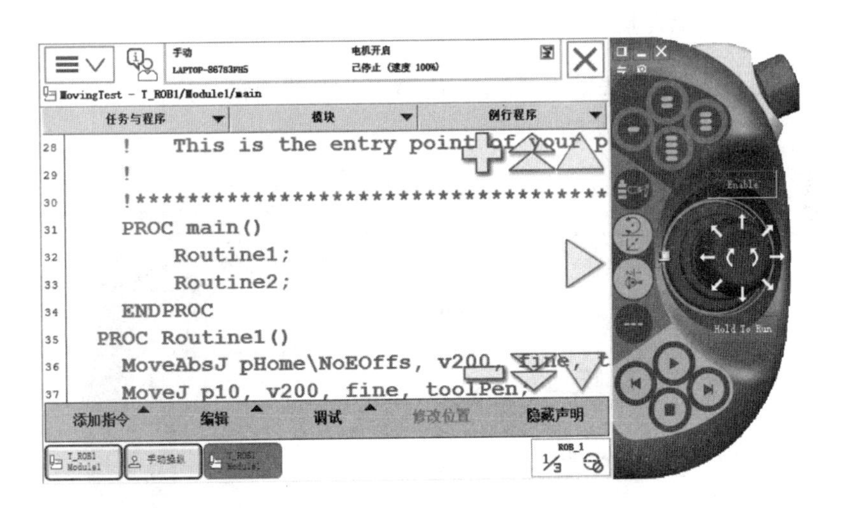

图　3.34

（4）单击“调试”按钮，弹出窗口选择“PP 移至 Main”选项，如图 3.35 所示。按下“启动程序”按键，程序从当前状态一直运行到程序结束，依次执行 Routine1、Routine2。

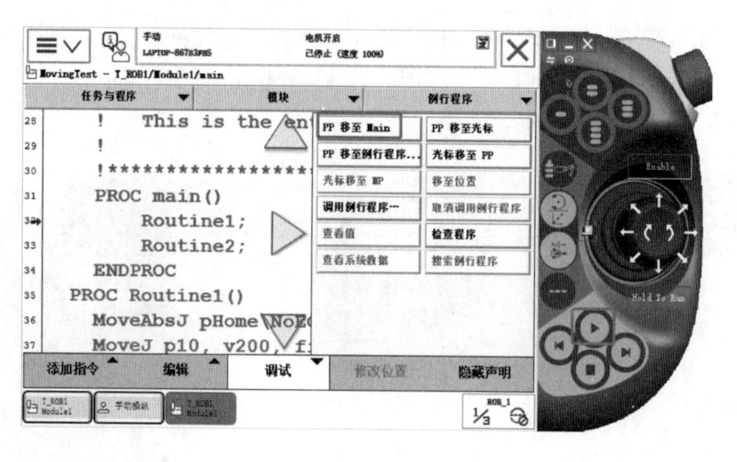

图 3.35

特别提示

Return 为子函数返回语句，严格意义上子函数返回的地方都需要增加 Return，但是在 ABB 系统中，子函数如果在最后一行才返回，即使没有 Return，程序依然可以返回到主函数。子函数若要在中间某一行返回，则必须在需要返回的地方添加 Return，或者存在返回值时，必须加 Return。

2. 指令的复制粘贴与删除

（1）打开 main 程序，选中 Routine1 代码，单击“编辑”按钮，出现如图 3.36 所示的编辑窗口，单击“复制”按钮。

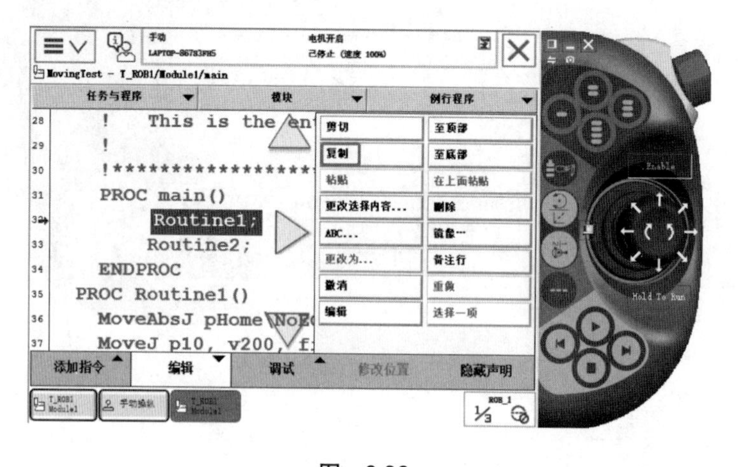

图 3.36

（2）单击“粘贴”按钮，复制板上的内容被复制到光标下一行，如图 3.37 所示。

（3）单击“调试”按钮，弹出窗口选择“ PP 移至 Main”选项，点亮侧面使能键，

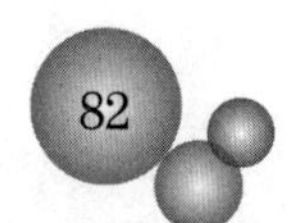

显示电机上电。按下“启动程序”按键，程序从当前状态一直运行到程序结束，依次执行 Routine1 两次、Routine2 一次。

（4）选中图 3.37 中复制的 Routine1，单击“编辑”按钮，出现编辑窗口，单击“删除”按钮，即可删除选中行，如图 3.38 所示。

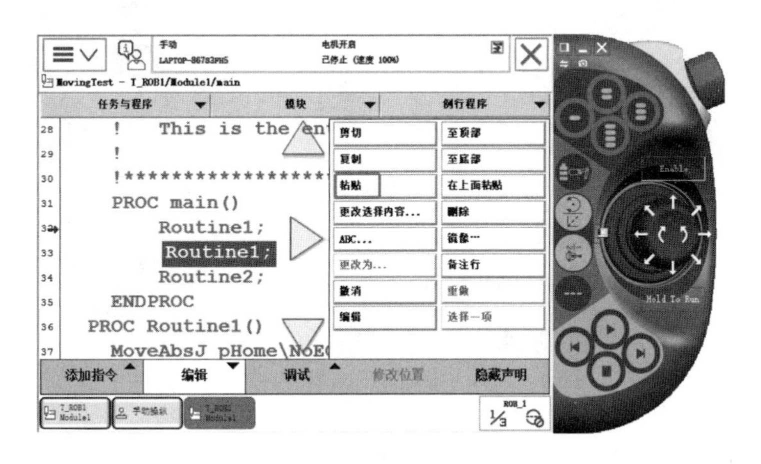

图　3.37

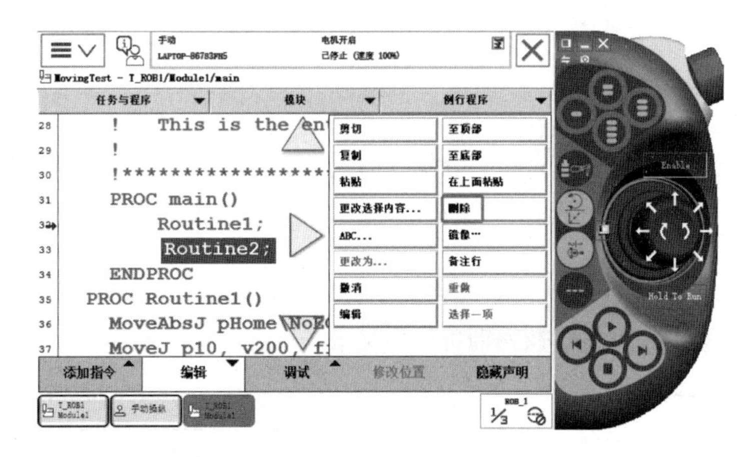

图　3.38

3.2.3　程序运行

1. 手动模式

手动模式下，“单步前进”按键表示每次执行一行程序，“启动程序”按键表示程序执行一个周期或者循环执行，由运行模式决定。

（1）单击右下角“快捷设置菜单”按钮，选中“运行模式”选项，如图 3.39 所示。选择“单周”选项，再单击“快捷设置菜单”按钮，关闭菜单界面。单击“调试”

按钮，弹出窗口选择“PP 移至 Main”选项，按下“启动程序”按键，程序依次执行 Routine1、Routine2，然后停止。

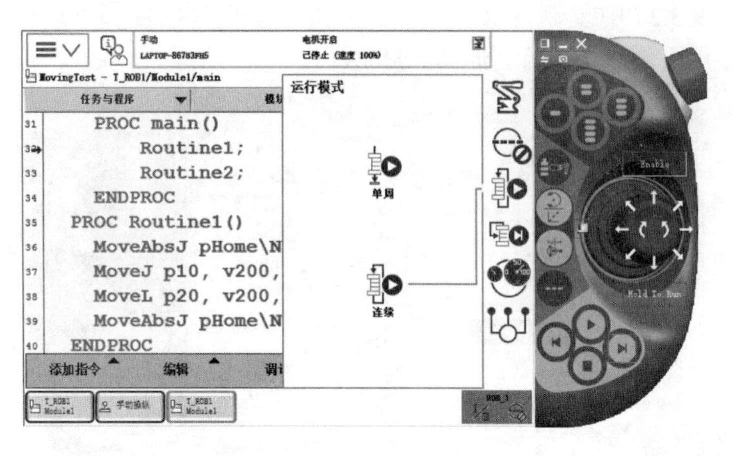

图 3.39

（2）单击右下角“快捷设置菜单”按钮，选中“运行模式”选项。选择“连续”选项，单击“调试”按钮，弹出窗口选择“PP 移至 Main”选项，按下“启动程序”按键，程序依次执行 Routine1、Routine2，运行程序结束后自动从头开始。只有当松开“使能键”或者按“程序停止”按键，机器人才停止程序运行。

2. 自动模式

在手动模式下需要点亮使能键，机器人才能运行。而实际生产中不可能有人一直点亮使能键，这就需要有自动模式。在该模式下，程序一直循环运行，所以要注意保证程序正确无误。

（1）将机器人模式调整为自动模式，示教器会弹出图 3.40 所示的对话框，显示已选择自动模式，单击“确定”按钮即可。

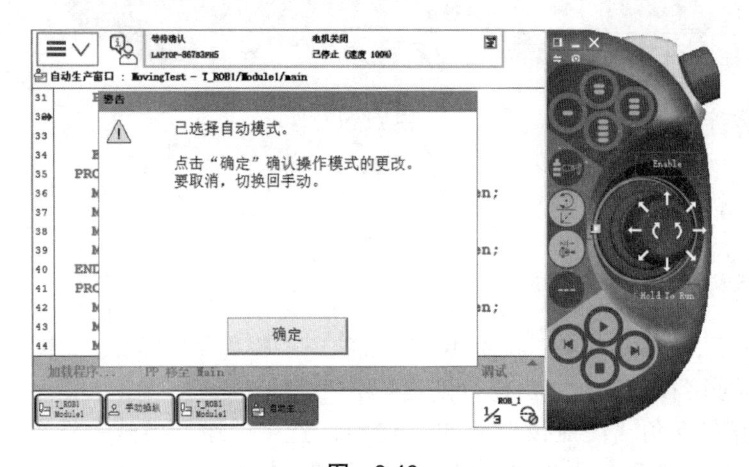

图 3.40

（2）单击示教器上的“电机上电”按钮，按钮常亮，表示电机上电，如图 3.41 所示。选择好运行模式后（单周或连续），按下“启动程序”按键，程序依次执行 Routine1、Routine2。

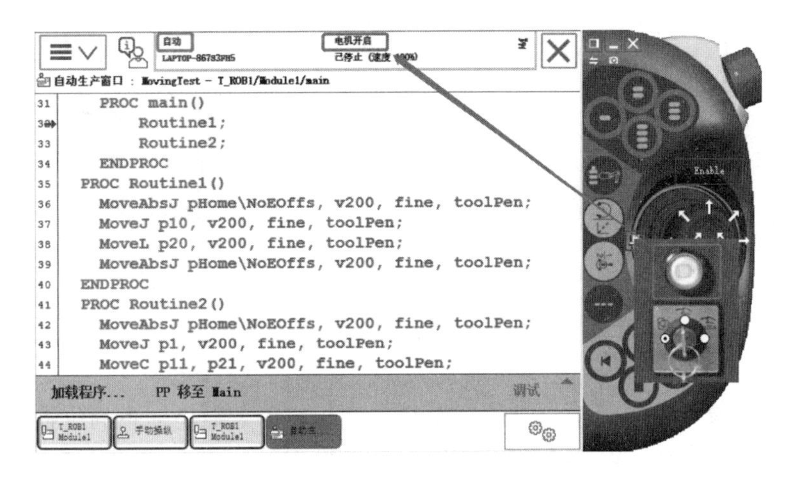

图　3.41

特别提示

自动模式下，程序只能从 main 开始运行且不能对程序和变量进行编辑。

3.3　工件坐标系与运动编程操作

3.3.1　工件坐标系的建立

1. 工件坐标系的使用场合

工件坐标系用于确定工件的位置，由工件原点和坐标位置组成。在示教时，通常建立如图 3.42 所示的工件坐标系。通常在工件坐标系 1 中进行三角形轨迹编程，而工件因加工需要，坐标位置会变为工件坐标系 2，这时只需要重新定义工件坐标系 2，不用重新编程，因为轨迹相对于工件坐标系 2 和原来相对于工件坐标系 1 的位置是一样的。

工件坐标系的使用优点如下。

（1）工件坐标系的使用是离线编程的基础，当机器人与工件的相对位置和软件中有差别时，只需要使用合适的工件坐标系就可以解决这个问题。

（2）更改工件位置时，只需要重新定义工件坐标系就可以完成，不需要重新编程。

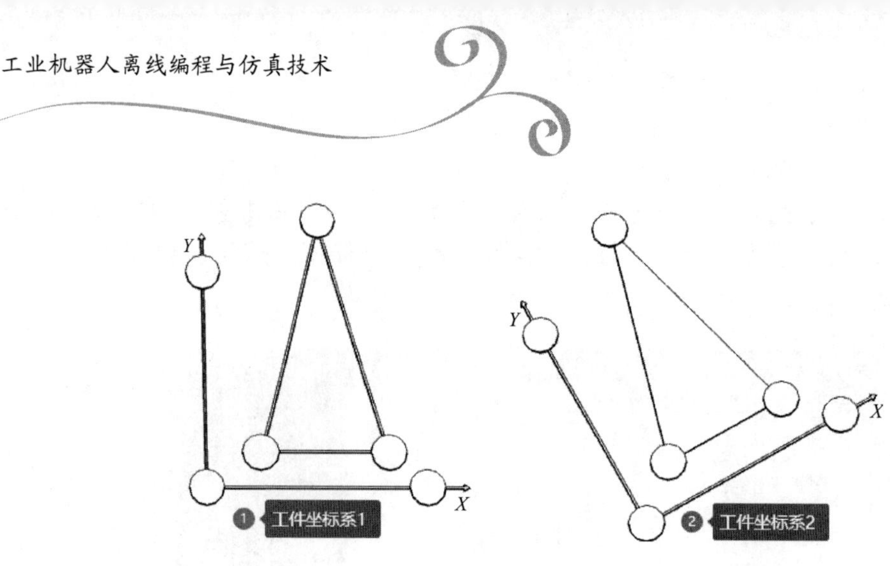

图 3.42

2. Wobjdata 中数据含义

Wobjdata 对应工件坐标系，它的定义是工件相对于大地坐标系的位置，默认的工件坐标系与基坐标系重合。Wobjdata 中数据含义见表 3-2。

表 3-2 Wobjdata 中数据含义

值	实例	单位	备注
工件框架位置的笛卡儿坐标（即工件坐标系原点在基坐标系下位置）	oframe.trans.x oframe.trans.y oframe.trans.z	mm	常用
工件框架方向	oframe.rot.q1 oframe.rot.q2 oframe.rot.q3 oframe.rot.q4	—	常用
用户框架位置的笛卡儿坐标	uframe.trans.x uframe.trans.y uframe.trans.z	mm	不常用，保持默认值
用户框架方向	uframe.rot.q1 uframe.rot.q2 uframe.rot.q3 uframe.rot.q4	—	不常用，保持默认值

3. 工件坐标系三点法定义

ABB 工业机器人工件坐标系的定义使用三点法，分别为 $X1$、$X2$ 和 $Y1$。用户手动记录这三个点，如图 3.43 所示，过 $Y1$ 点作 $X1X2$ 所在直线的垂足，垂足为坐标系原点 O，$X1X2$ 为 X 轴方向，$OY1$ 为 Y 轴方向，Z 轴方向由右手坐标系确定。

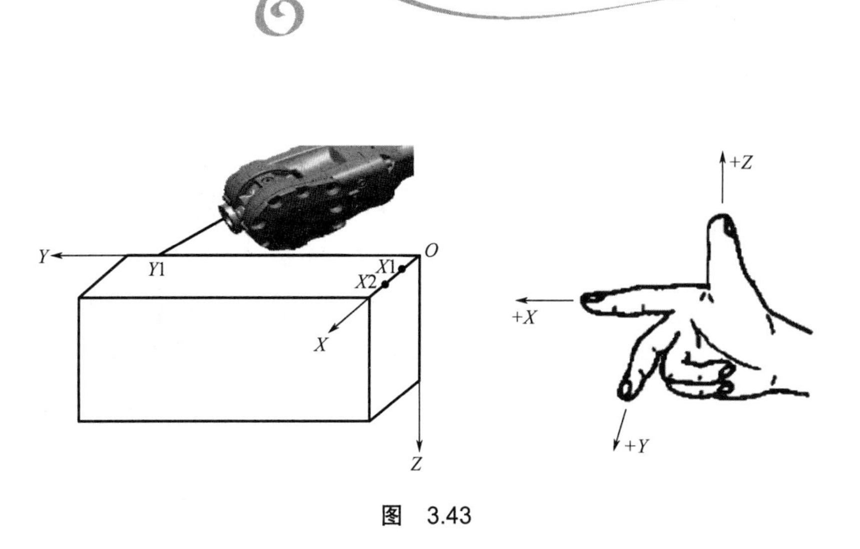

图　3.43

4. 建立工件坐标系

（1）打开示教器，将机器人模式调为手动模式。

（2）在“手动操纵”窗口，设置“工具坐标”为“tool0”，示教器菜单页选择“程序数据”选项，出现如图 3.44 所示的数据类型列表。

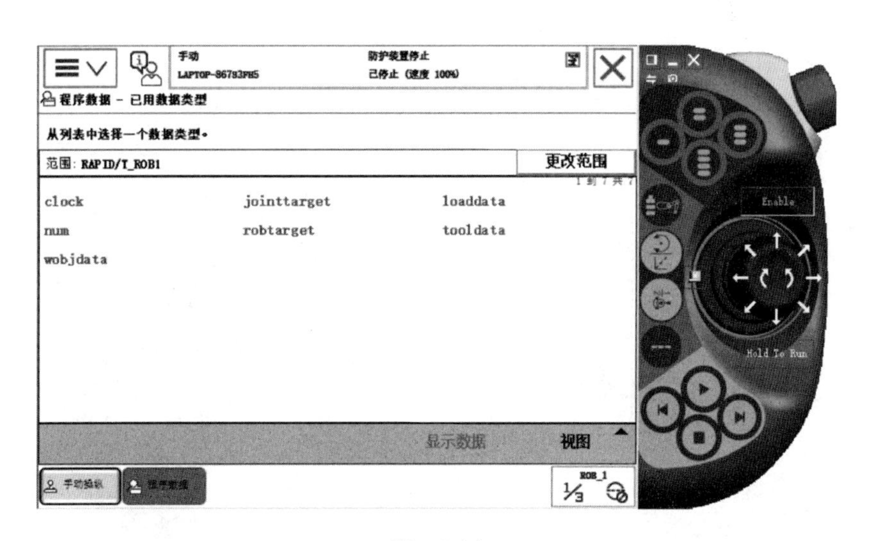

图　3.44

（3）光标选择“wobjdata”选项，然后单击“显示数据”按钮，出现所有 wobjdata 类型的变量，如图 3.45 所示。其中 wobj0 是默认的，不可删除或修改，删除除 wobj0 以外的所有工件坐标系（光标选中以后，单击“编辑”按钮，弹出窗口单击“删除”按钮即可删除选中变量）。

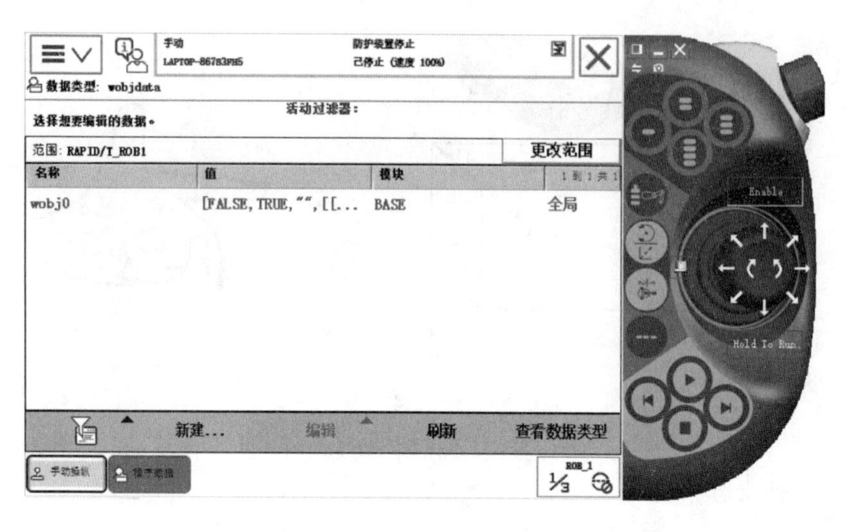

图 3.45

（4）单击“新建”按钮，出现如图 3.46 所示的窗口，保持所有参数不变，单击“确定”按钮，则新建了一个名为 wobj1 的工件坐标类型变量。

图 3.46

（5）选中 wobj1 选项，单击“编辑”按钮，在弹出对话框中单击“定义”按钮，出现如图 3.47 所示的窗口，“用户方法”选择“3 点”。

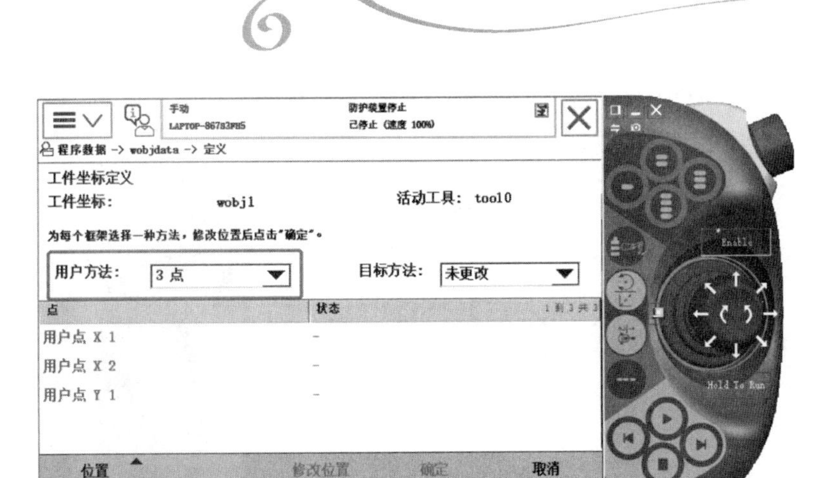

图　3.47

（6）手动操作将机器人工具末端移动到画板上的“点 1”，然后选中示教器上“用户点 $X1$”选项，单击“修改位置”按钮，如图 3.48 所示。如此，工件坐标系中的第一点位置已确定。

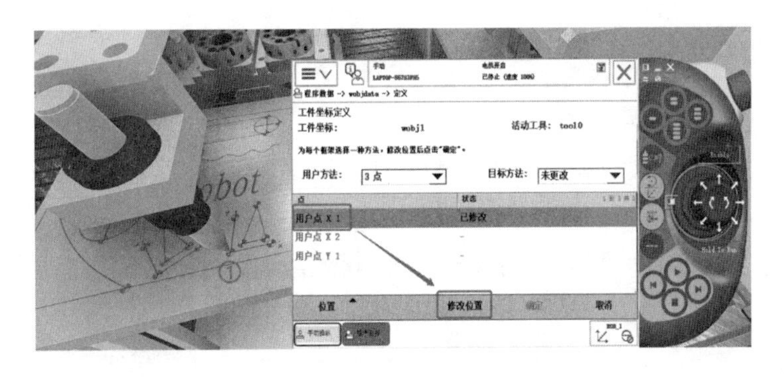

图　3.48

（7）将机器人工具末端依次移动到画板上的“点 2”“点 3”，对应修改用户点 $X2$、$Y1$，至此，工件坐标系中的三点位置都已确定，如图 3.49 所示。

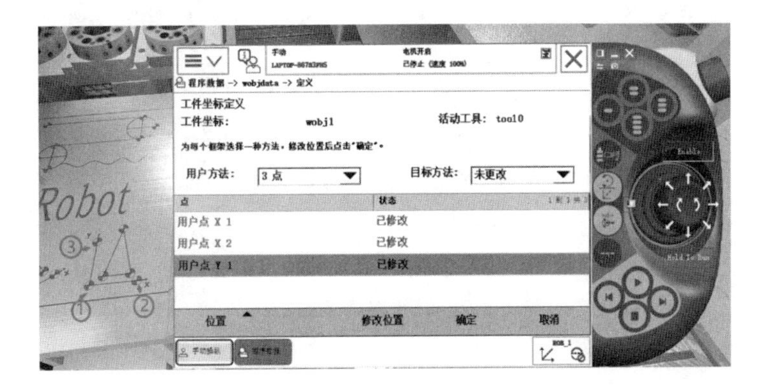

图　3.49

（8）单击“确定”按钮，出现如图 3.50 所示的画面，画面显示的是工件坐标系标定参数，然后单击“确定”按钮，工件坐标系 1 建立完成。

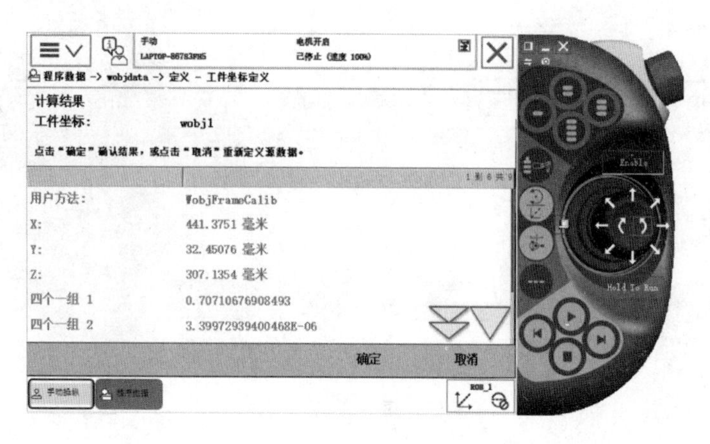

图 3.50

（9）与“wobj1”的添加流程类似，完成“wobj2”的添加，如图 3.51 所示。

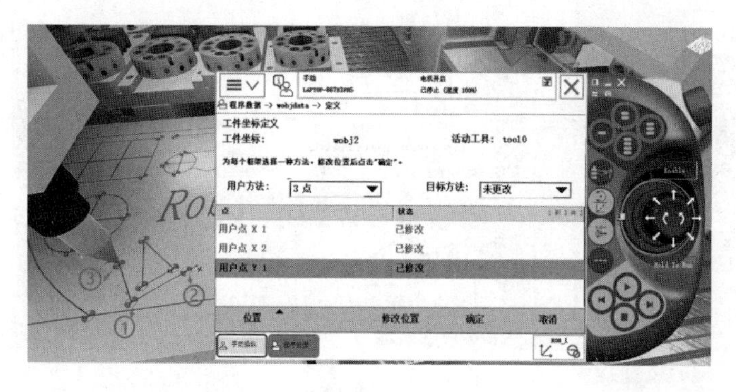

图 3.51

（10）至此，工件坐标系 1 和工件坐标系 2 已建立完成，如图 3.52 所示。

图 3.52

3.3.2　工件坐标系下手动操作

（1）打开“手动操纵”窗口，将“动作模式”选为“线性”，“坐标系”选为“工件坐标”，“工件坐标”选为“wobj1”，如图 3.53 所示。

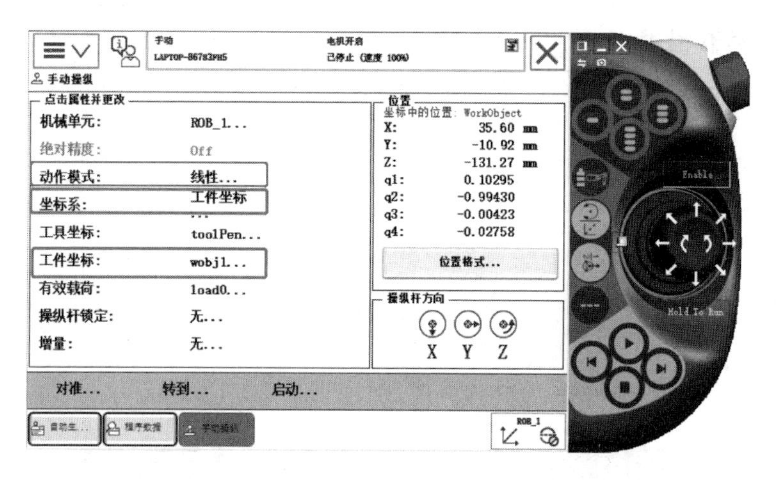

图　3.53

（2）线性移动机器人观察 *X*、*Y*、*Z* 方向的运动。

（3）打开“手动操纵”窗口，将“动作模式”选为“线性”，“坐标系”选为“工件坐标”，“工件坐标”选为“wobj2”，如图 3.54 所示。

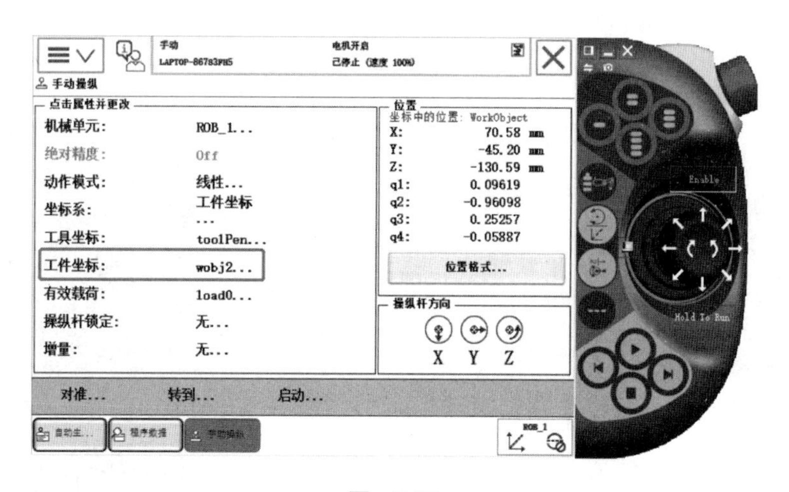

图　3.54

（4）线性移动机器人观察 *X*、*Y*、*Z* 方向的运动，看是否和 wobj1 有所不同。

3.3.3　工件坐标系下编程

在 3.1 运动指令编程操作中知道，MoveL、MoveJ、MoveC 后面跟的点的位置（数据类型 robottarget）是工件坐标系下的位置，若工件坐标系发生变化，则点的位置也发

生变化。MoveAbsJ 后面跟的点的位置（数据类型 jointtarget）是关节角度，和工件坐标系无关，MoveAbsJ 不会因为改变工件坐标系而发生路径变化，所以常用于回到原点或者一个初始状态点。

本节任务是编写一个名为 Routine3 的例行程序，机器人可完成两个等三角形轨迹运动，从初始位置到达三角形 L_p1 点，然后依次到达 L_p2、L_p3、L_p1、L_p2、L_p3、L_p1（即沿着三角形轨迹运行两圈），点位情况如图 3.55 所示。

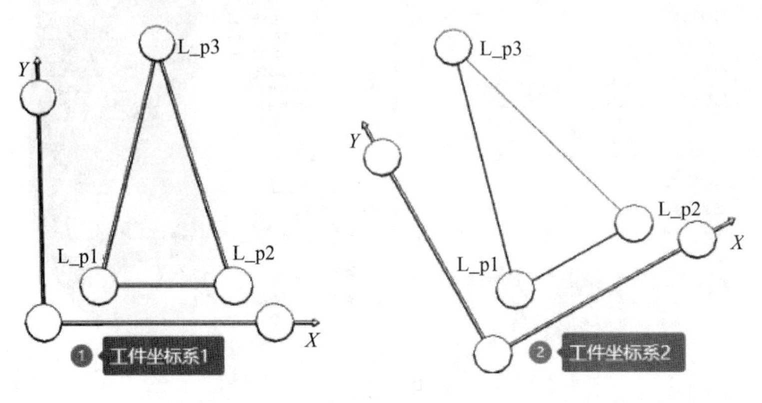

图 3.55

1. 工件坐标系 1 下的机器人编程

（1）在“手动操纵”窗口下，“工件坐标”选择上文新建的“wobj1”，工具坐标依然保持为“toolPen”，“动作模式”选择“线性”，“坐标系”选择“工件坐标”。

（2）选择“程序编辑器”选项，单击上方“例行程序”按钮，进入例行程序列表，新建一个名为“RHome”和“Routine3”的例行程序，如图 3.56 所示。

图 3.56

（3）选中 RHome，单击“显示例行程序”按钮，添加原点运动指令 MoveAbsJ，如图 3.57 所示。

（4）选中 Routine3，单击“显示例行程序”按钮，在例行程序 3 中采用 ProcCall 指令调用原点程序 RHome，如图 3.58 所示。

（5）手动操作将机器人工具末端移动到轨迹平台工件坐标系 1 的三角形 L_p1 点，光标选中 Routine3 的第一行，单击“添加指令”按钮，出现指令列表，选择“ MoveJ”选项，然后修改点位参数，如图 3.59 所示。

图　3.57

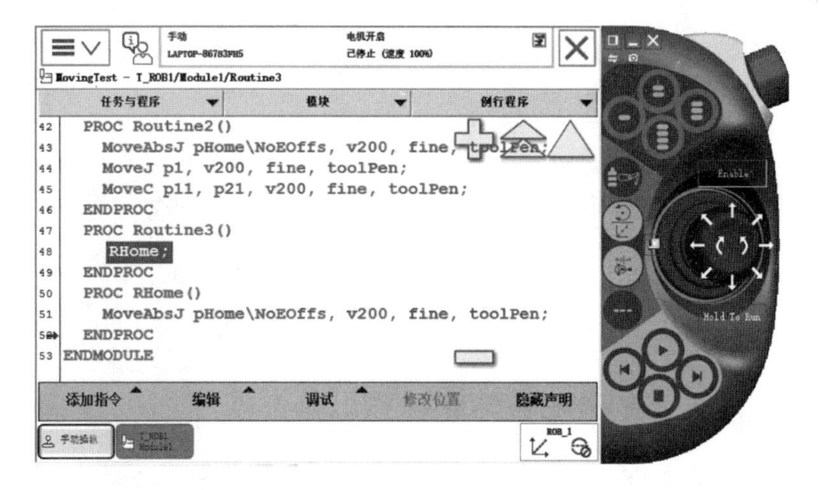

图　3.58

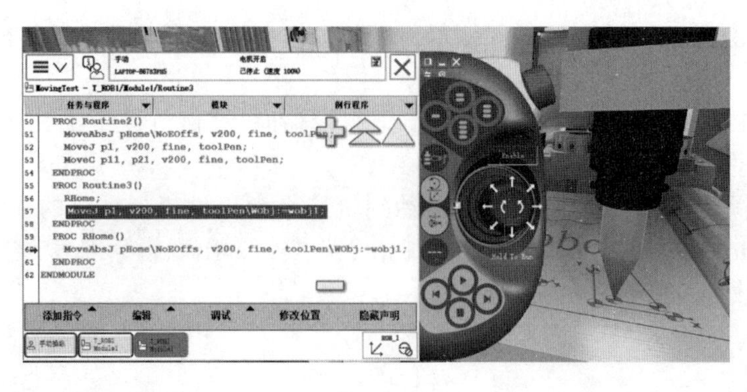

图 3.59

（6）将机器人工具末端沿着工件坐标系 *X* 轴正方向线性运动到三角形 L_p2 点，光标选中 Routine3 的第二行，单击“添加指令”按钮，出现指令列表，选择“MoveL”选项并修改点位参数，如图 3.60 所示。

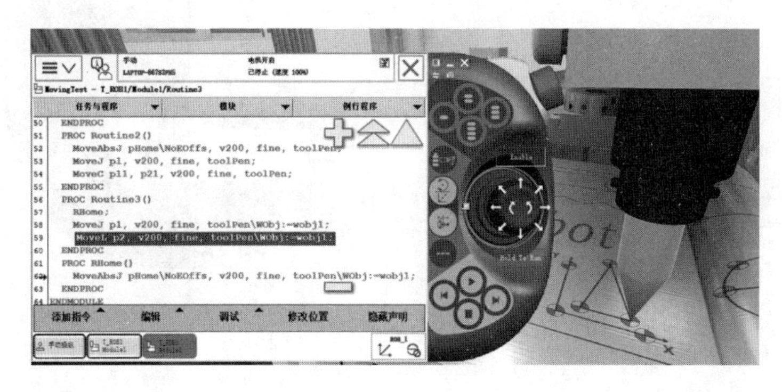

图 3.60

（7）将机器人工具末端手动移动至 L_p3、L_p1 点，并添加 MoveL 指令，如图 3.61 所示。至此，机器人沿着三角形运动一周完成。

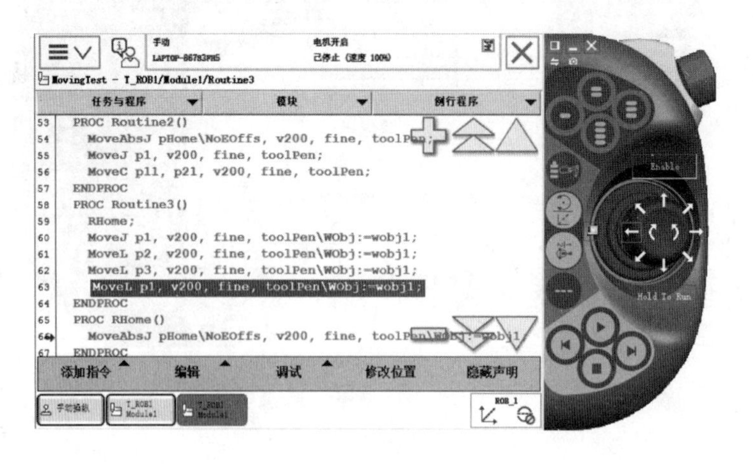

图 3.61

（8）利用编辑窗口的复制粘贴指令，完成机器人沿三角形运行第二周的运动，指令如图 3.62 所示。

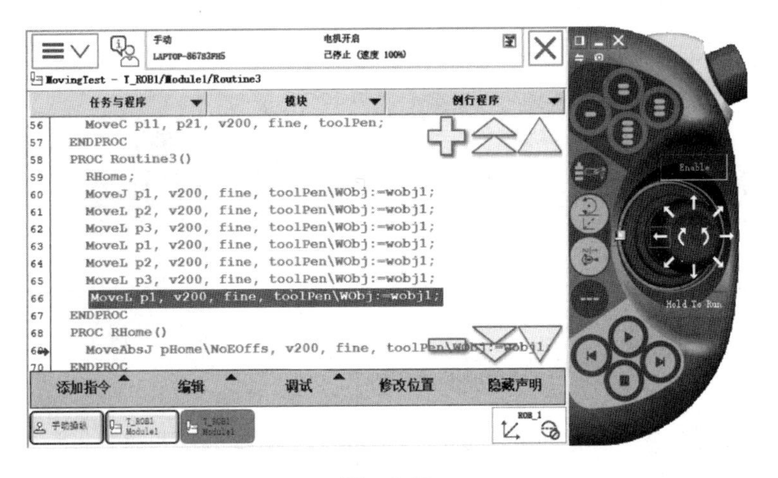

图　3.62

（9）在程序末采用 ProcCall 指令调用原点程序 RHome 时，机器人返回原点，如图 3.63 所示。

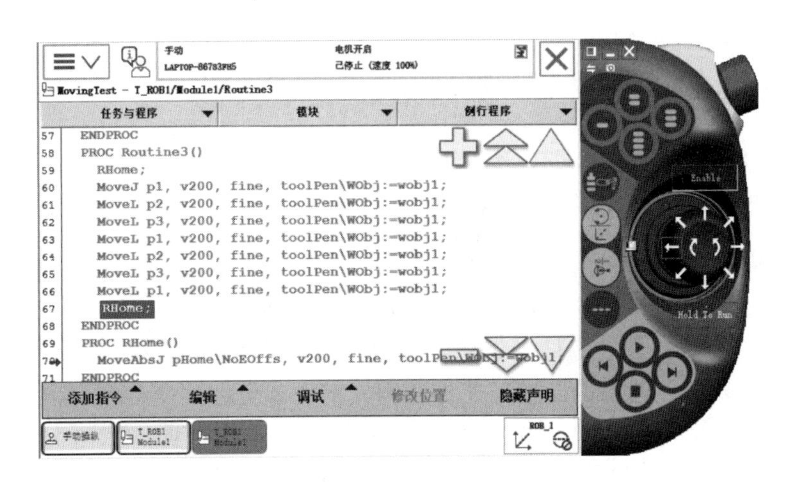

图　3.63

（10）利用“快捷设置菜单”将运行模式调整为“单周”。单击“调试”按钮，选择“PP 移至例行程序”选项，再选择“Routine3”代码，单击“确定”按钮。按下“单步前进”按键，机器人每运行一行程序，就单步运行一次直到运行结束，观察机器人运动是否正确。若轨迹正确，按下“启动程序”按键，程序从当前状态一直运行到最后一行程序结束。由此，机器人在工件坐标系 1 中沿三角形轨迹 pHome → L_p1 → L_p2 → L_p3 → L_p1 → L_p2 → L_p3 → L_p1 → pHome 运动两周完成。

2. 工件坐标系 2 下的机器人编程

（1）修改例行程序 3 中的指令，将工件坐标系 1 改为工件坐标系 2，如图 3.64 所示。

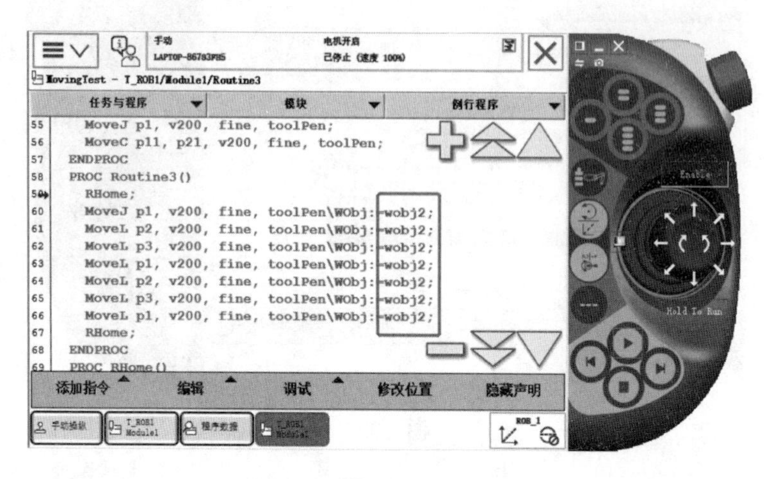

图 3.64

（2）再次运行例行程序 3，观察机器人是否在工件坐标系 2 中沿着三角形轨迹运动两周。

3.4 进阶指令编程操作

进阶指令编程操作

3.4 工程文件

3.4.1 偏移指令的使用

若要让机器人工具末端沿着图 3.65 所示的矩形运动一周，常规的方法是需要示教矩形的四个顶点，但该法比较烦琐，如果想提升效率，则可使用偏移指令，偏移指令只需要示教一个顶点。偏移指令在使用的过程中需要知道点与点的距离，此外还需要将距离分解到坐标系 *X*、*Y*、*Z* 轴上。在图 3.65 的网格上建立工件坐标系，则矩形在平面 *OXY* 上，四个顶点的 *Z* 轴坐标一样，任意两顶点之间不存在 *Z* 方向分量，*X* 方向分量和 *Y* 方向分量从网格上也很容易得到。

MoveJ、MoveL、MoveC 可以使用偏移指令，但 MoveAbsJ 的目标点位是绝对关节角度点位，无法使用偏移指令。

例如：MoveL Offs（p10，0，10，-20），v200，z50，tool1 \wobj:=wobj1；

上述指令表示机器人携带工具 tool1，以直线运动的方式将工具末端移动到工件坐标系 wobj1 下的目标点。该点位置相对于 p10 而言，*X* 轴不变、*Y* 轴 +10、*Z* 轴 -20（偏移值单位 mm)，机器人姿态和 p10 保持一致。

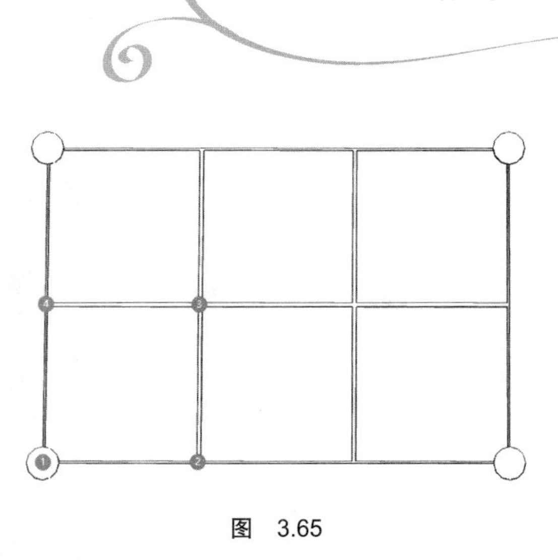

图　3.65

自动运行方形轨迹步骤如下。

（1）在“手动操纵”窗口，设置“工具坐标”为“toolPen”。

（2）进入“程序数据”窗口建立一个如图 3.66 所示的名为“wobjpy”的工件坐标系，具体步骤可参考项目 3.3.1，并在“手动操纵”窗口下将“工件坐标”选为“wobjpy”。

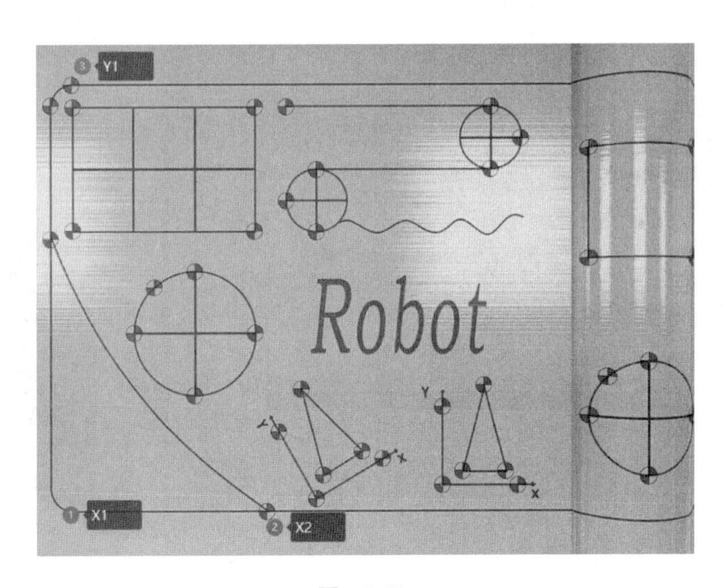

图　3.66

（3）打开程序编辑器，进入例行程序窗口，删除 main 以外的其他例行程序，新建一个名为“RoutinePY”的例行程序，如图 3.67 所示。

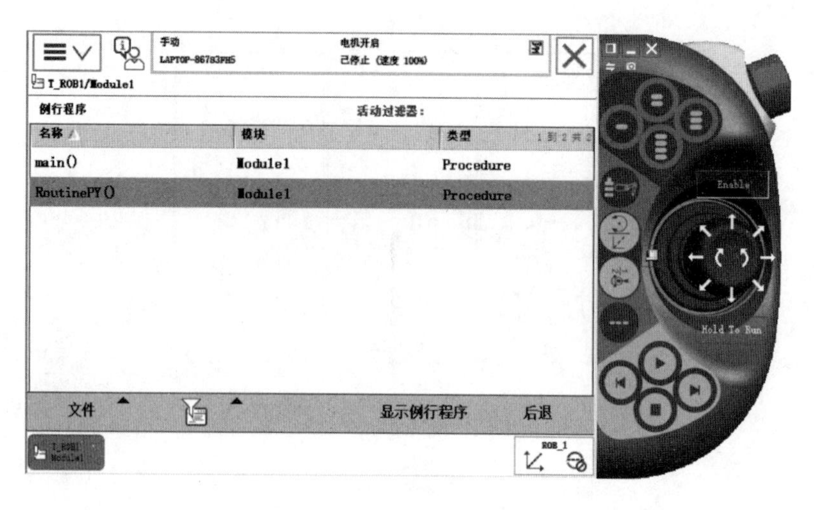

图 3.67

（4）打开例行程序 RoutinePY，选中“<SMT>”代码，添加一行 MoveAbsJ 指令，让机器人回到初始位置 pHome。

（5）将机器人工具末端移动到矩形顶点 p1，在第二行添加一行 MoveL 指令，双击位置变量“*”，新建变量 pBase，编程语句如图 3.68 所示。

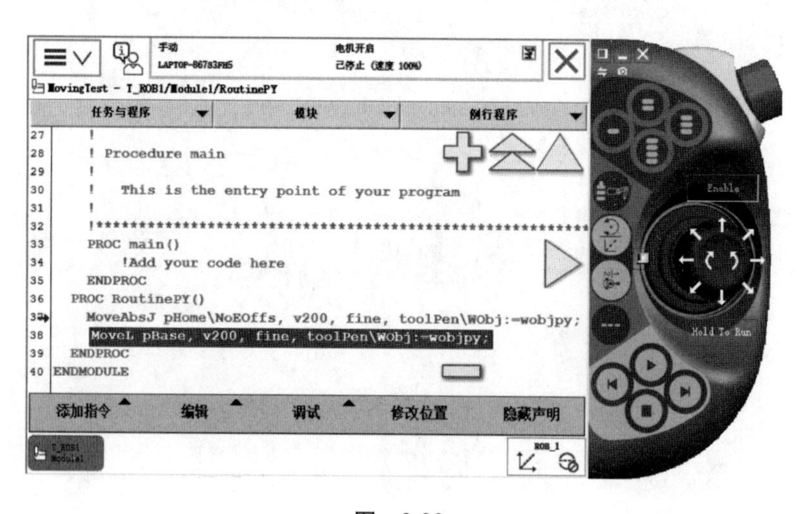

图 3.68

（6）选中第二行指令，单击“编辑”按钮，在弹出的窗口中选择“复制”选项，然后单击“粘贴”按钮，粘贴四行新的程序如图 3.69 所示。

图　3.69

（7）选中第三行指令，该行程序的目的是让机器人工具末端移动到矩形顶点 p2，相对于 p1，p2 只是沿 *X* 轴正方向（基于 wobjpy）移动一定距离，此处为 24mm，*Y* 轴和 *Z* 轴都无偏移。双击第三行的“pBase”代码，切换到“功能”，出现如图 3.70 所示的功能列表。

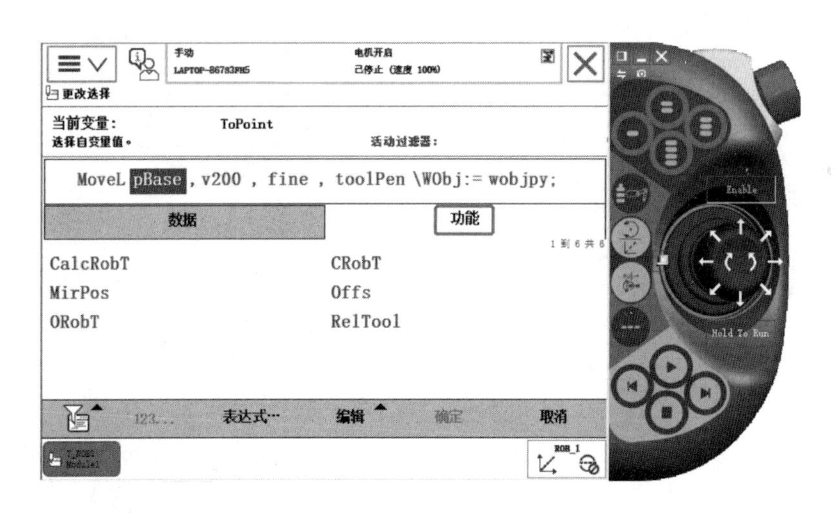

图　3.70

（8）单击“Offs”按钮，选中第一个“<EXP>”代码，单击“pBase”代码，“<EXP>”就替换为“pBase”，如图 3.71 所示。

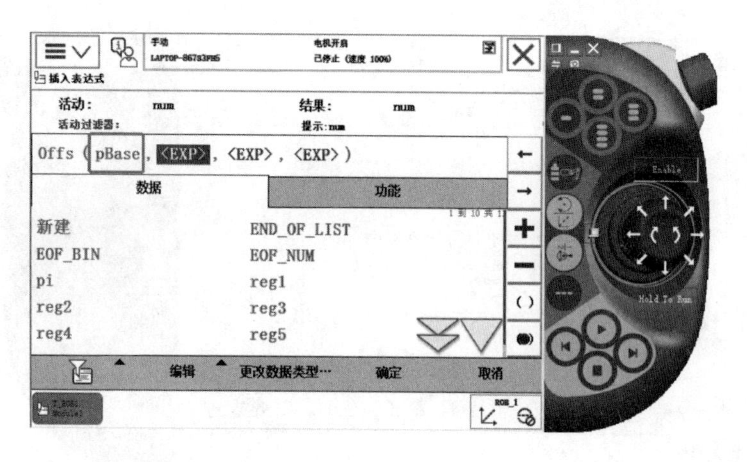

图 3.71

（9）单击“编辑”按钮后选择“全部”选项，如图 3.72 所示。

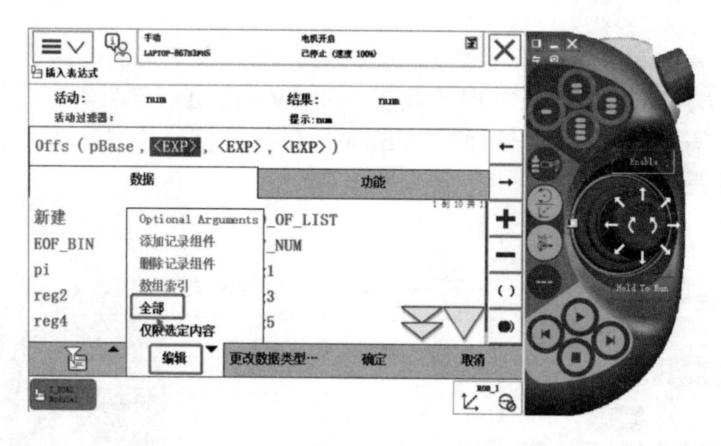

图 3.72

（10）修改后 3 个变量分别为“24，0，0”，如图 3.73 所示。

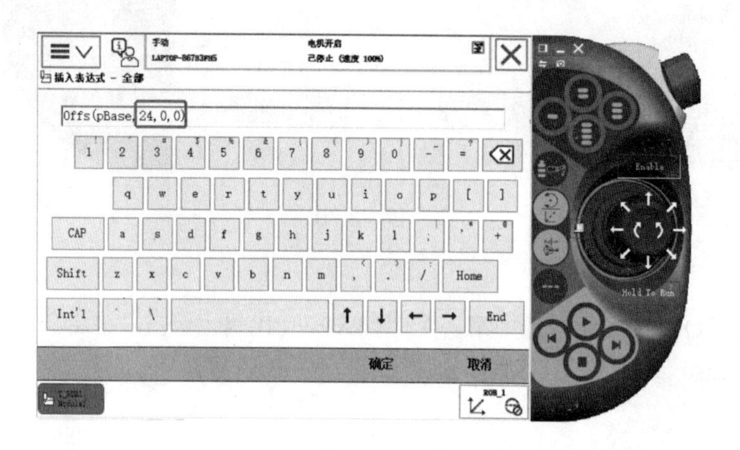

图 3.73

（11）单击“确定”按钮关闭输入框，再单击两次“确定”按钮，该偏移指令就被输入到程序中，如图 3.74 所示。

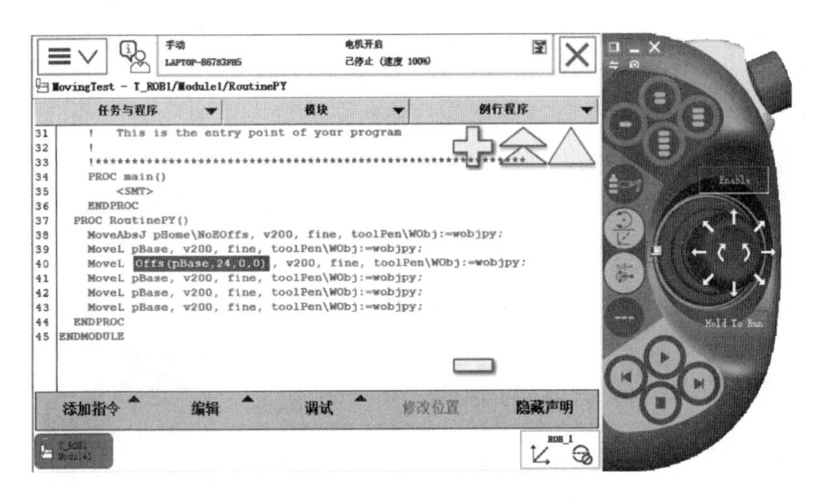

图　3.74

（12）按照相同步骤，修改第四行，第四行程序的目的是让机器人工具末端移动到 p3，p3 相对于 p1，*X* 轴正方向移动了 24mm，*Y* 轴正方向移动了 24mm，*Z* 轴无偏移，所以偏移为 Offs（pBase，24，24，0）。

（13）修改第五行，第五行程序的目的是让机器人工具末端移动到 p4，p4 相对于 p1，*Y* 轴正方向移动了 24mm，*X* 轴和 *Z* 轴无偏移，所以偏移为 Offs（pBase，0，24，0）。

（14）第六行程序的目的是让机器人工具末端移回到 p1 点，无须修改。

（15）复制第一行程序，粘贴到最后一行，目的是让机器人工具末端移回到初始位置 pHome。完整的指令程序如图 3.75 所示，最后调试该程序，观察轨迹是否正确。

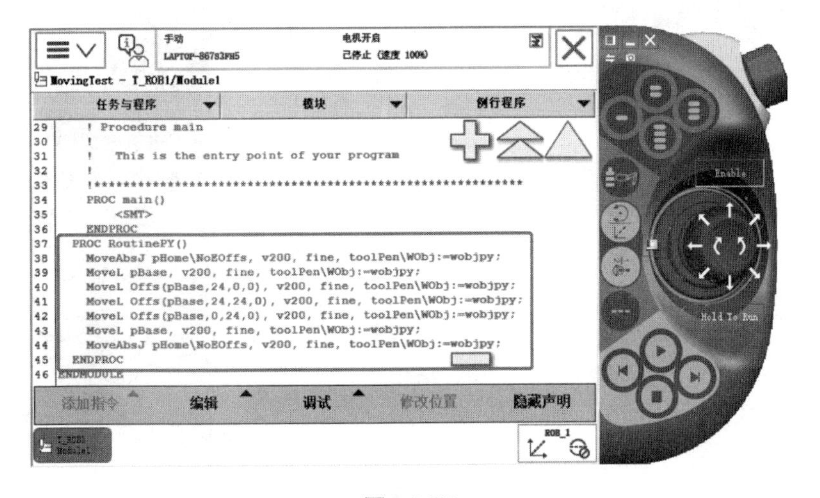

图　3.75

3.4.2 num 类型变量和对应的数学运算

在工业应用中，需要对数据进行简单的处理，处理为相应的数据类型，如计数、循环等都要用到数值型变量，该类型变量可以进行赋值，进行数学运算。本文介绍最常用的一种 num 类型变量，主要有变量的查看、新建、删除等。

在完成方形轨迹运行后，进行轨迹运行次数的计算，步骤如下。

（1）菜单中选择“程序数据”选项，进入程序数据类型窗口，然后光标选择“num”选项，单击“显示数据”按钮，进入 num 类型的数据列表窗口，再单击“新建”，新建一个名为“reg1”的 num 类型变量，如图 3.76 所示。

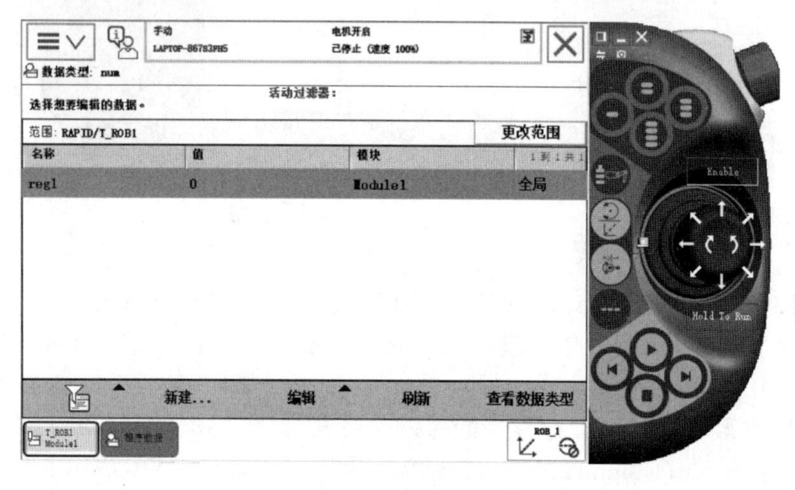

图 3.76

（2）单击“编辑”按钮，弹出窗口选择“更改值”选项，便可以更改选中变量的值，将 reg1 初始值设为 1，单击“确定”按钮，如图 3.77 所示。

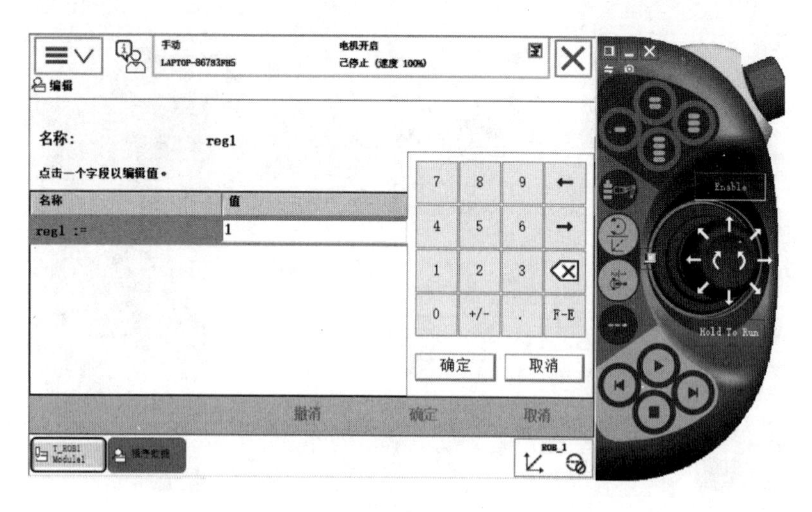

图 3.77

（3）打开 main 程序，删除 main 中所有程序行，然后调用例行程序 RoutinePY。

（4）选中 main 程序中第一行程序，打开指令列表，选择赋值指令“:=”，跳转到如图 3.78 所示的编辑窗口。

（5）等号左侧选择“reg1”，光标选中最右侧变量，单击“+”号增加一个运算符，输入“reg1:=reg1+1”，单击“确定”按钮，添加到 main 程序中，如图 3.79 所示。

（6）运行 main 程序，然后打开 num 类型的数据列表窗口，观察机器人每运行一次 reg1 是否增加 1。

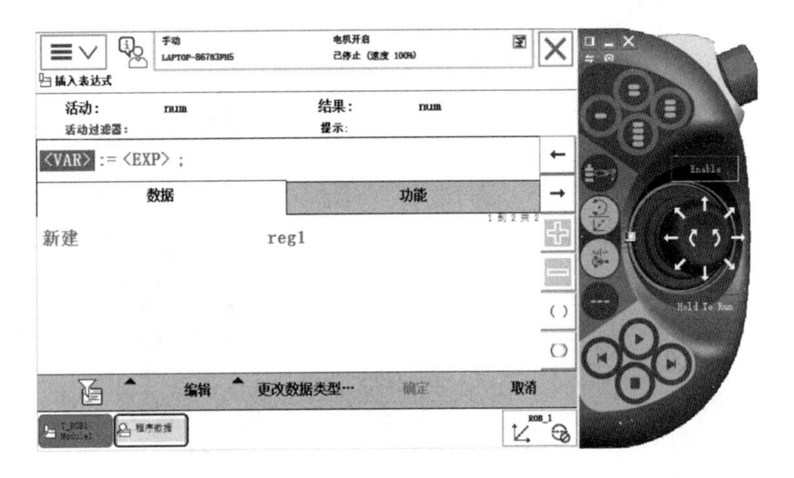

图　3.78

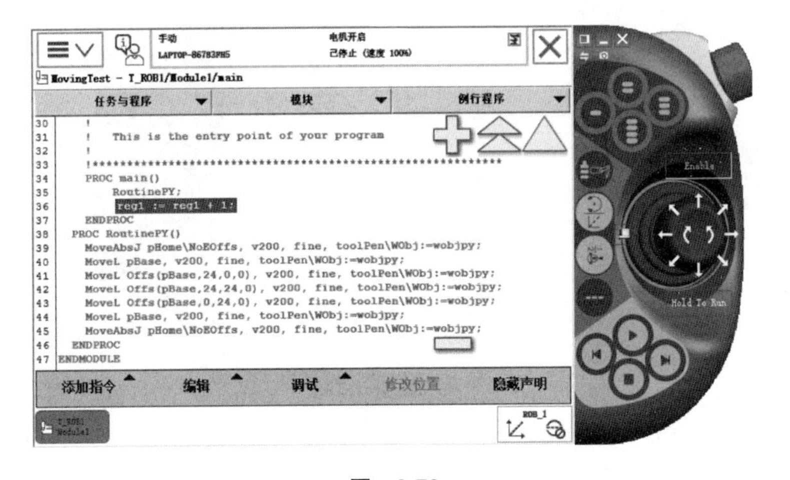

图　3.79

特别提示

数学运算有很多，如混合运算，含括号混合运算等，这里不一一讲解，用户可根据需要自行选择使用，基本方法同上。

3.4.3 延时指令的用法

1. 延时（固定时长）

（1）选择 main 程序中第二行程序，单击“添加指令”按钮，在指令列表中单击“下一个”按钮，找到 WaitTime，再单击该指令，选择“123”选项，出现如图 3.80 所示的数字输入窗口，在窗口中输入 3，表示延时时间 3s。

（2）单击“确定”按钮关闭数字输入窗口，再单击“确定”按钮返回程序编辑窗口，运行 main 程序，检验机器人运行延时是否正常，如图 3.81 所示。

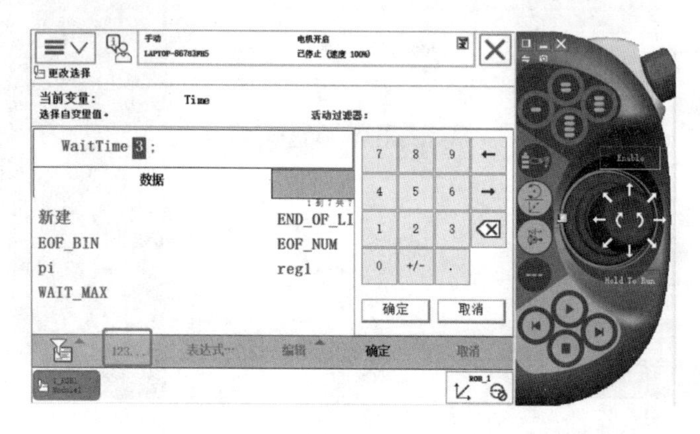

图 3.80

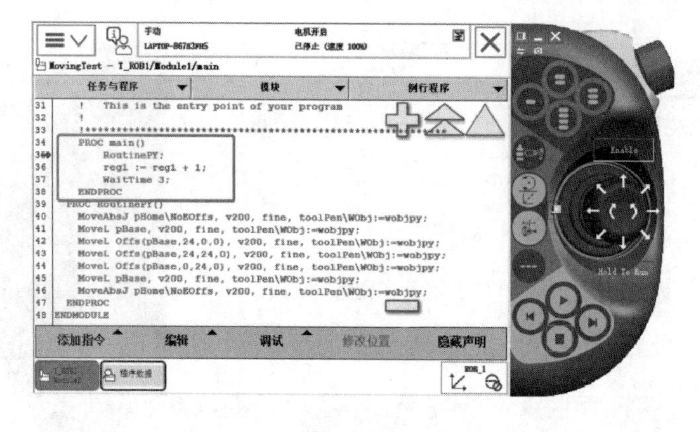

图 3.81

2. 延时（时长可变）

（1）双击程序行“reg1:=reg1+1”中的“reg1+1”，将“reg1+1”改为“reg1+3”。

（2）双击“WaitTime 3”中的 3，进入编辑窗口，选择“reg1”，程序改为“WaitTime reg1”，目的是使机器人每运行完一次例行程序 RoutinePY 后，延时时间在上一次的基础上多延时 3s，如图 3.82 所示。然后运行 main 程序，检验机器人运行延时是否正常。

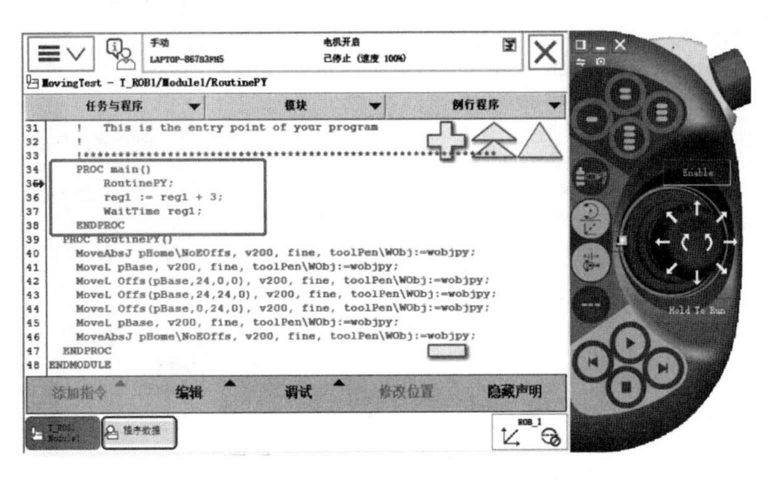

图 3.82

3.5 I/O 编程操作

工业机器人的 I/O 控制指令用于控制 I/O 信号，以达到与机器人周边设备进行通信的目的。本书采用 ABB 标准 I/O 板 DSQC652，它主要完成 16 个数字输入信号和 16 个数字输出信号的处理。下面以创建数字输入信号 di 和数字输出信号 do，并在该基础上完成 I/O 控制指令的应用操作为例进行讲解。

3.5.1 数字量 I/O 的配置

1. 添加 I/O 板 DSQC652

（1）将机器人模式调为手动模式。

（2）选择“控制面板”菜单，进入如图 3.83 所示的控制面板窗口。

（3）单击“配置”按钮，进入如图 3.84 所示的配置窗口（若已经在某一子窗口下，单击“后退”按钮便可以返回配置窗口）。

（4）双击打开“ DeviceNet Device”配置列表，单击“添加”按钮，进入如图 3.85 所示的添加窗口。

（5）单击“使用来自模板的值”下拉列表，选择“ DSQC 652 24 VDC I/O Device”选项，如图 3.86 所示。

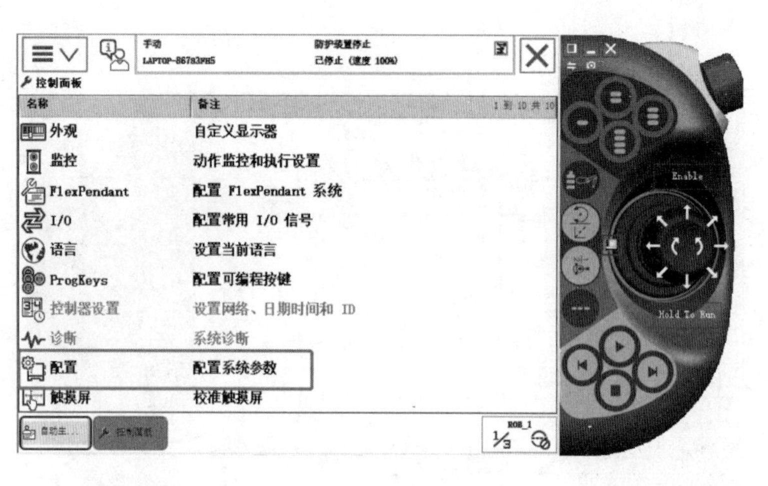

图 3.83

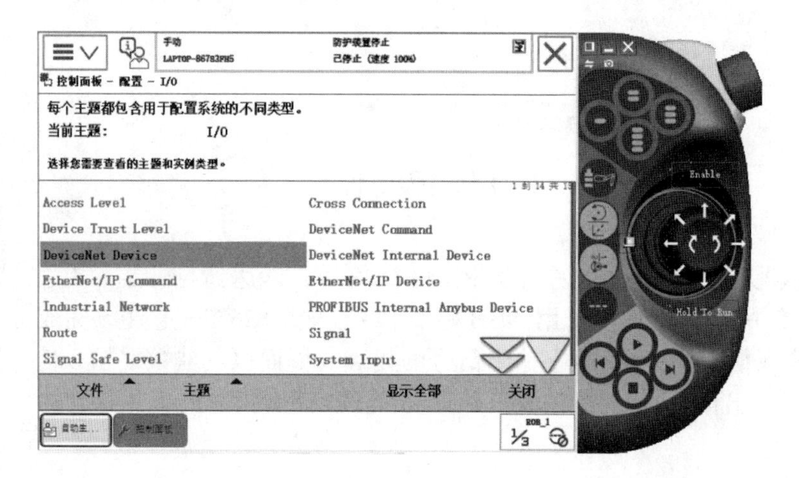

图 3.84

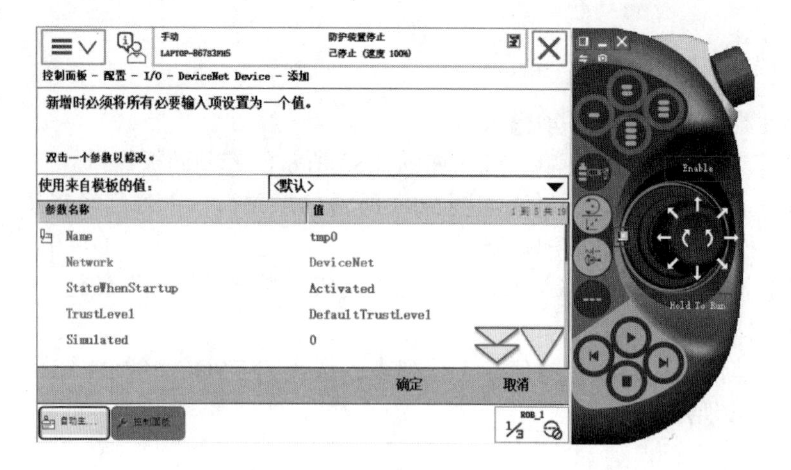

图 3.85

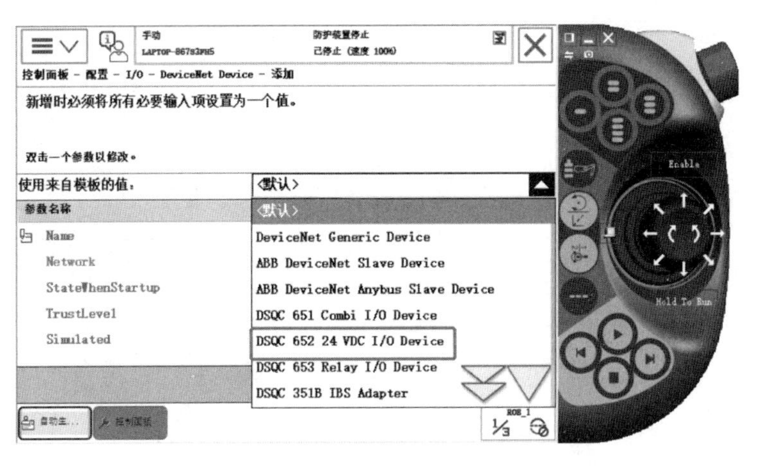

图　3.86

（6）Name 设置为“d652”（为方便维护，尽量选择和 Device 名称一样），单击“确定”按钮返回“DeviceNet Device”列表窗口，如图 3.87 所示。

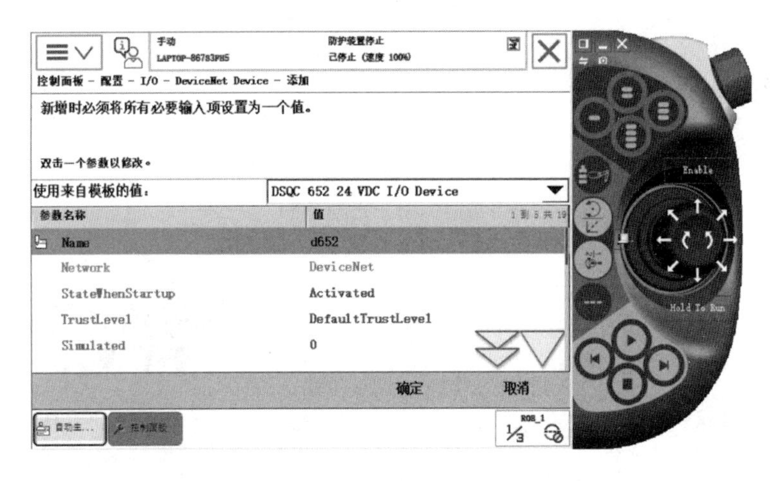

图　3.87

2. 配置数字量输入输出端口

（1）移动光标选中配置窗口下“Signal”，单击“显示全部”按钮，查看其中是否有 do0、do1、do2、do3、di0、di1、di2、di3 等 I/O 配置，若有先选中删除对应项，然后单击“添加”按钮，进入添加窗口。双击“Name”参数，名称设定为“di0”，“Type of Signal”选中“Digital Input”，“Assigned to Device”选中“d652”，再双击“Device Mapping”参数，将映射地址设置为“0”，如图 3.88 所示。

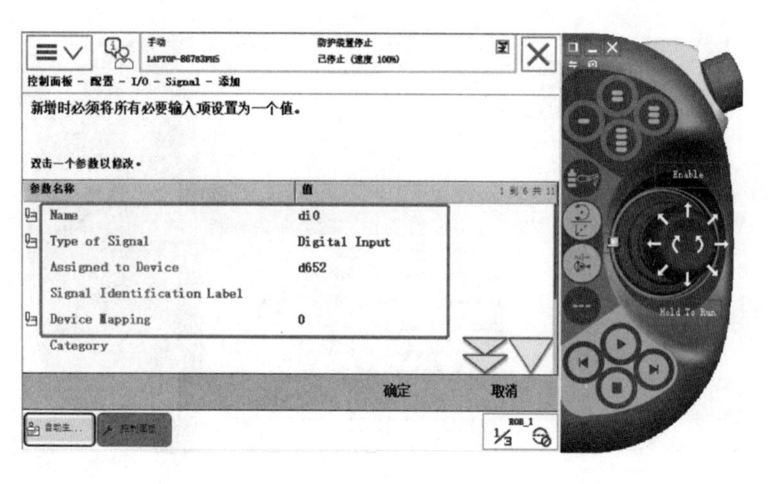

图 3.88

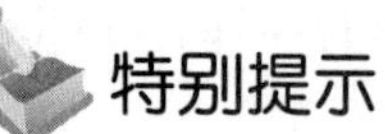

特别提示

名称尽量统一规范，名称 di 表示数字量输入，do 表示数字量输出。di0 表示数字量输入地址映射为 0，di1 表示数字量输入地址映射为 1，依次类推，如此命名方便后期维护使用。

（2）双击“Access Level”参数，将访问权限修改为“All”，如图 3.89 所示。

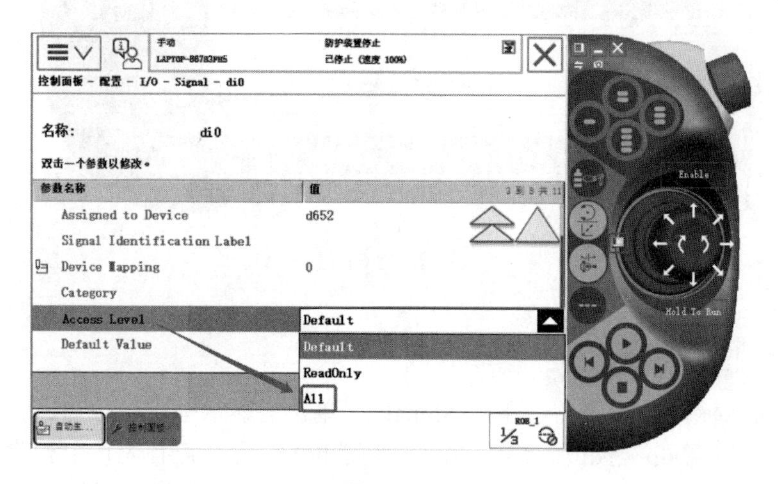

图 3.89

（3）单击“确定”按钮，出现如图 3.90 所示的界面，单击“否”按钮，不立即重启，可以等到所有信号都建好后一起重启示教器，界面返回“Signal”列表，列表中可以查看到“di0”。

（4）重复上述步骤，继续添加 3 个数字量输入，名称分别为 di1、di2、di3，映射地址分别为 1、2、3。

（5）重复上述步骤，继续添加 4 个数字量输出，“Assigned to Device”仍然选中“d652”，将“Type of Signal”选为“Digital Output”，如图 3.91 所示。名称分别命名为 do0、do1、do2、do3，映射地址分别为 0、1、2、3。

（6）重启机器人控制系统，切换示教器为手动模式并运行 SFB 虚拟场景。

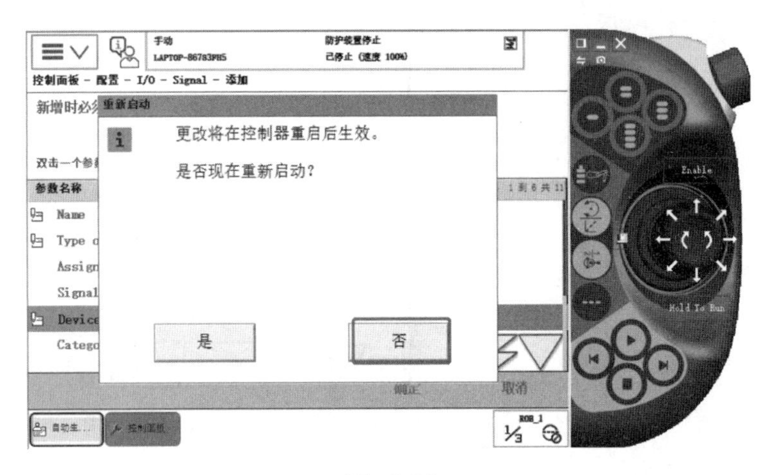

图　3.90

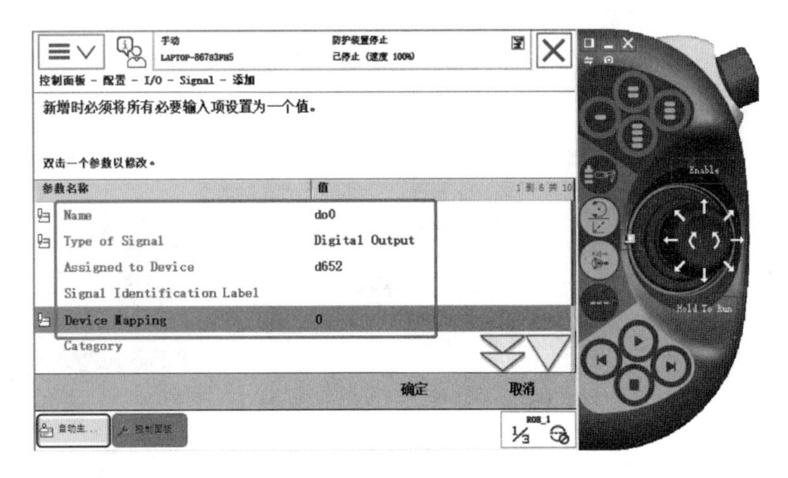

图　3.91

3. 数字量 I/O 状态查看和设定

（1）在 SFB 的信号连接图中，完成显示器的控制信号（运行、停止、急停）、输出信号（运行绿灯、停止红灯）与 ABB120 工业机器人 I/O 信号的连接，如图 3.92 所示。

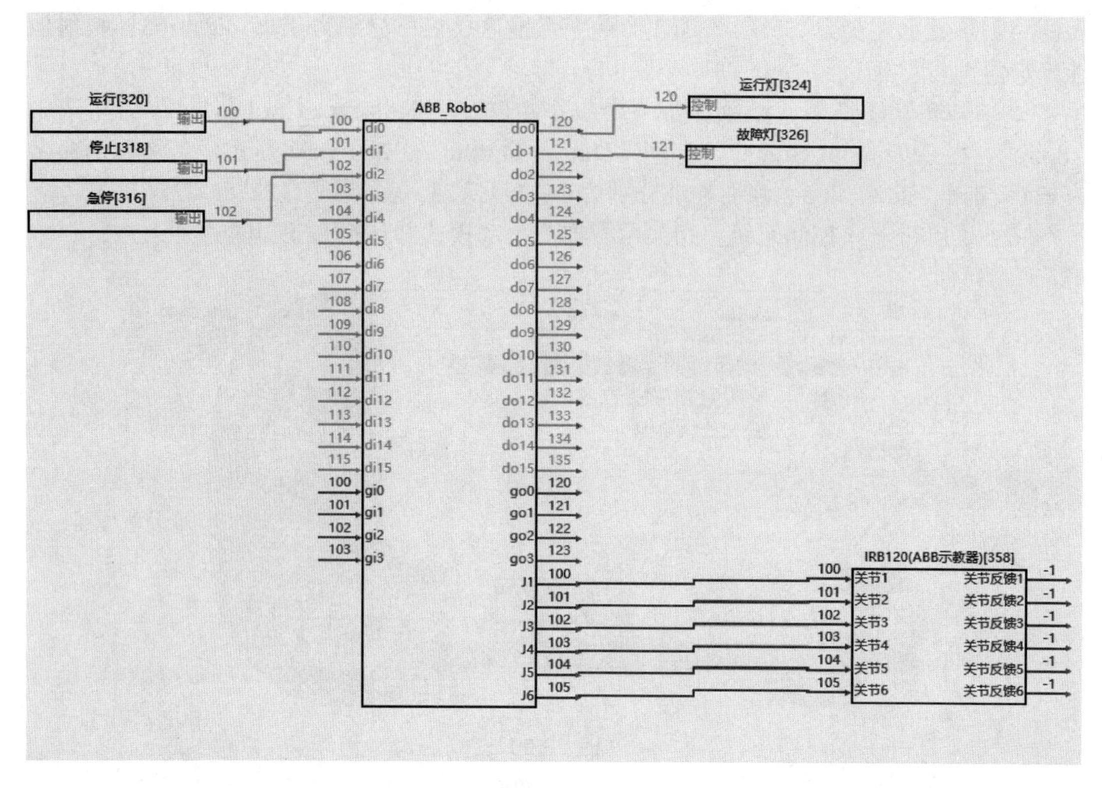

图 3.92

（2）进入示教器“菜单”后选择“输入输出”选项，进入如图 3.93 所示的窗口。

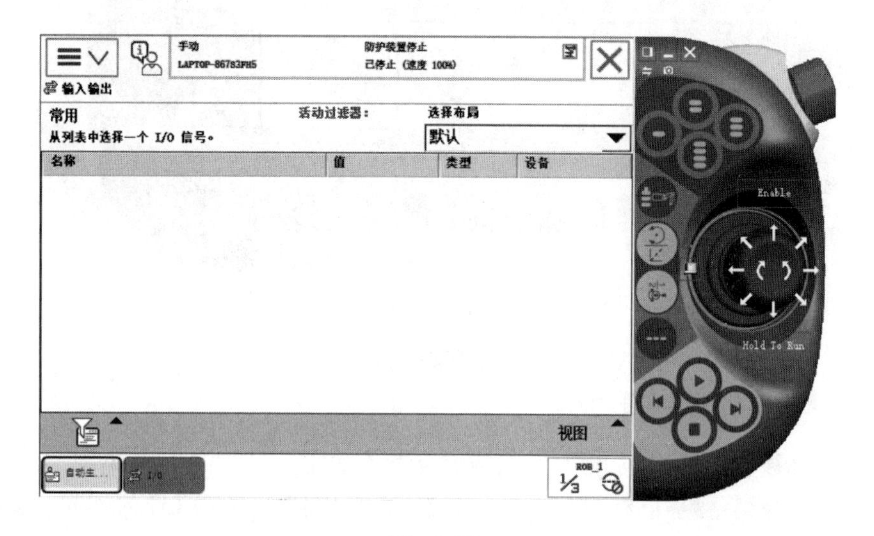

图 3.93

（3）单击右下角“视图”按钮，弹出菜单如图 3.94 所示。

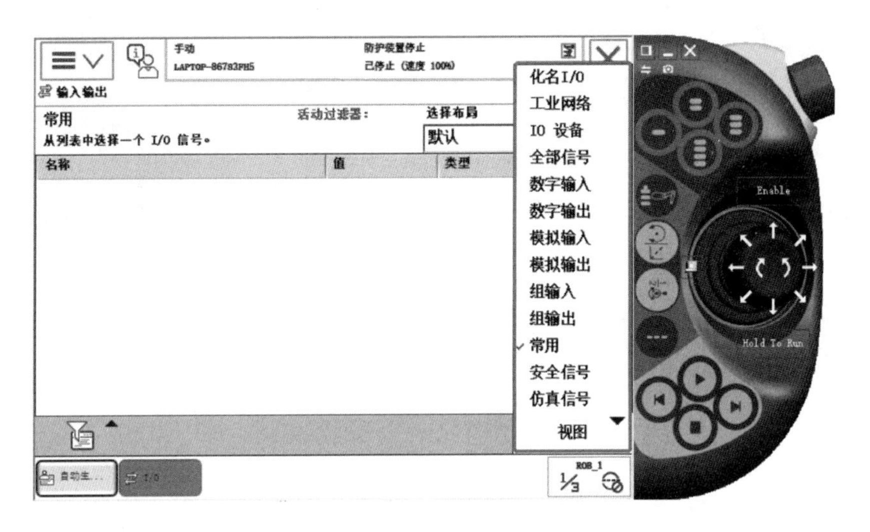

图　3.94

（4）在“视图”窗口下选择“数字输入”选项，可以观察当前数字输入信号的状态，当按下显示器上的运行按钮，可以查看示教器中的 di0 信号由“0”跳转为“1”，如图 3.95 所示。同理可以监控停止和急停按钮，分别对应 di1 和 di2 状态。

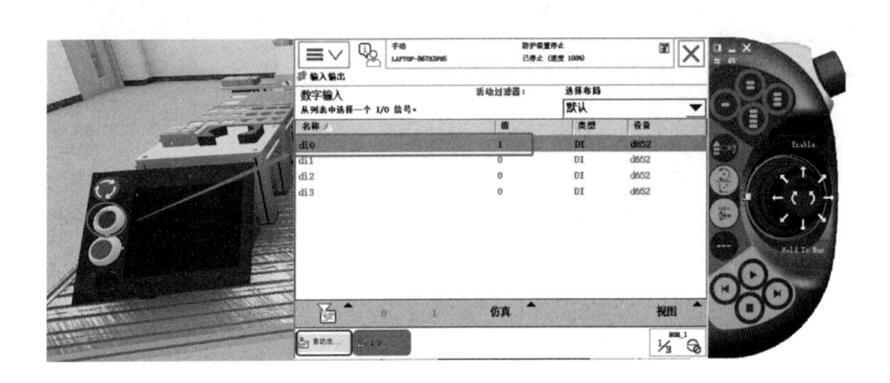

图　3.95

（5）当选择“数字输出”选项，可以对 do0 和 do1 信号进行手动控制，测试时分别控制绿灯和红灯。当光标选中 do0，出现按钮“0”和“1”，可以通过这两个按钮设置选中的数字输出 do0 的状态，其他 do 同理，如图 3.96 所示。

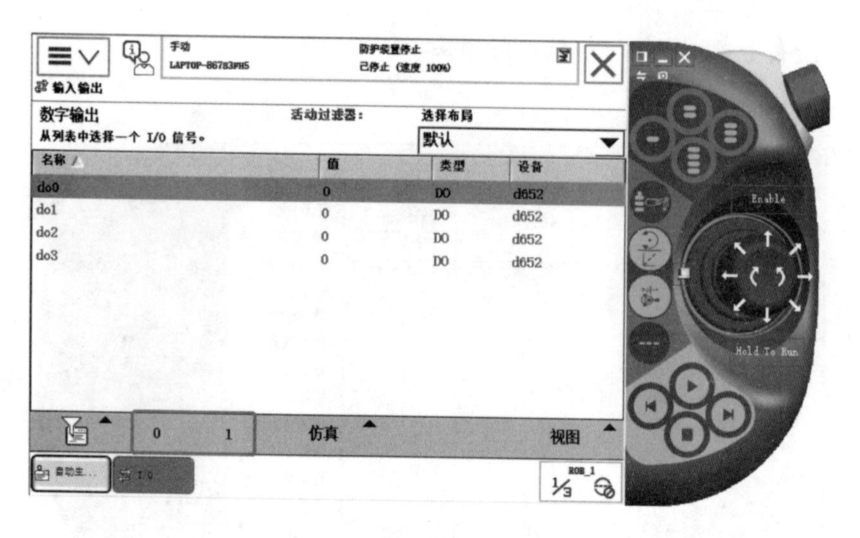

图 3.96

（6）当 do0 置 1 时，显示器上运行绿灯亮，如图 3.97 所示。当 do1 置 1 时，则停止红灯亮。

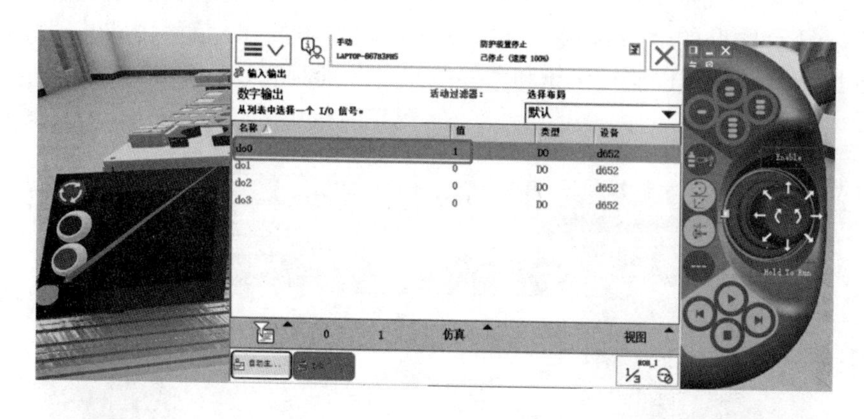

图 3.97

3.5.2 I/O 编程调试

利用实训台上显示器的按钮来控制项目 3.4.1 中机器人的启动与停止。操作步骤如下。

（1）打开项目 3.4.1 SFB 项目工程文件并运行，打开虚拟示教器并切换手动模式。

（2）打开 main 例行程序，选中第一行程序，在“添加指令”中选择“WaitDI”指令，将等待输入信号设置为 di0=1，执行指令，如图 3.98 所示。

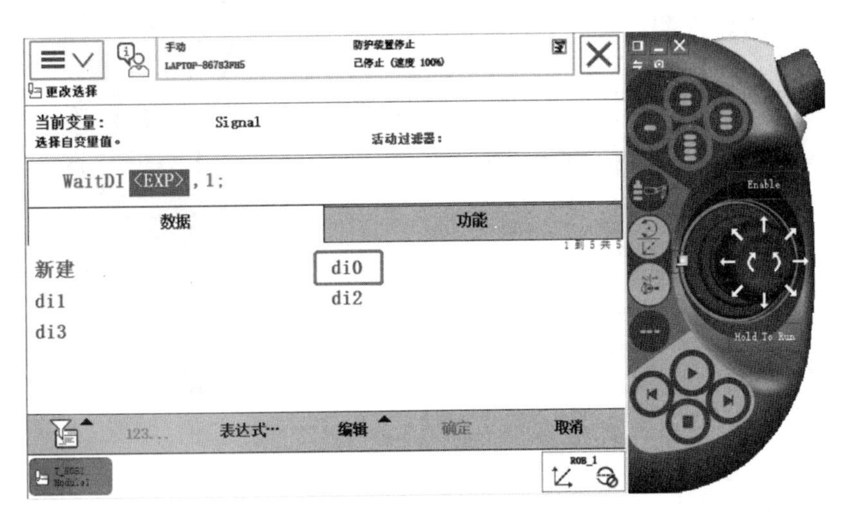

图　3.98

（3）单击“确定”按钮，返回程序编辑窗口，如图 3.99 所示。

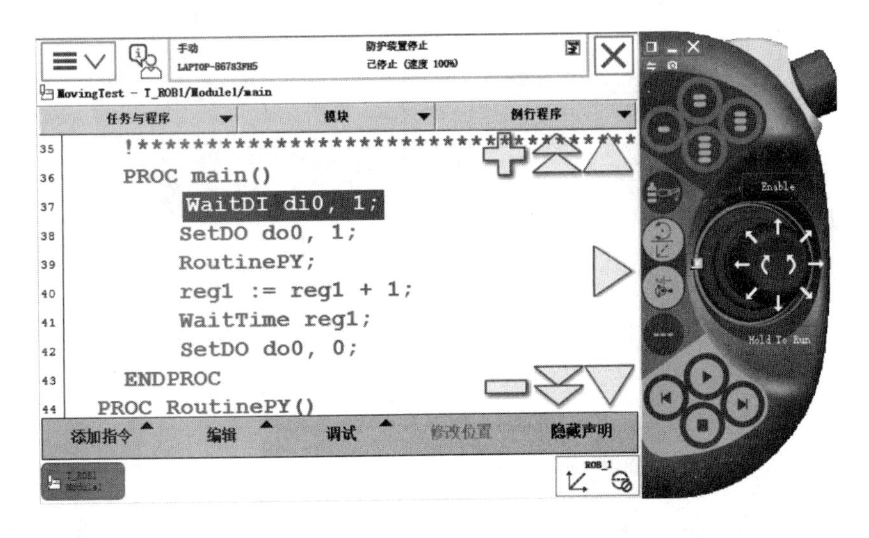

图　3.99

（4）在第二行程序添加“SetDO”指令，设置参数 do0=1，即当执行该程序时，输出信号 do0 对应的绿灯亮，如图 3.100 所示。

（5）在程序最后添加“SetDO”指令，设置参数 do0=0，即当执行该程序时，输出信号 do0 对应的绿灯熄灭，如图 3.101 所示。

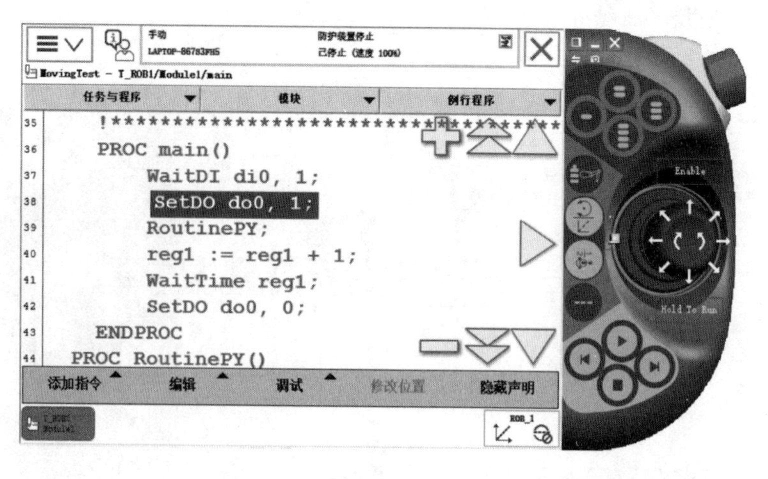

图 3.100

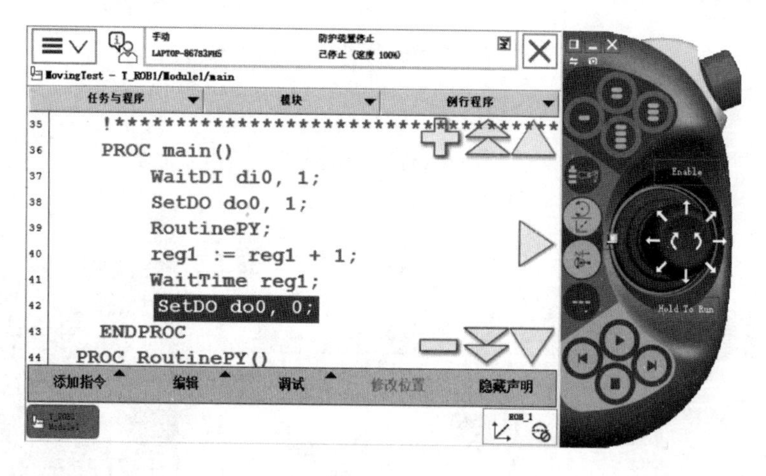

图 3.101

（6）检查程序无误后，PP 移至 Main 后点亮使能键，单步运行程序，观察机器人运动情况，如图 3.102 所示。

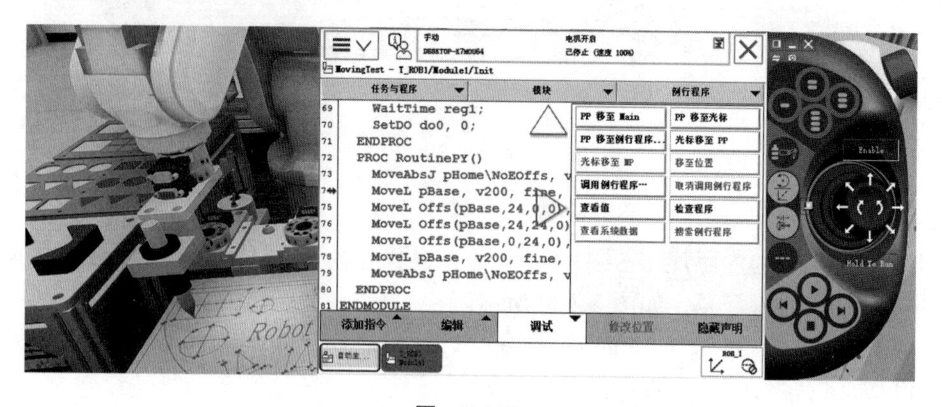

图 3.102

3.6　条件与循环编程操作

3.6.1　If 语句的用法

利用 If 语句判断 di0 的状态，实现当 di0=1 时，机器人绕着三角形运动；当 di0=0 时，机器人绕着矩形运动。

（1）在项目 3.5 的基础上，将机器人模式调为手动模式，工作环境如图 3.103 所示。

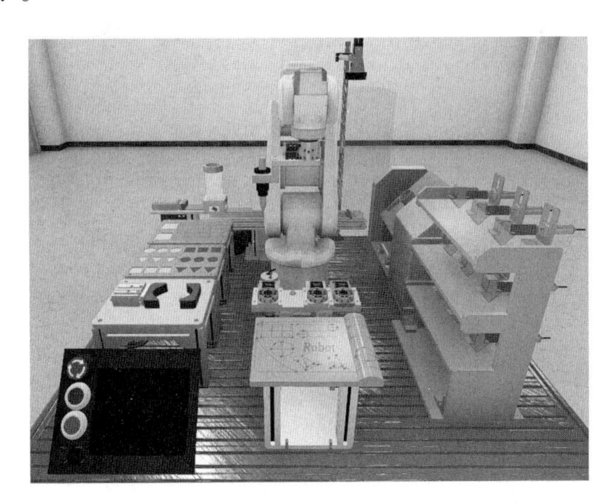

图　3.103

（2）在“手动操纵”窗口，设置“工具坐标”为“toolPen”，“工件坐标”选择“wobjpy”。配置 di0 为数字量输入，映射地址为 0。

（3）编写一个名为“RoutineX”的例行程序，如图 3.104 所示。该程序让机器人从原点出发，绕着三角形运动一周，然后回到原点。

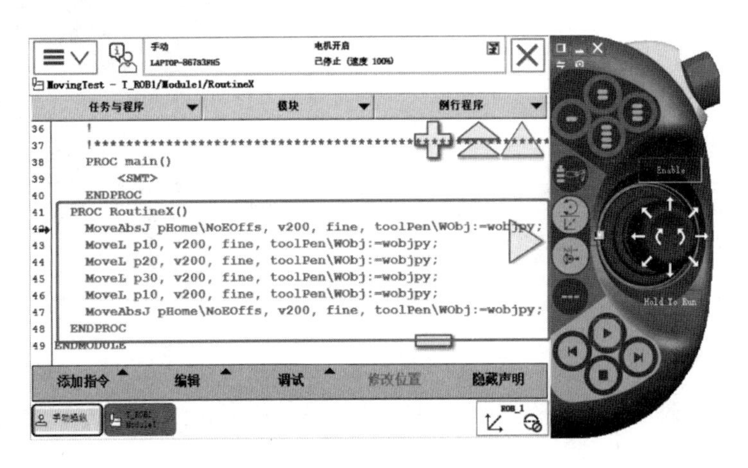

图　3.104

（4）编写一个名为“ RoutineY”的例行程序，如图 3.105 所示。该程序让机器人从原点出发，绕着矩形运动一周，然后回到原点。

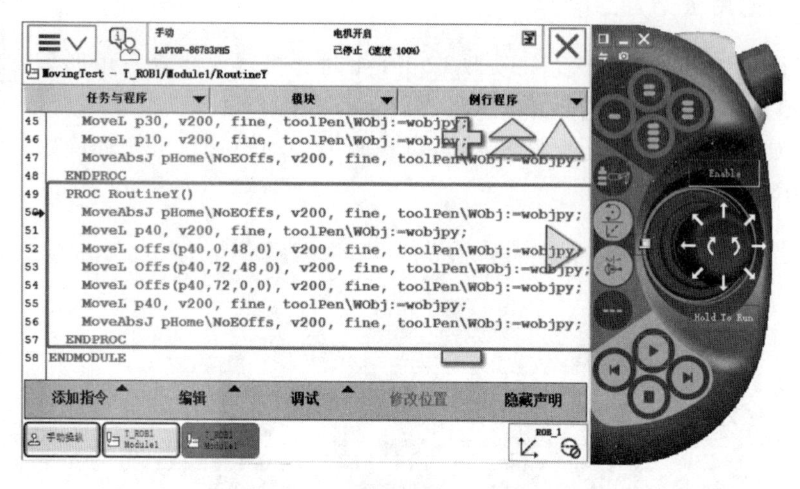

图 3.105

（5）删除 main 中所有程序行，选中“ <SMT>”选项，添加指令 IF 后，如图 3.106 所示。

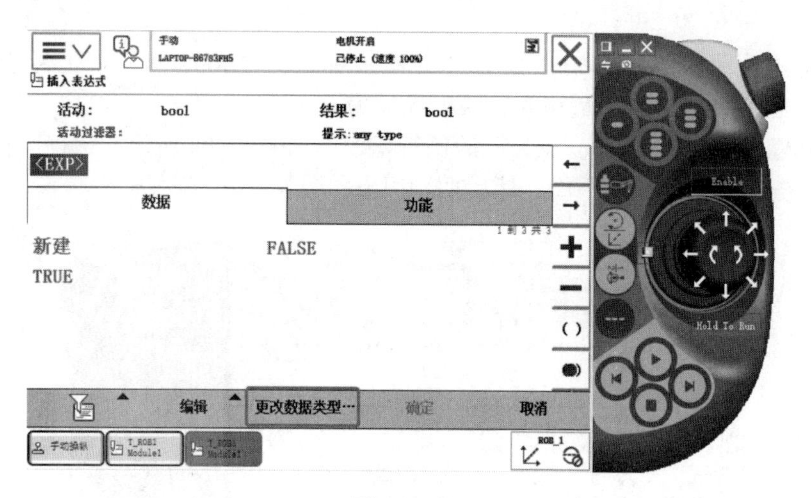

图 3.106

（6）单击“更改数据类型”按钮，进入如图 3.107 所示的数据类型列表窗口。

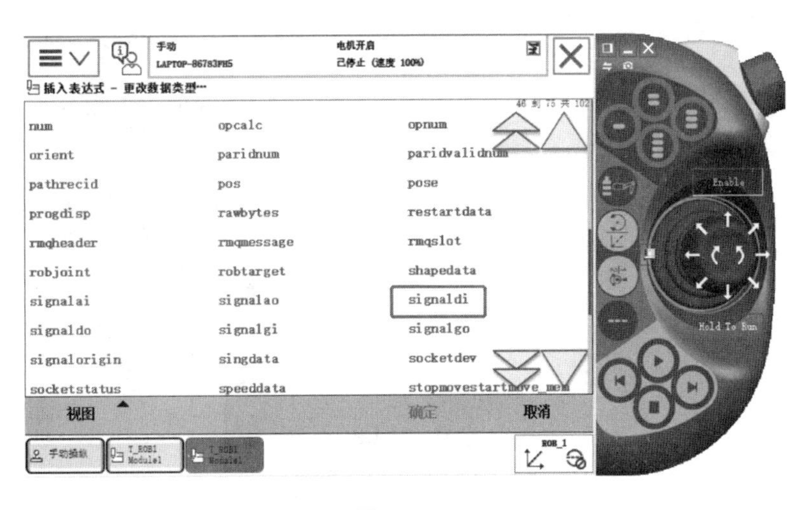

图　3.107

（7）光标选择“signaldi”选项，单击“确定”按钮，返回条件编辑窗口，然后选择“di0”，如图 3.108 所示。

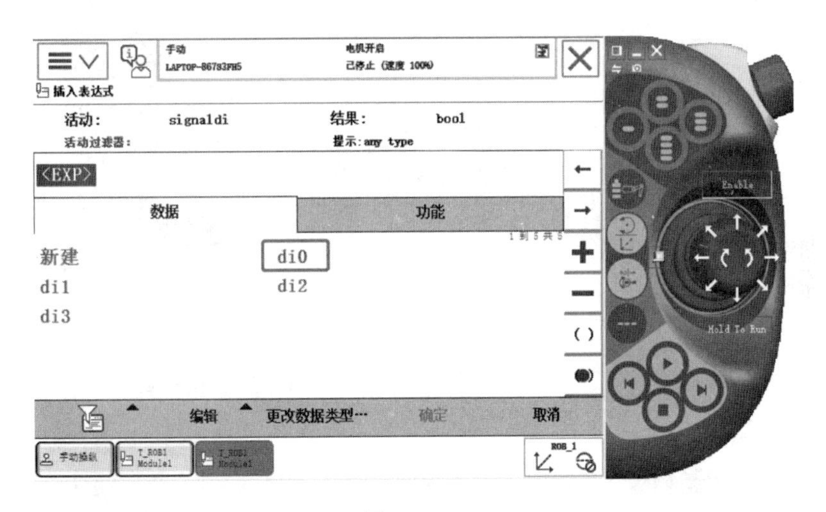

图　3.108

（8）单击右侧“+”号，增加一个运算符“=”，如图 3.109 所示。

（9）光标选中等于号右侧“<EXP>”，单击“编辑”按钮，选择“仅限选定内容”选项，输入数字 1。然后单击“确定”按钮，返回程序编辑窗口，如图 3.110 所示。

（10）双击“IF”指令，进入编辑窗口，然后单击“添加 ELSE”按钮，如图 3.111 所示。

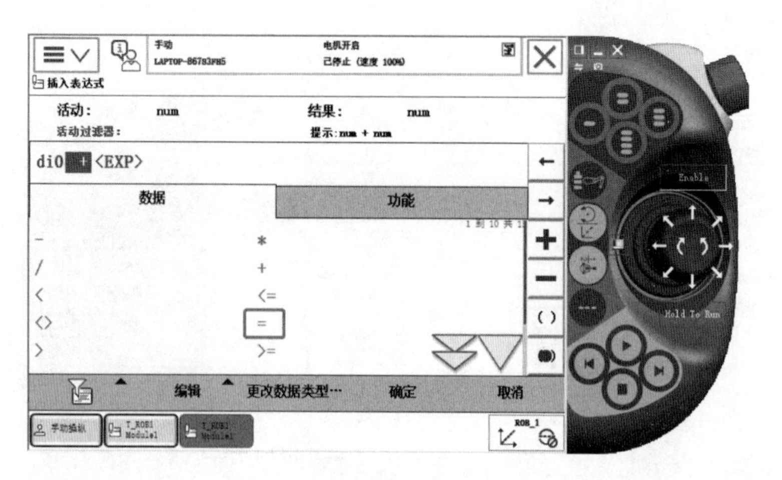

图 3.109

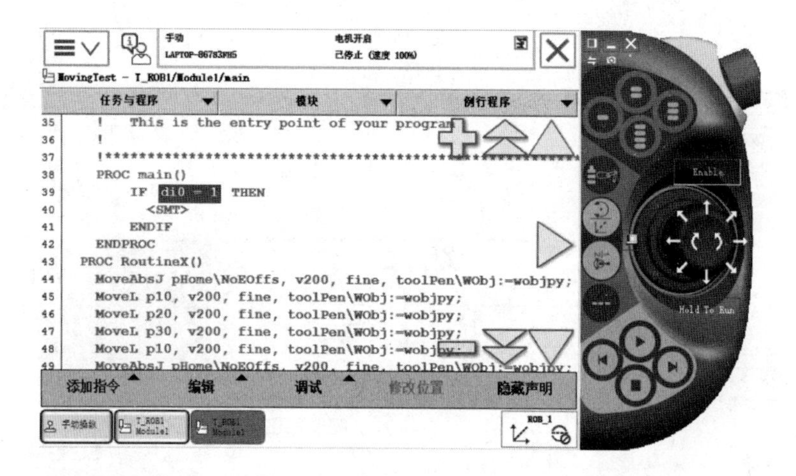

图 3.110

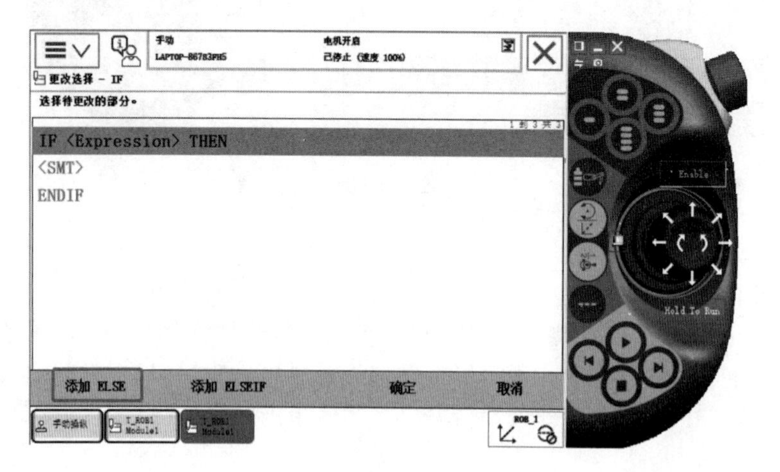

图 3.111

（11）单击“确定”按钮，返回程序编辑窗口，如图 3.112 所示。

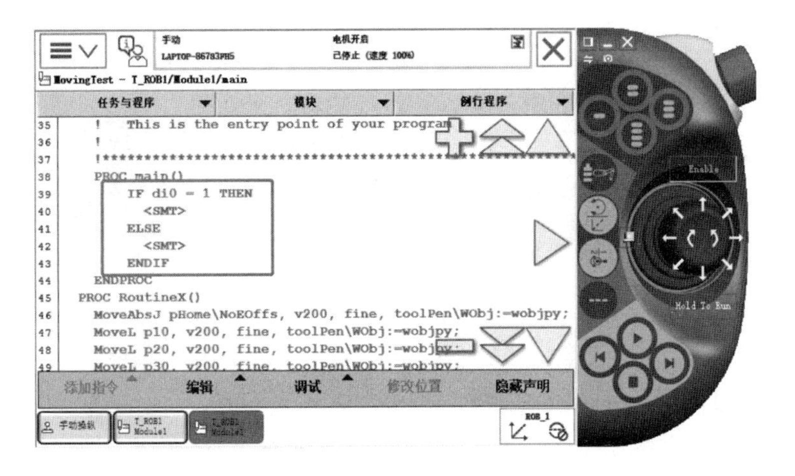

图　3.112

（12）IF 下 <SMT> 处调用子程序 RoutineX，ELSE 下 <SMT> 处调用子程序 RoutineY，如图 3.113 所示。

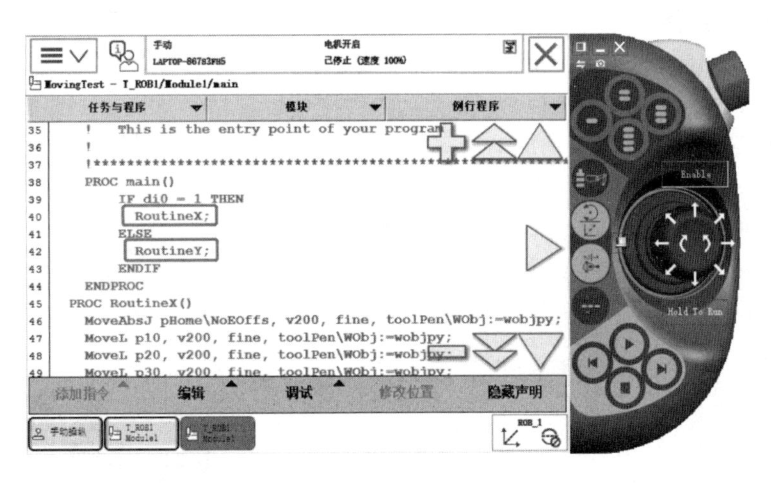

图　3.113

（13）检查程序无误后将运行模式切换为连续，自动运行机器人。当按下实训台上的启动按钮，机器人走三角形程序；当放开启动按钮，机器人走矩形程序。

3.6.2　For 语句的用法

利用 For 语句，让机器人在自动模式下，绕着三角形运动四周后自动停下（运动到 stop 指令机器人停止程序运行）。

（1）在项目 3.6.1 基础上，删除 main 中所有的程序行，将机器人模式调为手动模式。

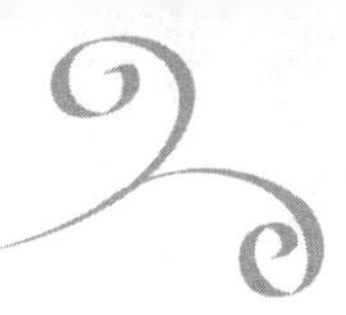

（2）添加指令“FOR”，如图 3.114 所示。

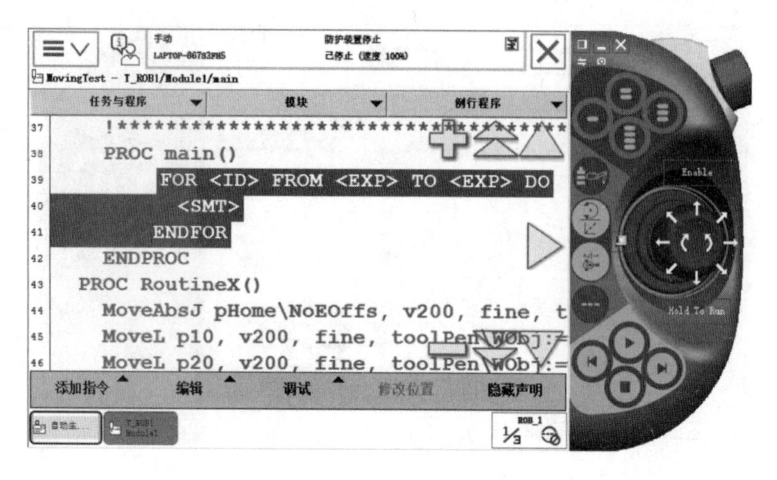

图 3.114

For 指令中，<ID> 为局部变量名称，<EXP> 一般取数字常量或者 num 类型变量。FOR 循环每执行一次，<ID> 增加 1，初始数值从 <EXP1> 开始，当 <ID> 大于 <EXP2> 时，不再进入 FOR 循环。

（3）双击“<ID>”，出现如图 3.115 所示的 <ID> 命名窗口。

（4）输入 a，再单击“确定”按钮，返回程序编辑窗口，如图 3.116 所示。

（5）单击 FROM 后的“<EXP>”，进入如图 3.117 所示的编辑窗口。

（6）在当前窗口单击“编辑”按钮，选择“全部”选项，输入数字 0，单击“确定”按钮，返回程序编辑窗口，如图 3.118 所示。

（7）将 To 后的 <EXP> 设定为 3，FOR 下 <SMT> 处调用子程序 RoutineX，如图 3.119 所示。

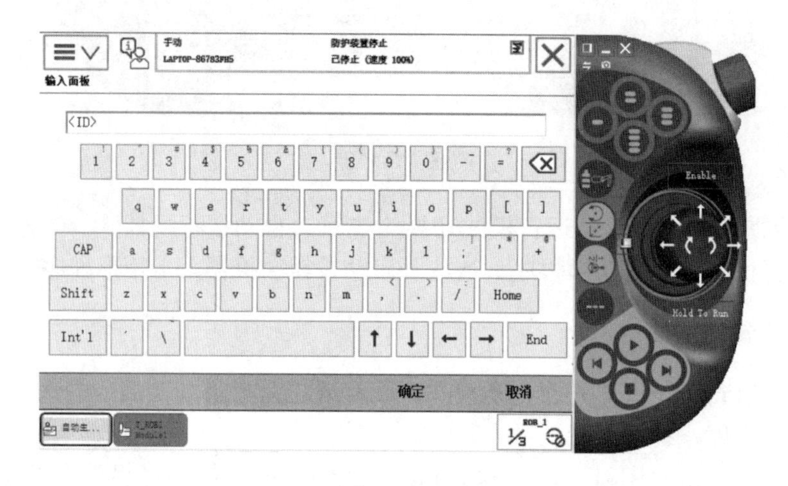

图 3.115

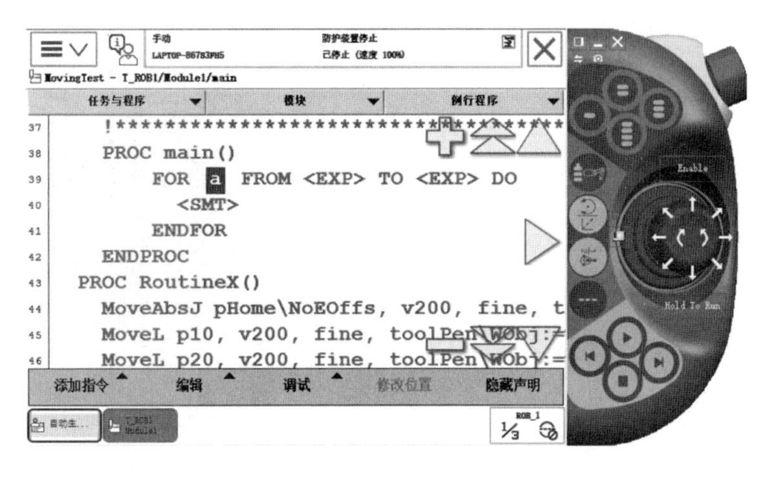

图　3.116

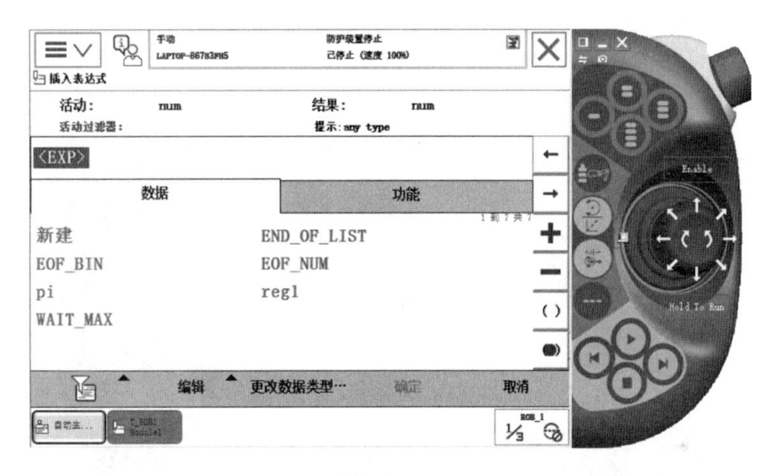

图　3.117

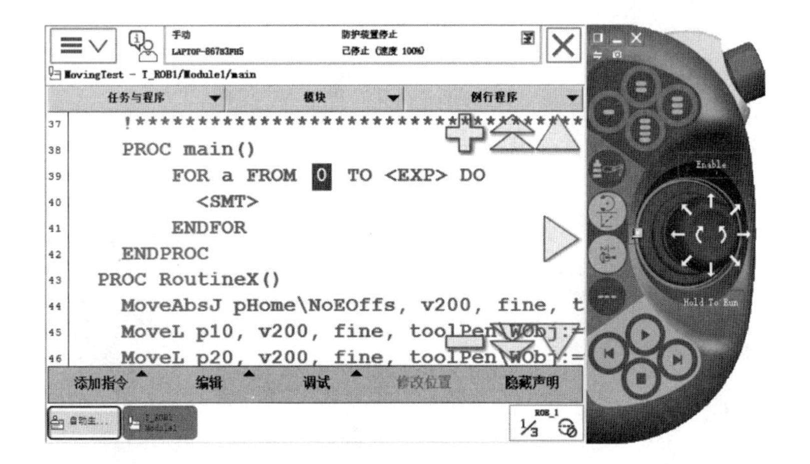

图　3.118

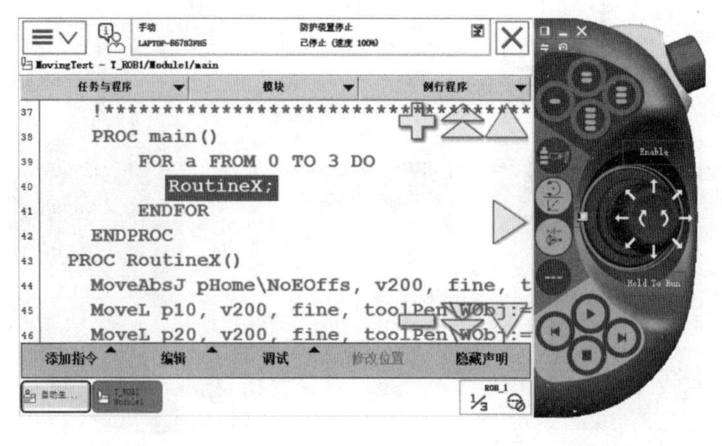

图 3.119

（8）选中 FOR，在后面添加“STOP”指令，执行该指令时程序停止运行、机器人停止运动，如图 3.120 所示。

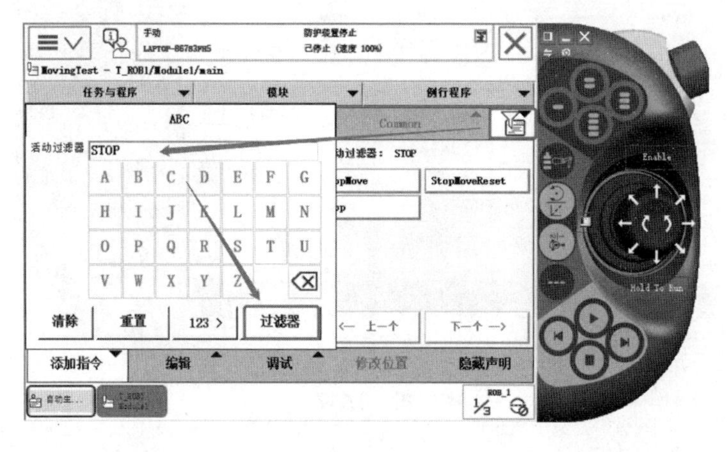

图 3.120

（9）检查程序无误后在自动模式下运行该程序，观察机器人是否运行四次三角形程序之后自动停止运动，如图 3.121 所示。

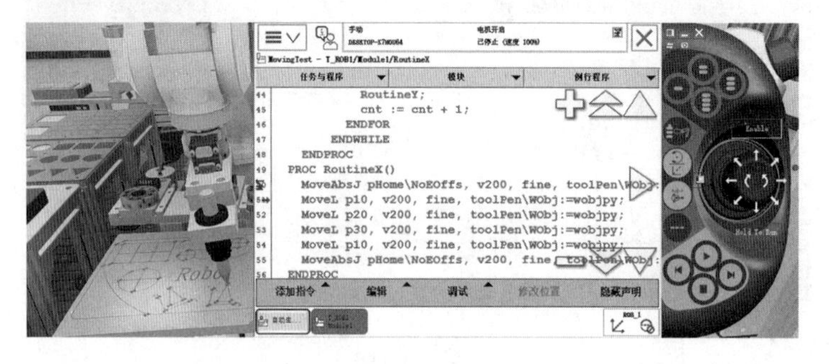

图 3.121

3.6.3　WHILE 指令的用法

机器人在实际编程使用中，main 程序格式往往如下。

```
PROC main()
    Initial;
    WHILE(true)
        Program1
        Program2
        .......
    ENDWHILE
ENDPROC
```

其中 Initial 子函数用于初始化，初始化机器人的位置、变量，等等。WHILE（true）用来让程序进入一个死循环，一直在允许某一个任务执行。Program1、Program2……子程序用来完成具体的功能。

利用 WHILE 指令，让机器人按照图 3.122 运行，要求每个周期沿着三角形运动一周，绕着矩形运动两周，如此，周而复始运动下去，并记录运行周期数。

（1）在项目 3.6.1 的基础上，删除 main 中所有的程序行，将机器人模式调为手动模式。

（2）在“手动操纵”窗口，设置“工具坐标”为“toolPen”。配置 di0 为数字量输入，映射地址为 0。

（3）新建一个名为“cnt”的 num 类型变量，用来计数，初始化为 0。新建初始化计数器例行程序 Init，并添加初始化赋值指令，如图 3.123 所示。

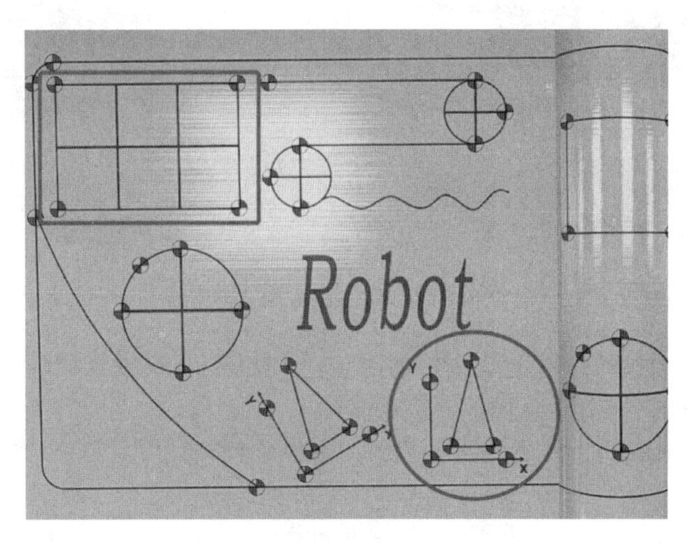

图　3.122

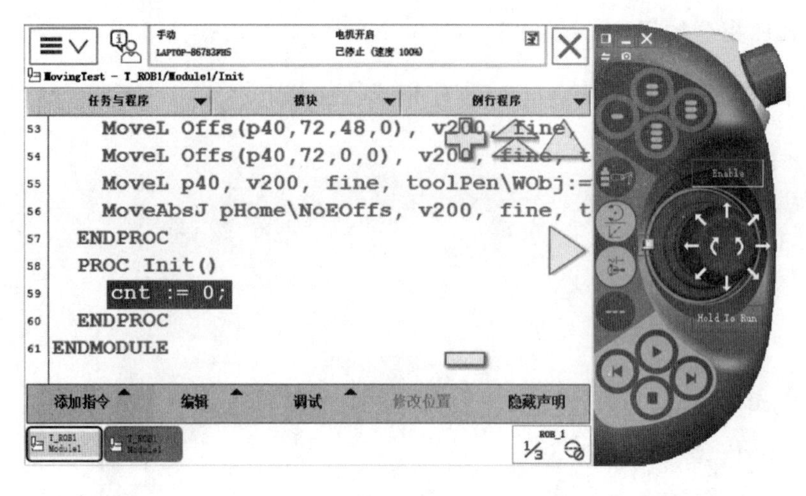

图 3.123

（4）编写 main 程序，打开 main 程序，选择“<SMT>”代码，添加“ProcCall”指令，然后选择“Init”。

（5）在第二行添加“WHILE”指令，如图 3.124 所示。

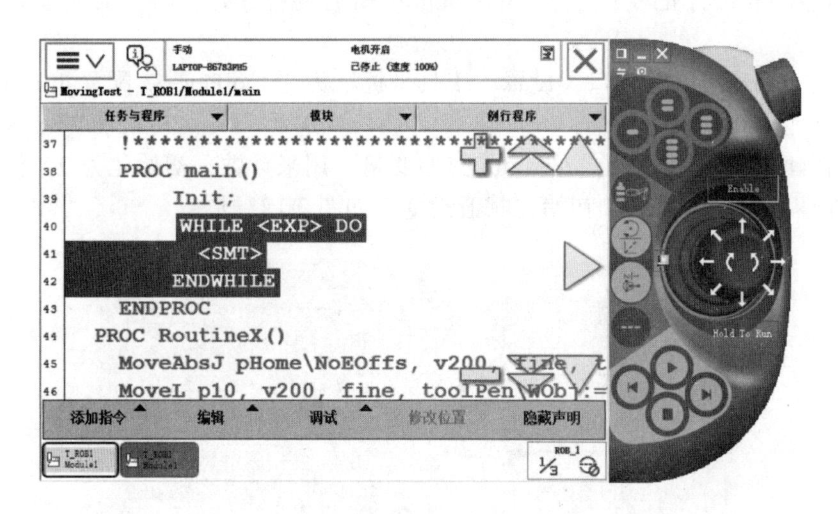

图 3.124

（6）双击“<EXP>”代码，出现如图 3.125 所示的表达式编辑窗口，选“TRUE”选项，单击“确定”按钮，返回程序编辑窗口。

（7）选中 WHILE 的“<SMT>”代码，添加“ProcCall”指令，选择“RoutineX”选项。

（8）添加 FOR 指令，在 FOR 中调用 RoutineY（运行矩形轨迹两次），如图 3.126 所示。

（9）添加“cnt := cnt + 1”用于计数，如图 3.127 所示。

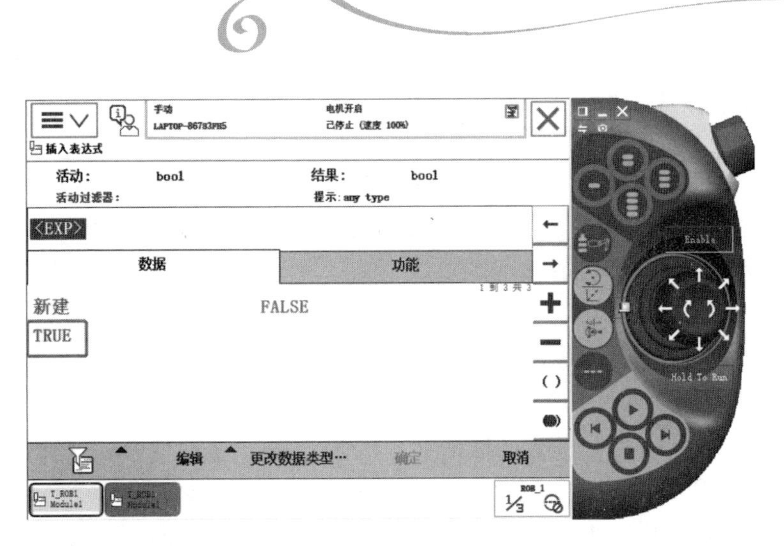

图　3.125

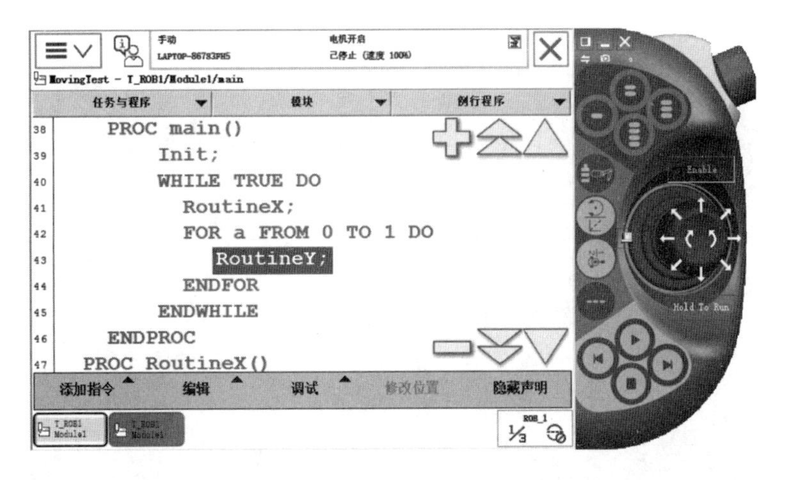

图　3.126

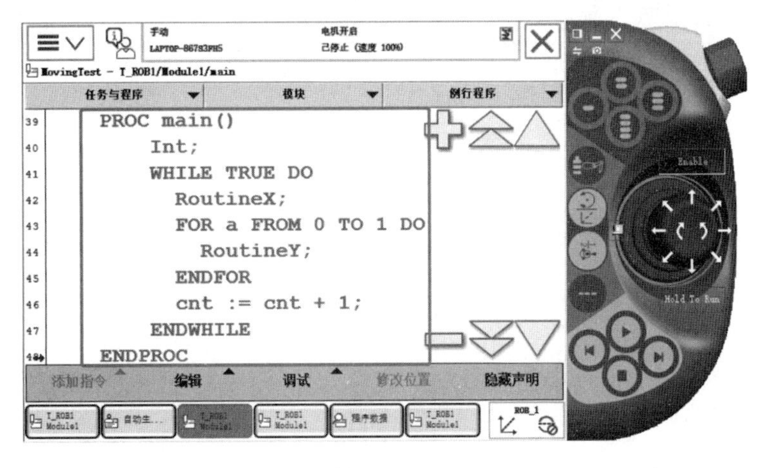

图　3.127

（10）在手动模式下逐行运行 main 程序，观察程序是否有误，有错的地方，及时修改。

（11）机器人模式切换为自动模式，单击“电机上电”按钮，按钮常亮，在“自动生产”窗口选择“PP 移至 Main”选项，然后按下“启动程序”按键开始运行程序。观察机器人是否按照任务要求运行。

技能训练

1. 尝试编写一段机器人舞蹈（舞蹈动作自拟），要求动作连贯、速度有快有慢，且程序中需要使用到调用（ProcCall）指令及返回（RETURN）指令。

2. 结合项目 3 中所学习的编程指令，让机器人按照图 3.128 所示的轨迹运行，要求每个周期沿着三角形运动两周，绕着圆运动三周，如此，周而复始运动下去，并记录运行周期数。

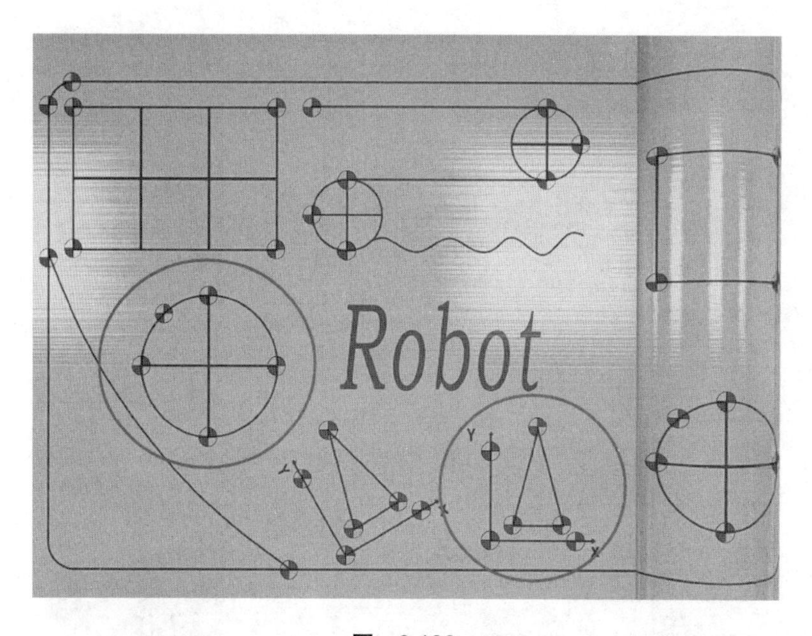

图 3.128

ABB120 工业机器人写字操作

学习目标

- 掌握路径轨迹的分析方法
- 掌握机器人快换 I/O 信号定义
- 掌握机器人快换操作步骤和注意事项
- 学会示教的写字工具拿取和存放编程与调试
- 学会示教的写字编程与调试

思维导图

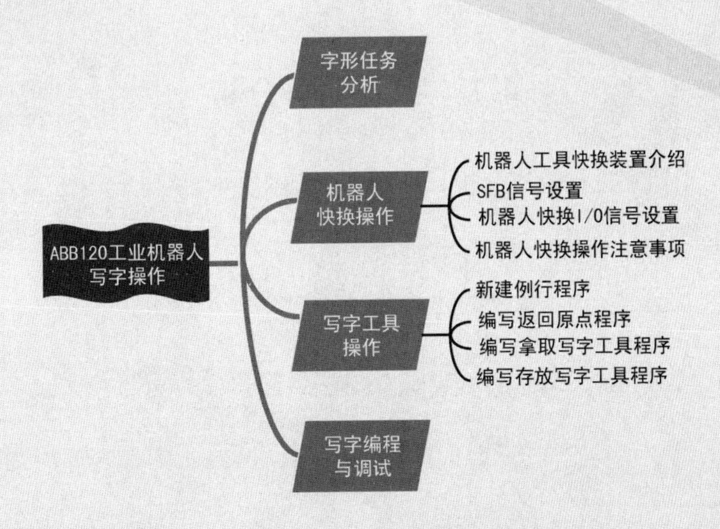

任务描述

写字模块的工作台面板贴有写字用白板，根据需要可用机器人写出文字，本任务利用带写字工具的 ABB120 工业机器人完成“正”字的书写，如图 4.1 所示。

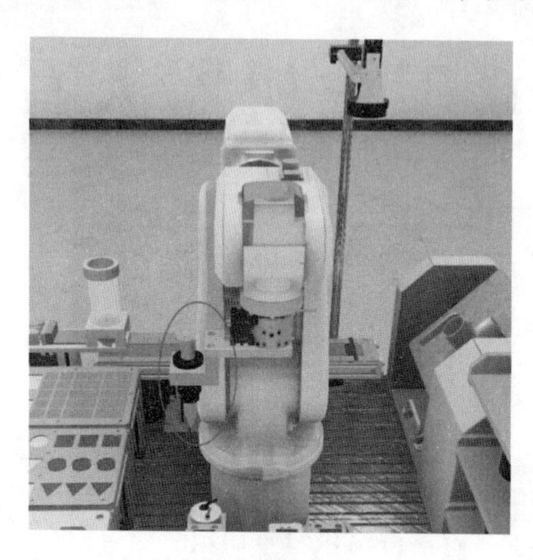

图 4.1

任务知识基础

4.1 字形任务分析

我们先对“正”字进行轨迹分析，如图 4.2 所示。

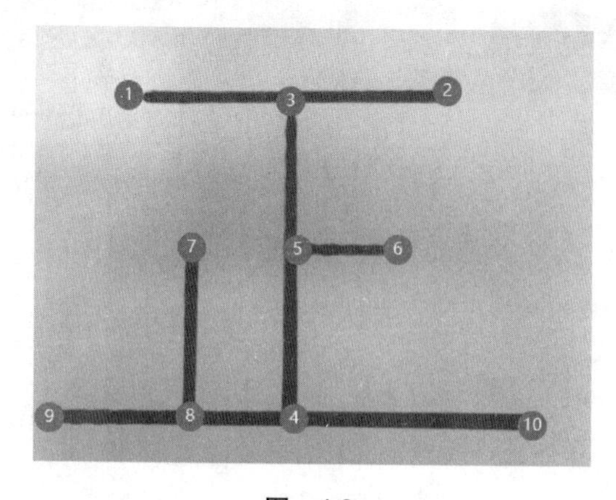

图 4.2

完成“正”字需要 ABB120 工业机器人沿着 5 条线段进行轨迹加工，这 5 条线段分别为（1，2）、（3，4）、（5，6）、（7，8）、（9，10）。因此，机器人在运动过程中需要添加的点依次是｛（1#），（1），（2），（2#）｝、｛（3#），（3），（4），（4#）｝、｛（5#），（5），（6），（6#）｝、｛（7#），（7），（8），（8#）｝、｛（9#），（9），（10），（10#）｝，# 符号代表点位上方约 30mm 的点。

4.2　机器人快换操作

4.2.1　机器人工具快换装置介绍

机器人通过工具快换装置自动更换不同的末端执行器或外围设备，使其应用更具柔性，这些末端执行器或外围设备包含电焊焊枪、夹爪、气动工具、电动马达等。本书项目工程中使用的工具快换装置包括夹爪、吸盘、针尖及小型电动打磨机，如图 4.3 所示。

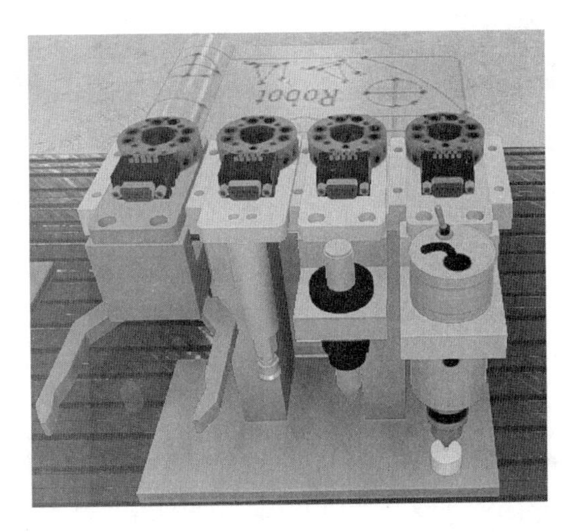

图　4.3

机器人工具快换装置分为机器人侧和工具侧，机器人侧安装在机器人前端手臂上，工具侧安装在执行工具上，机器人工具快换装置能快捷地实现机器人侧与工具侧之间电、气体和液体的相通。

机器人工具快换装置的优点在于，生产线更换可以在数秒内完成；维护和修理工具可以快速更换，大大降低停工时间；在应用中使用 2 个及其以上的末端执行器，使柔性增加；使用自动交换单一功能的末端执行器，代替原有笨重复杂的多功能工装执行器。

机器人工具快换装置，使单个机器人能够在制造和装备过程中交换使用不同的末端执行器以增加柔性，被广泛应用于自动点焊、弧焊、材料抓举、冲压、检测、卷边、装配、材料去除、毛刺清理、包装等操作。

柔性制造是生产制造企业为了适应不断变化的市场而选择的最好策略之一。高适应性和快速响应使企业能够适应市场需求的突变和克服不准确的市场预计问题。机器人工具快

换装置和柔性制造在制造业中占有重要地位，如在汽车领域中，实施轮班生产可以使生产企业在不同的车厂生产不同的车型，在一个工厂生产不同的产品从而实现生产效率最大化，也可以通过快速改变生产线来响应，从而保证市场需求，实现利润最大化。

4.2.2　SFB 信号设置

（1）打开 SFB 项目工程文件和虚拟示教器，工作界面如图 4.4 所示。此时 ABB120 工业机器人并未安装末端执行器，需要通过快换操作进行工具的安装。

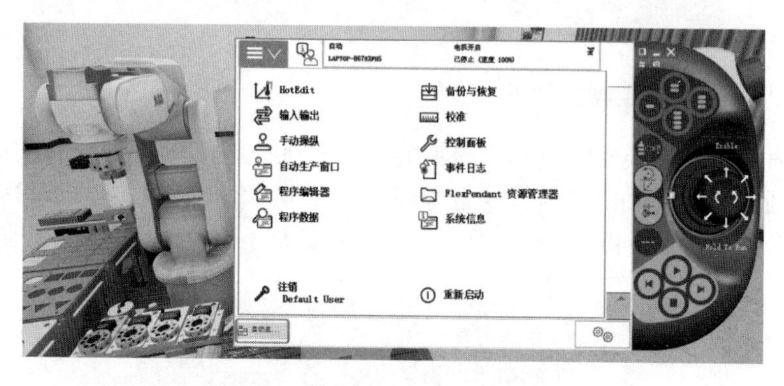

图　4.4

（2）将控制系统的 ID 添加到 SFB 的设备数据映射中，以此完成 ABB120 工业机器人和示教器的通信连接，如图 4.5 所示。具体的设置步骤可参考项目 2.3.1。

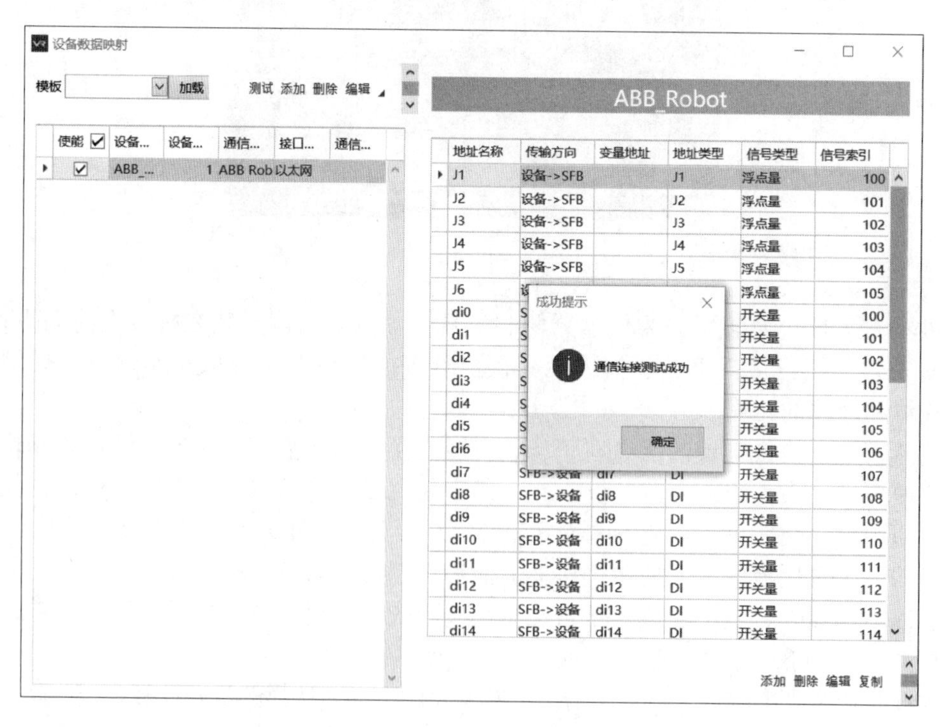

图　4.5

（3）建立 ABB_Robot 和 IRB120 示教器的信号连接，如图 4.6 所示，步骤可参考项目 2.3.2。

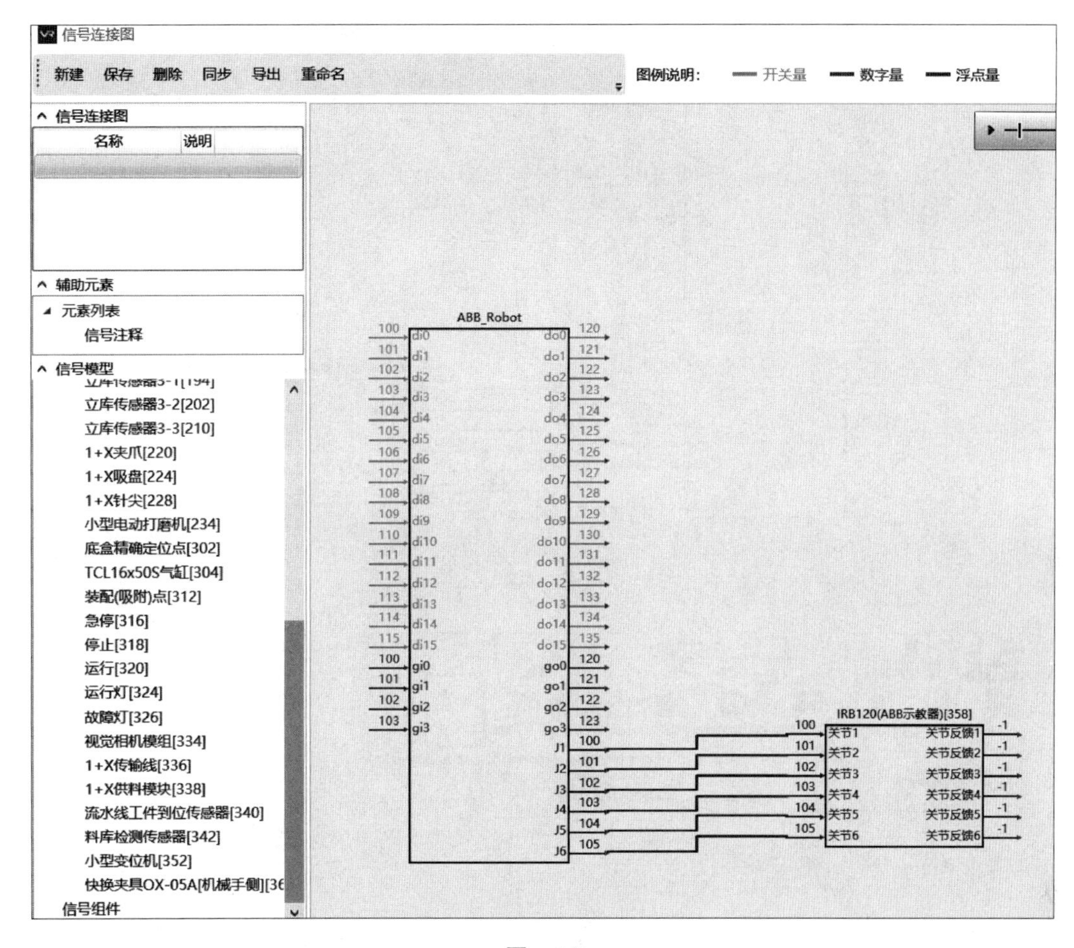

图　4.6

（4）选中左侧信号模型栏底部的“快换夹具 OX-05A[机械手侧][360]”，将其拖动到信号连接图中，如图 4.7 所示。

（5）单击“信号”选项卡中的“组件管理”命令，启动“组件管理”窗口，如图 4.8 所示。

（6）单击“组件管理”中的下拉菜单，选择“位反转操作”选项，并单击“添加”按钮，如图 4.9 所示。

（7）完成上述步骤后，关闭组件管理窗口。单击“信号连接图”中“同步”命令，在信号模型的信号组件中出现“位反转操作”，如图 4.10 所示。

（8）选中“位反转操作”选项，将其拖动到信号连接图中，并进行连线，如图 4.11 所示。

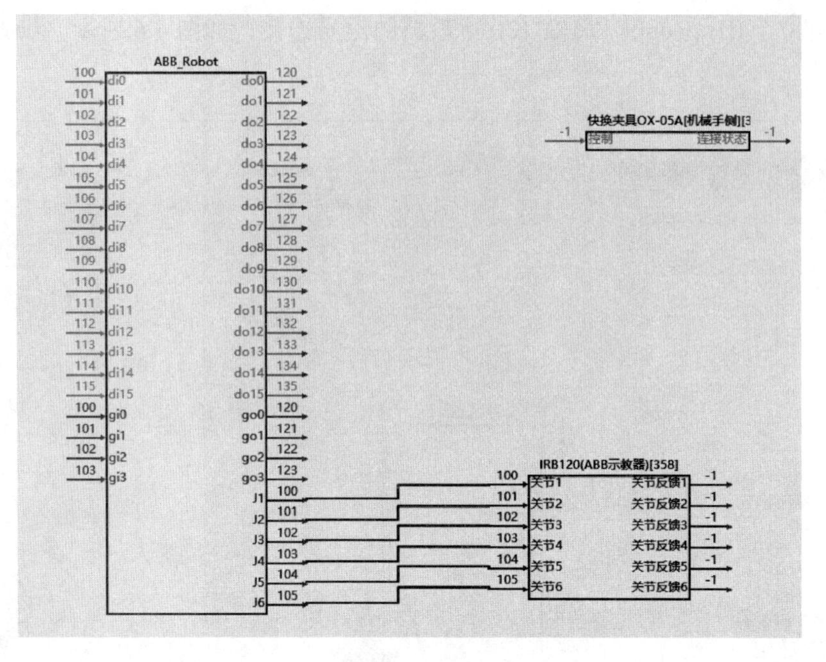
ABB_Robot
di0
di1
di2
di3
di4
di5
di6
di7
di8
di9
di10
di11
di12
di13
di14
di15
gi0
gi1
gi2
gi3
do0
do1
do2
do3
do4
do5
do6
do7
do8
do9
do10
do11
do12
do13
do14
do15
go0
go1
go2
go3
J1
J2
J3
J4
J5
J6
快换夹具OX-05A[机械手侧][3
控制
连接状态
IRB120(ABB示教器)[358]
关节1
关节2
关节3
关节4
关节5
关节6
关节反馈1
关节反馈2
关节反馈3
关节反馈4
关节反馈5
关节反馈6

图 4.7

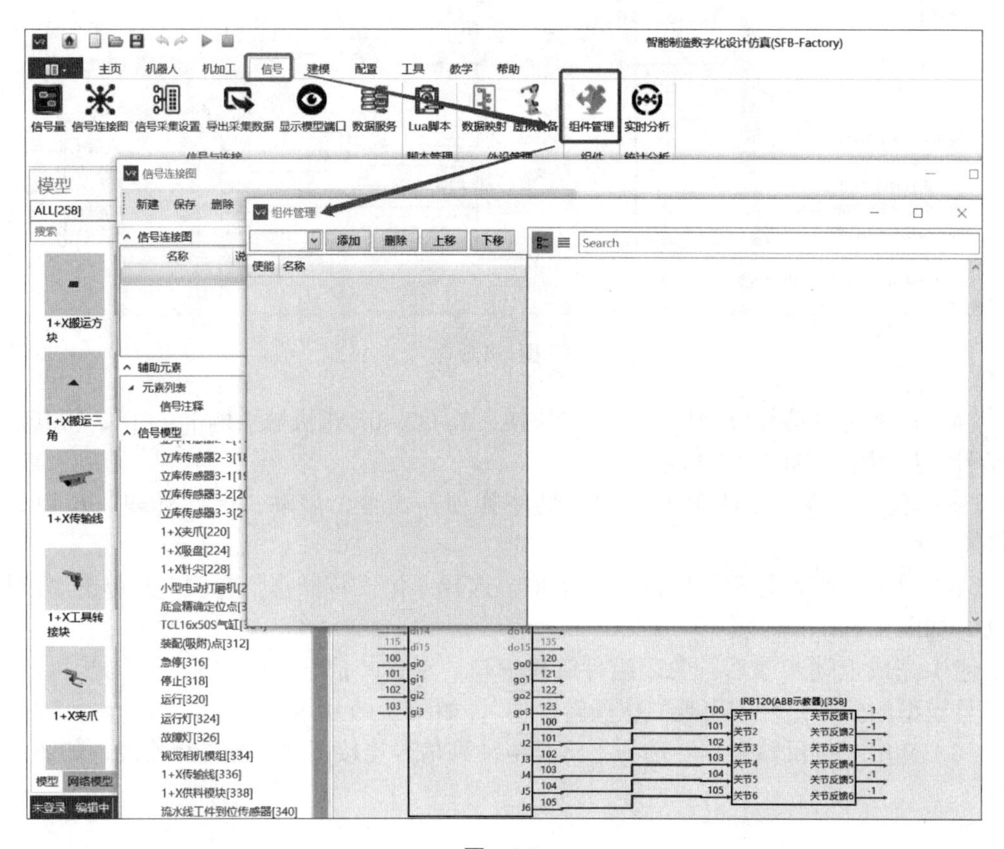
智能制造数字化设计仿真(SFB-Factory)
主页
机器人
机加工
信号
建模
配置
工具
教学
帮助
信号量
信号连接图
信号采集设置
导出采集数据
显示模型端口
数据服务
Lua脚本
数据映射
虚拟设备
组件管理
实时分析
模型
ALL[258]
信号连接图
新建
保存
删除
组件管理
添加
删除
上移
下移
Search
使能
名称
辅助元素
元素列表
信号注释
信号模型
立库传感器2-3[18
立库传感器3-1[19
立库传感器3-2[20
立库传感器3-3[21
1+X夹爪[220]
1+X吸盘[224]
1+X针尖[228]
装配(吸附)点[312]
急停[316]
停止[318]
运行[320]
运行灯[324]
故障灯[326]
视觉相机模组[334]
1+X传输线[336]
1+X供料模块[338]
流水线工件到位传感器[340]
1+X搬运方块
1+X搬运三角
1+X传输线
1+X工具转接块
1+X夹爪
模型
网络模型
未登录
编辑中
IRB120(ABB示教器)[358]

图 4.8

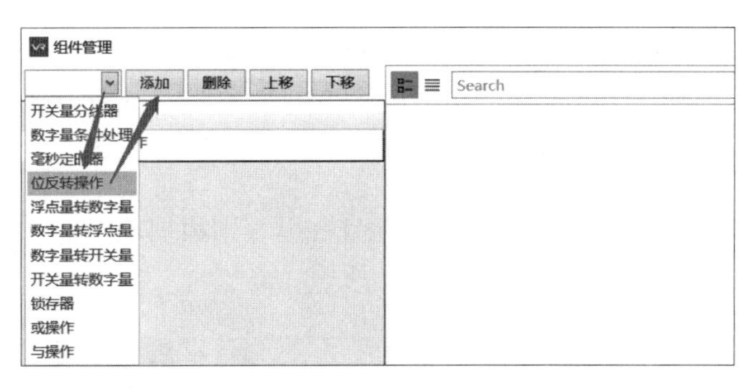

图　4.9

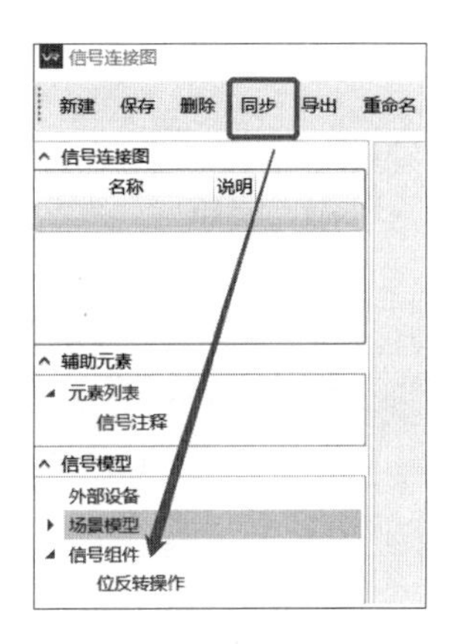

图　4.10

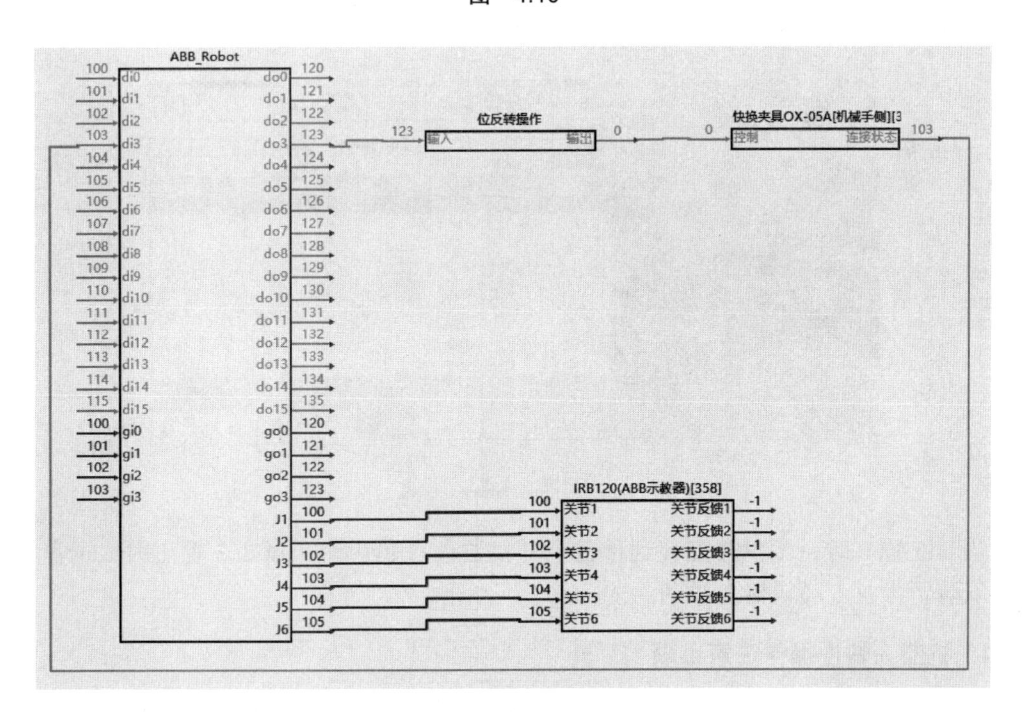

图　4.11

根据上述操作，可知快换信号源接到机器人输出地址 3 上，输出设置为 1 时，快换开关打开可以进行快换公母头组装；设置为 0 时，快换开关关闭，公母头组装完成。

4.2.3 机器人快换 I/O 信号设置

（1）已知快换信号源接到机器人输出地址 3 上，则根据项目 3.5 I/O 编程操作需配置一个映射地址为 3 的 do3 信号，如图 4.12 所示。

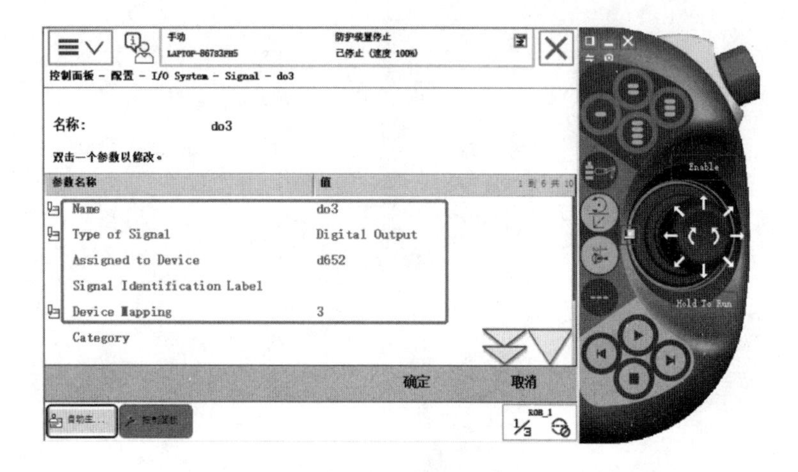

图 4.12

（2）设置 do3 信号观察机器人工具快换装置是否动作，观察位置如图 4.13 所示。具体步骤可参考项目 3.5 I/O 编程操作。

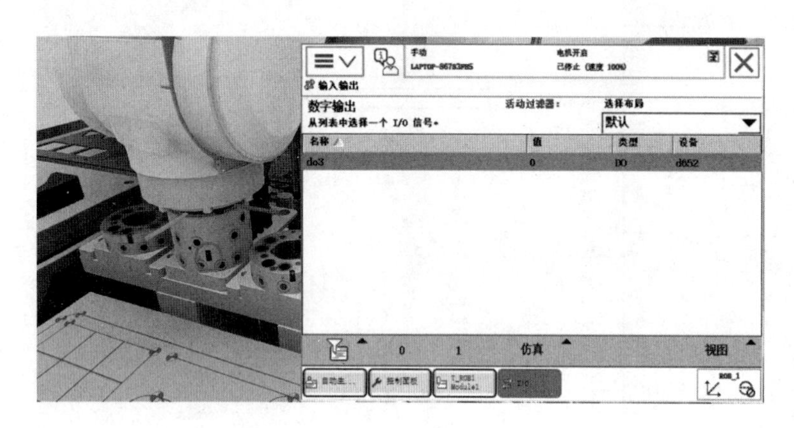

图 4.13

当 do3 置 0 时，子盘被安装到母盘上随机器人一起运动；当 do3 置 1 时，子盘松开不再安装于母盘上随机器人运动。

4.2.4 机器人快换操作注意事项

（1）子盘的工具支架上有高精度定位销，对安装与拆卸子盘有严格要求，必须在

子盘的正上方设置一个过渡点，在安装与拆卸子盘时，机器人先运动到此点，再通过 MoveL 指令低速运动到安装拆卸点，如图 4.14 所示。

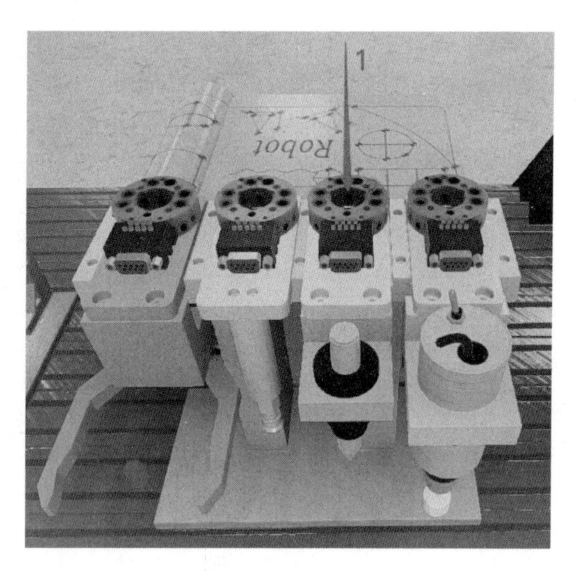

图 4.14

（2）子母盘安装时，快换缺口一定要对准，快换公母头之间可以适当留 1mm 左右的间隙，如图 4.15 所示。

图 4.15

4.3 写字工具操作

4.3.1 新建例行程序

（1）进入“程序编辑器”菜单，如图 4.16 所示。

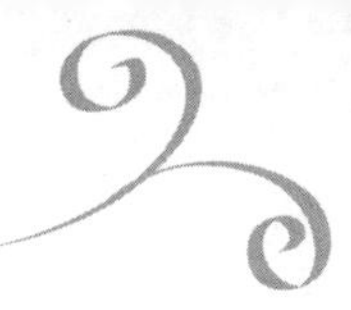

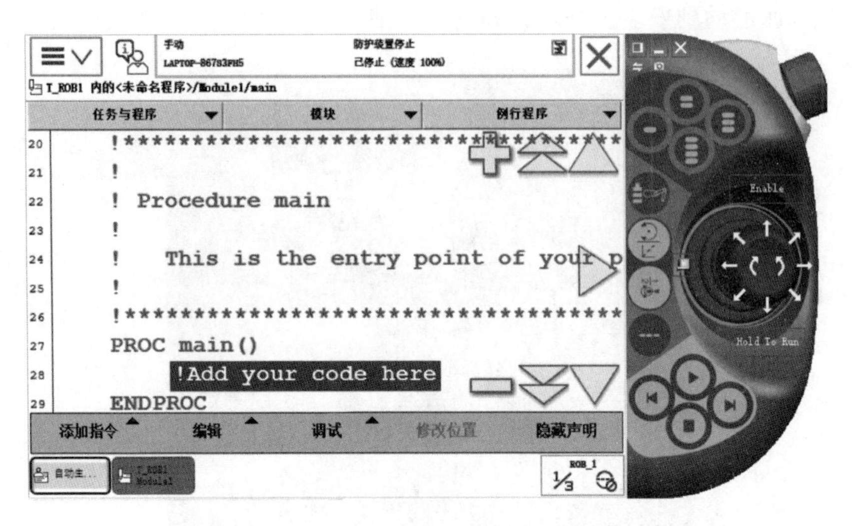

图 4.16

（2）单击“例行程序”按钮，选择“文件”→“新建例行程序”选项，如图 4.17 所示。

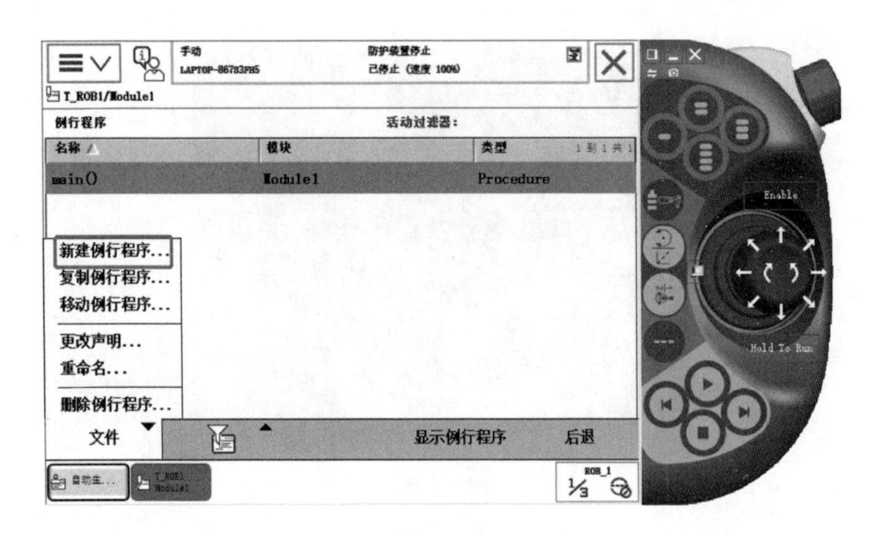

图 4.17

（3）新建 4 个例行程序，分别为“rHome”“GetPen”“DownPen”“Writing”，如图 4.18 所示。其中，rHome 为机器人返回原点程序，GetPen 为机器人拿取写字工具程序，DownPen 为机器人存放写字工具程序，Writing 则为机器人写字程序。

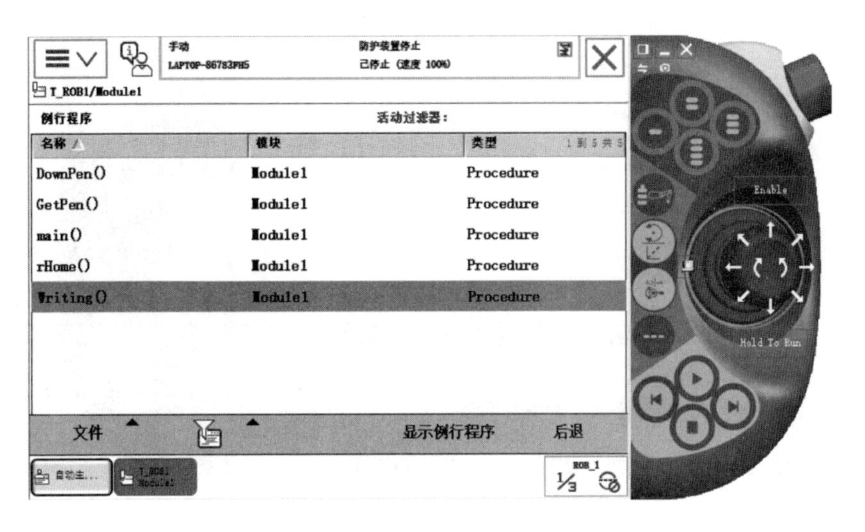

图　4.18

4.3.2　编写返回原点程序

（1）双击打开“rHome”例行程序，如图 4.19 所示。

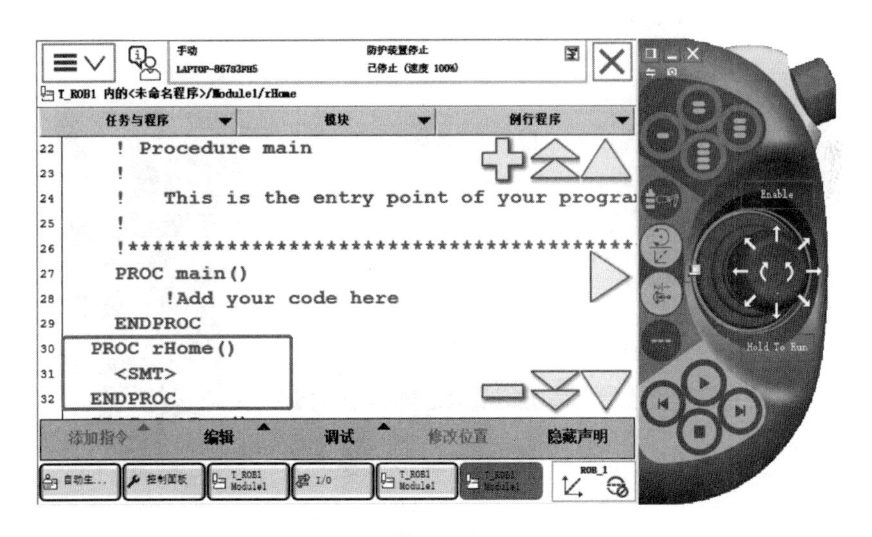

图　4.19

（2）将机器人移动到一个合适原点位置（除 5 轴角度为 90° 外，其他轴均调节到 0°），添加一个“MoveAbsJ”指令，如图 4.20 所示。

图 4.20

4.3.3 编写拿取写字工具程序

（1）双击打开“GetPen”例行程序，调用一个原点程序 rHome，将机器人移动至快换夹具模块上方 Z 方向约 500mm。添加一个“MoveAbsJ”指令，命名为“p1”，速度改成 v200，转弯半径改成 fine，如图 4.21 所示。

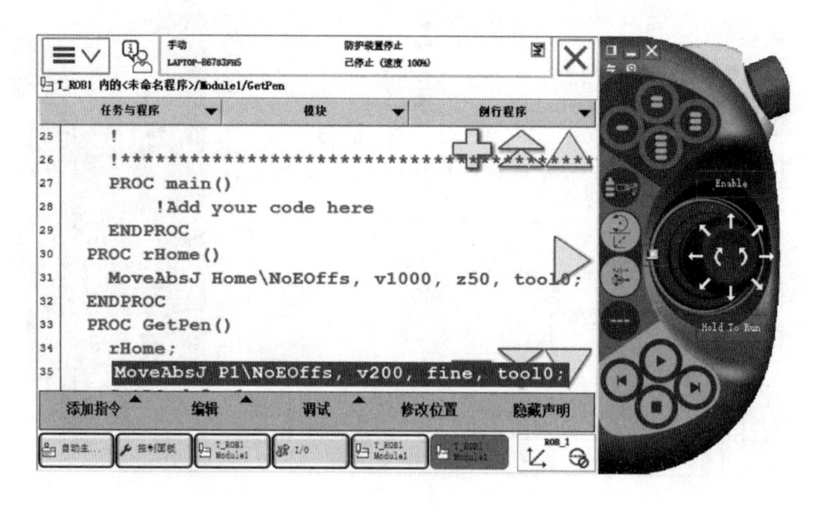

图 4.21

（2）单击“添加指令”按钮，指令类型选择“I/O”。然后添加“SetDO”指令，将输出信号 do3 状态设置为“1”，如图 4.22 所示。

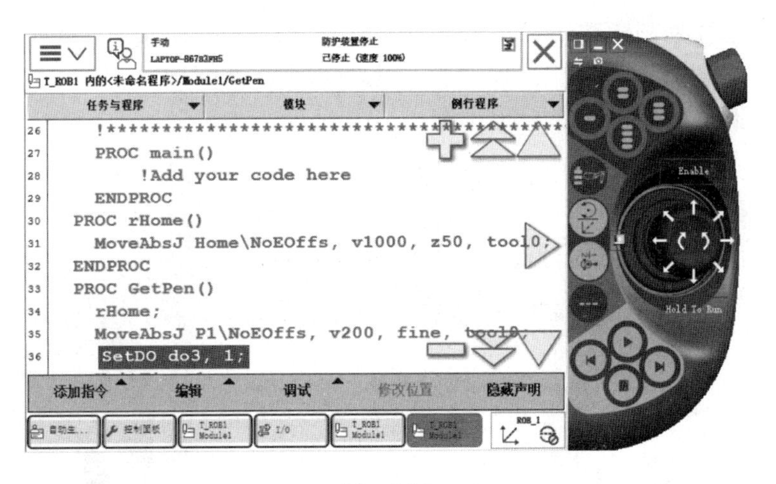

图　4.22

（3）添加 1s 延时指令，如图 4.23 所示。

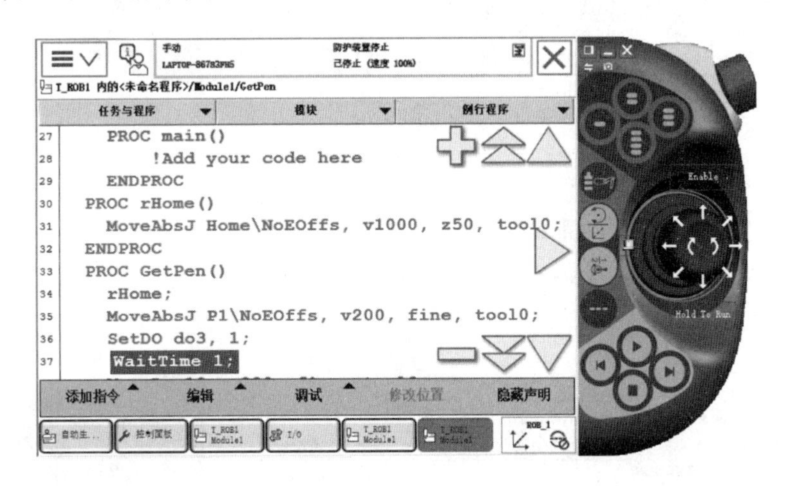

图　4.23

（4）通过示教器移动机器人，使快换公母头对接（保留一定间隙），如图 4.24 所示。

图　4.24

（5）上一步完成后将机器人 Z 方向抬高，至 Z 坐标为 400mm，确保此高度下写字模块能完全离开夹具台。然后添加“MoveL”指令，命名为“p10”，速度改为 v200，转弯半径改为 fine，如图 4.25 所示。

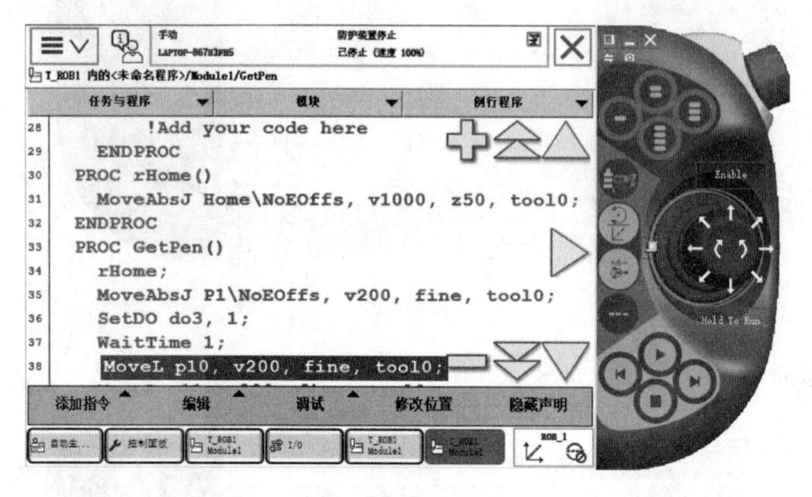

图 4.25

（6）将机器人移动至公母头装配位置，添加“MoveL”指令，命名为“p11”，速度改为 v200，转弯半径改为 fine，如图 4.26 所示。

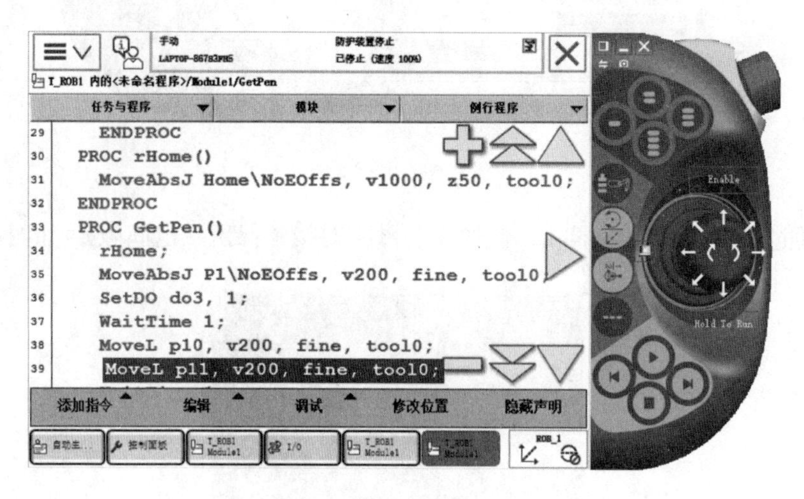

图 4.26

（7）添加 1s 延时后，然后添加指令将输出信号 do3 状态设置为“0”，再添加 1s 延时，如图 4.27 所示。

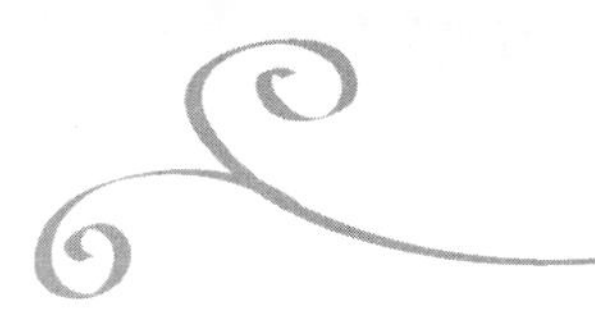

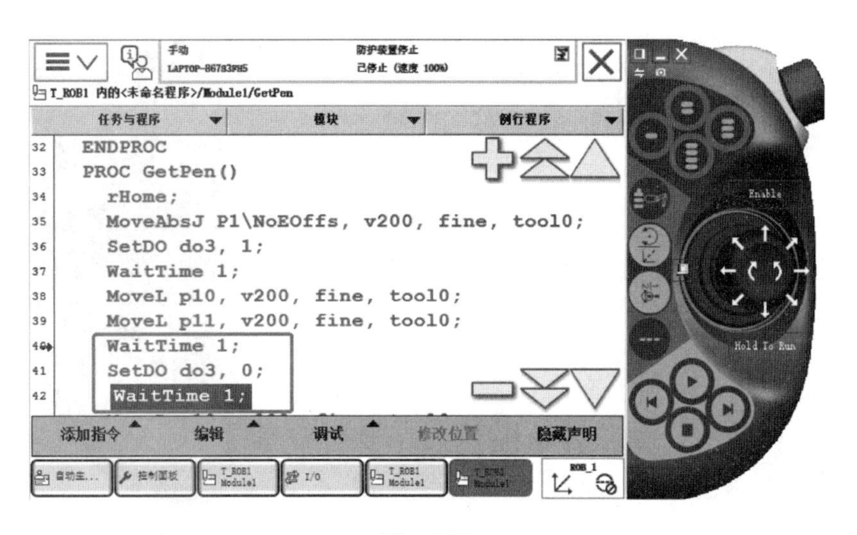

图　4.27

（8）当工具安装完成后，抬高机械手臂离开安装点位 p11 至点位 p10，此时可复制粘贴第五行 MoveL 指令，如图 4.28 所示。

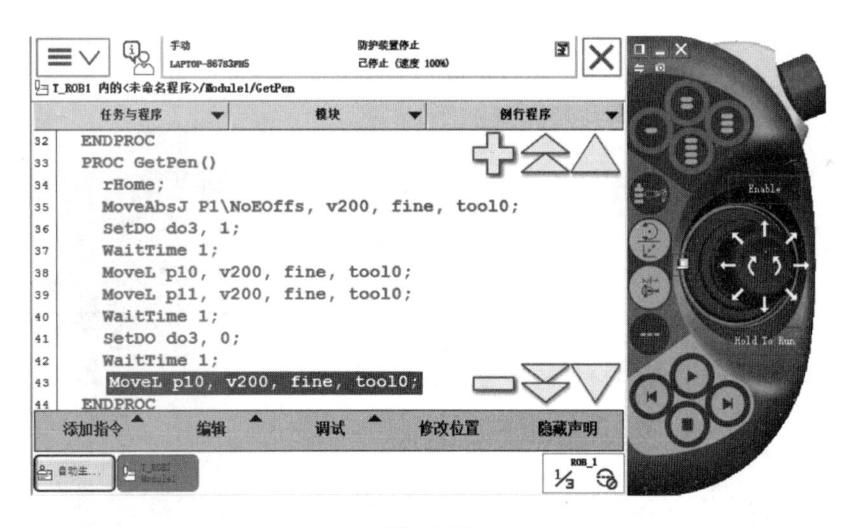

图　4.28

（9）将机器人移动至夹具台上方点位 p1，同时调用返回原点程序 rHome，如图 4.29 所示。

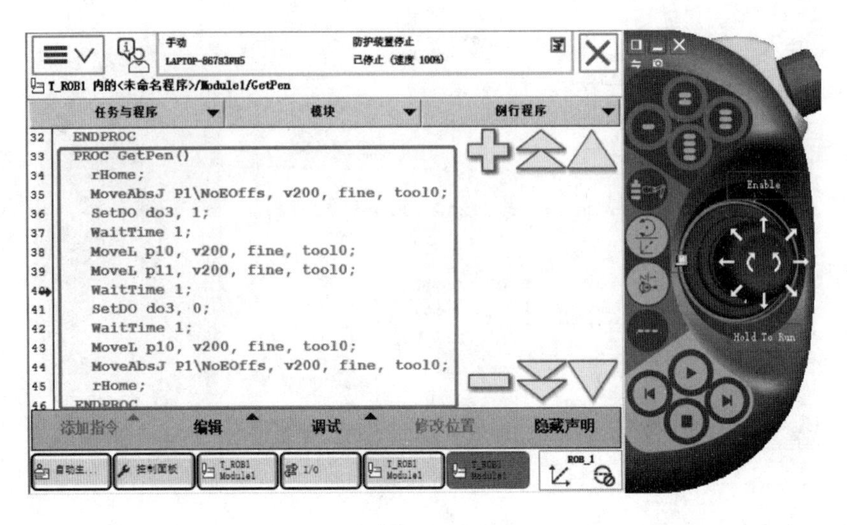

图 4.29

4.3.4 编写存放写字工具程序

存放写字工具和拿取写字工具的程序段操作相反，存放步骤如下。

(1) 调用返回原点程序如图 4.30 所示，该程序将带工具的机器人从当前位置移动至原点处。

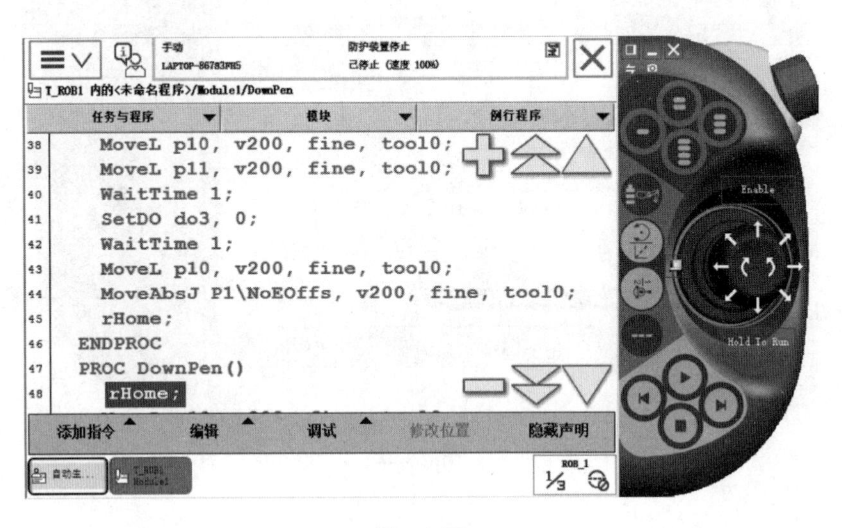

图 4.30

(2) 与工具拿取过程相同，机器人沿着点位 p10 运动至公母头装配位置点位 p11 处，并等待 1s，程序如图 4.31 所示。

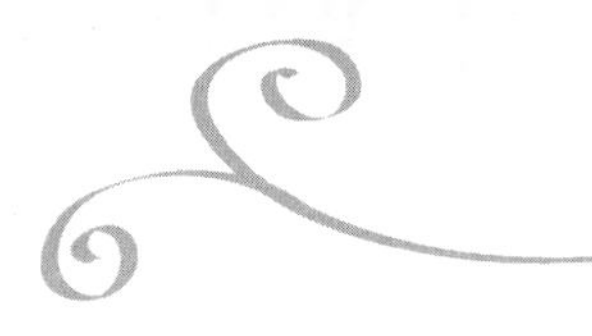

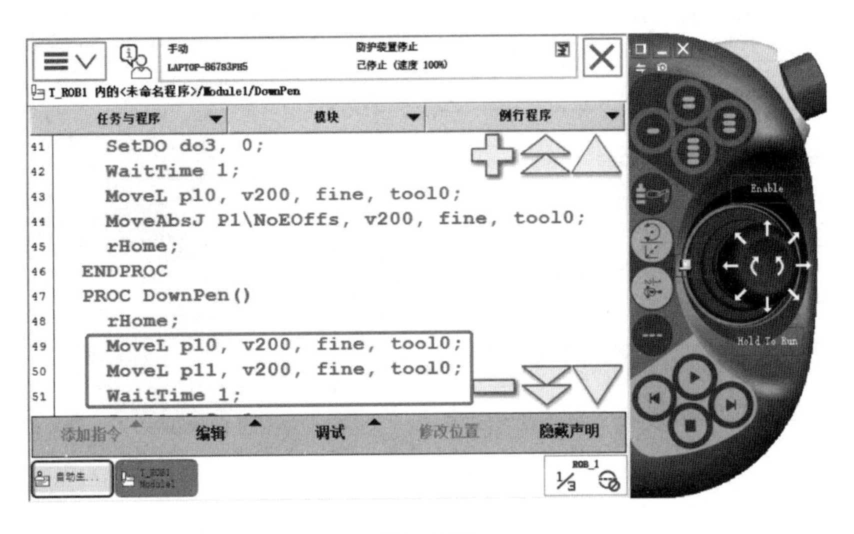

图　4.31

（3）添加“SetDO”指令，将输出信号 do3 的状态设置为“1”，完成子盘的拆卸，并等待 1s，程序如图 4.32 所示。

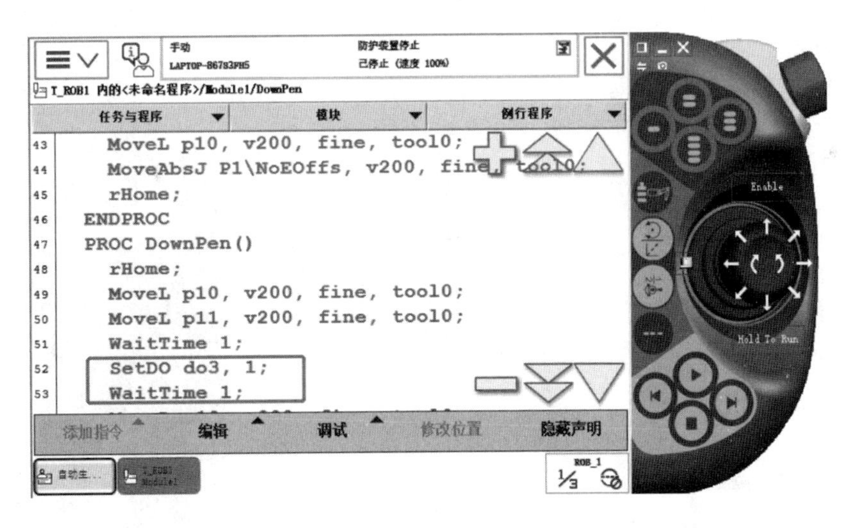

图　4.32

（4）当完成工具的拆卸后，依次将机器人抬起至点位 p10 和夹具台上方点位 p1，最后调用返回原点程序，完整程序如图 4.33 所示。

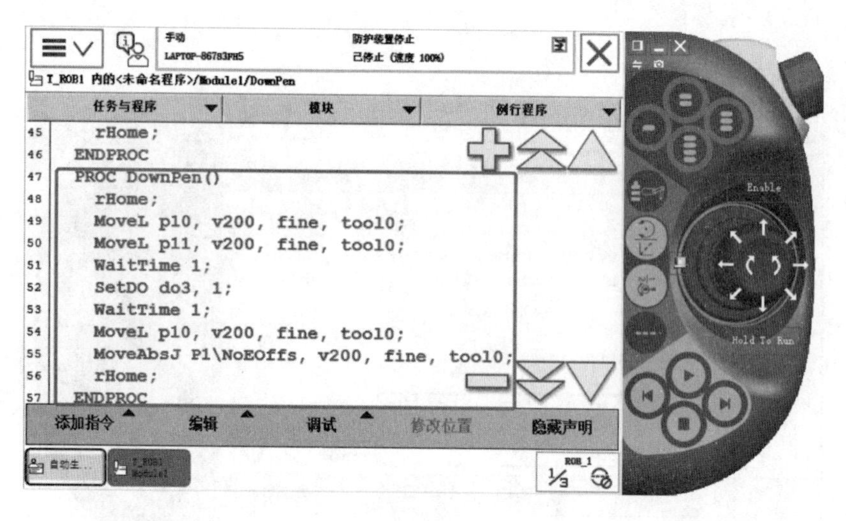

图 4.33

4.4 写字编程与调试

在完成前面的准备工作后，下面就需要通过机器人写出“正”字。根据写“正”字的运动轨迹规划{(1#),(1),(2),(2#)}、{(3#),(3),(4),(4#)}、{(5#),(5),(6),(6#)}、{(7#),(7),(8),(8#)}、{(9#),(9),(10),(10#)}，具体的编写写字程序步骤如下。

(1) 新建 Writing 例行程序并打开，程序第一行首先调用拿取写字工具程序，完成 ABB120 工业机器人拿取写字工具，如图 4.34 所示。

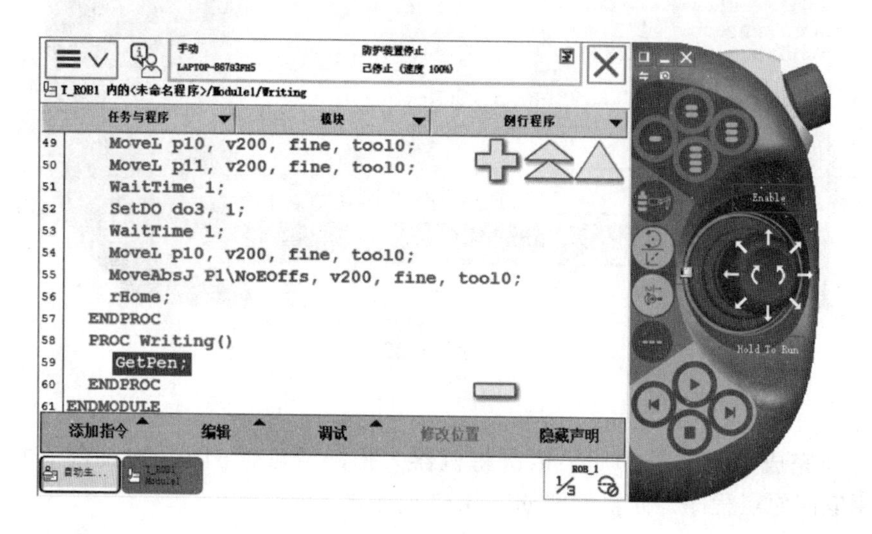

图 4.34

（2）点亮示教器使能键，手动操作将机器人适当抬高至写字台面上方 1# 位置，添加 MoveAbsJ 指令且目标点改为准备写字点“WritingStart”，如图 4.35 所示。

（3）按照行走轨迹添加指令，将机器人移动到对应的点位进行示教，如图 4.36 所示。程序中 p01 ～ p010 对应“正”字形中的目标点 1 ～ 10，程序中 p12 ～ p20 对应的则是 2# ～ 10#，表示在目标点上方约 30mm 的中间过渡点。

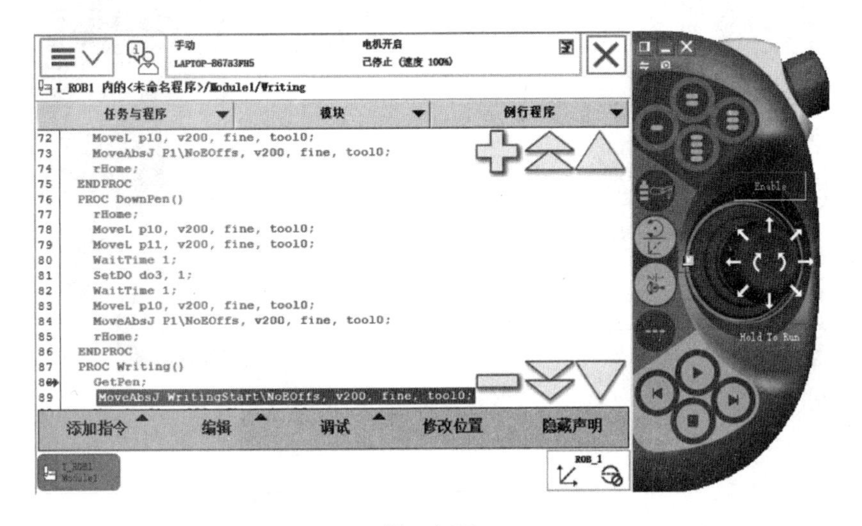

图　4.35

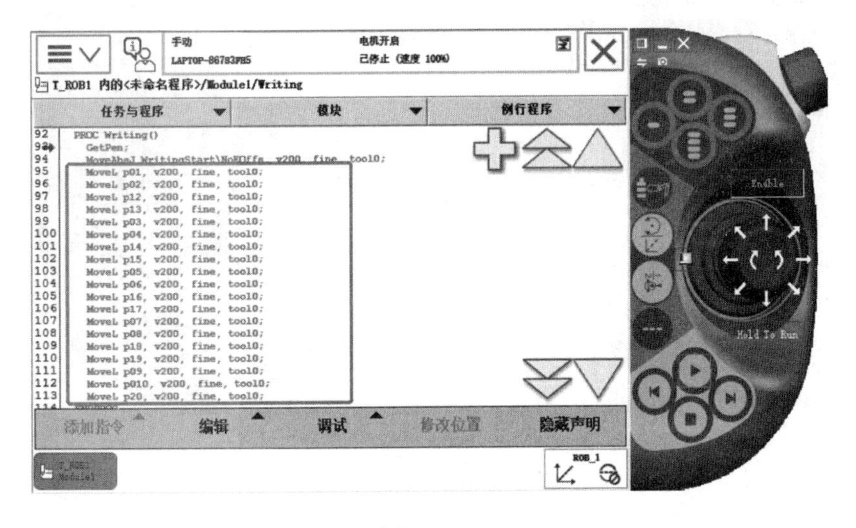

图　4.36

（4）将机器人移动至台面“正”字末位上方适当位置，添加写字结束点（也可以直接用准备写字点代替），然后依次调用返回原点程序和存放写字工具程序，如图 4.37 所示。

（5）至此写字实验的程序编写完成，我们需要通过写字程序试运行来检查程序是否存在问题。单击“调试”按钮，选择“检查程序”选项，提示“未出现任何错误”说明程序逻辑没有问题，可以进行测试，如图 4.38 所示。

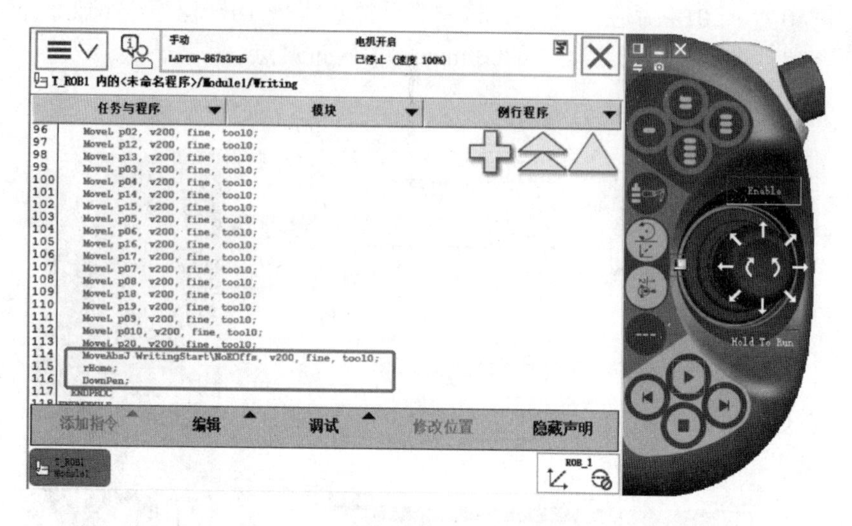

图 4.37

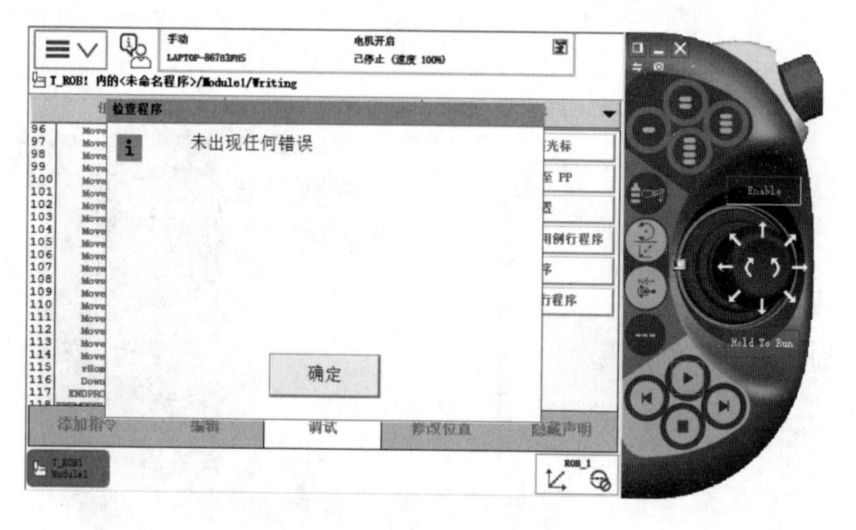

图 4.38

（6）单击“调试”按钮，选择“PP 移至例行程序”→“Writing”选项，最后单击“确定”按钮。按下“单步前进”按键，机器人每运行一行程序，就单步运行一次直到程序结束，观察机器人运动是否正确，如图 4.39 所示。若单步调试出现错误或者运动轨迹不够精确，则可重新修改目标点的位置直至机器人运动无误。

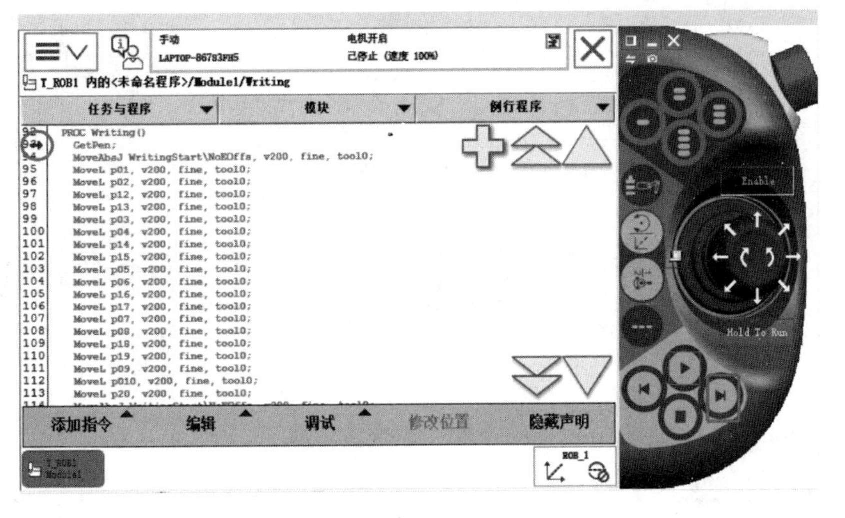

图　4.39

技 能 训 练

根据前文内容，采用相同的工具，从自己的名字中取一个字进行写字程序的编写与调试。

ABB120 工业机器人打磨操作

学习目标

- 掌握打磨加工分析与路径轨迹分析
- 学会机器人 I/O 信号配置
- 学会示教的小型电动打磨机工具拿取和存放编程与调试
- 学会三通和门把手打磨加工的编程与调试

思维导图

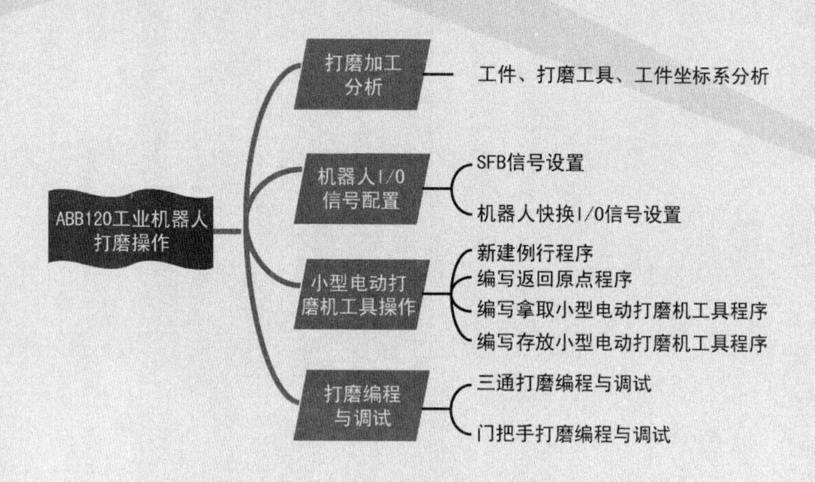

任务描述

ABB120 工业机器人末端安装小型电动打磨机，对小型变位机工作台面的三通和门把手进行打磨操作，如图 5.1 所示。该任务要求机器人沿着三通的内圈打磨加工一周，沿着门把手的外圈打磨加工一周。

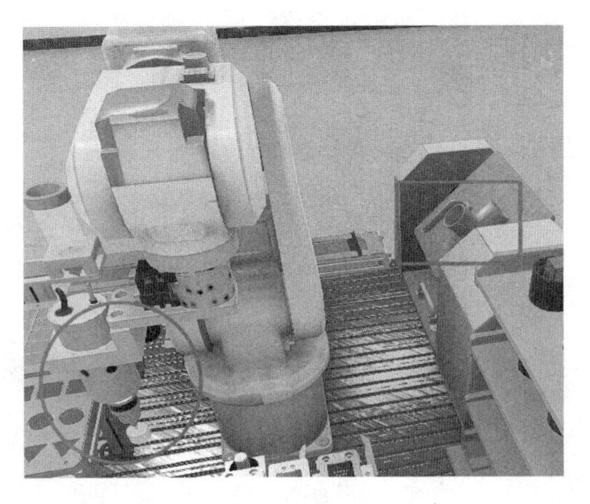

图　5.1

任务知识基础

5.1　打磨加工分析

1. 工件分析

图 5.2 所示为本任务的加工对象，机器人沿着图中所示轨迹进行打磨操作，由此可见打磨路径轨迹为圆弧和不规则曲线，所以在编程过程中需要用到 MoveC 指令，其使用方法可参考项目 3.1.3。

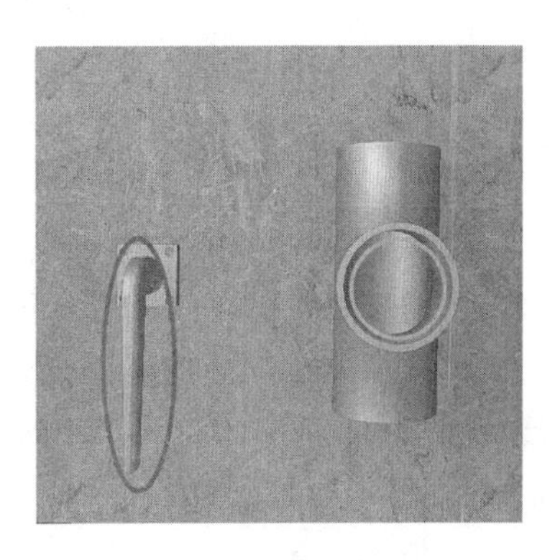

图　5.2

2. 打磨工具分析

该任务中的工具为小型电动打磨机，将打磨输出信号设置为“ do5”，映射地址为 5。当 do5=1，打磨头旋转，可以进行打磨工作；do5=0，打磨头停止旋转。

3. 工件坐标系分析

在实际应用中，当打磨工件发生整体偏移时，可新建工件坐标系而不需要重新对点位。针对小型变位机的工作台面，选择三点法建立工件坐标系，可取图 5.3 中①②③ 3 点。

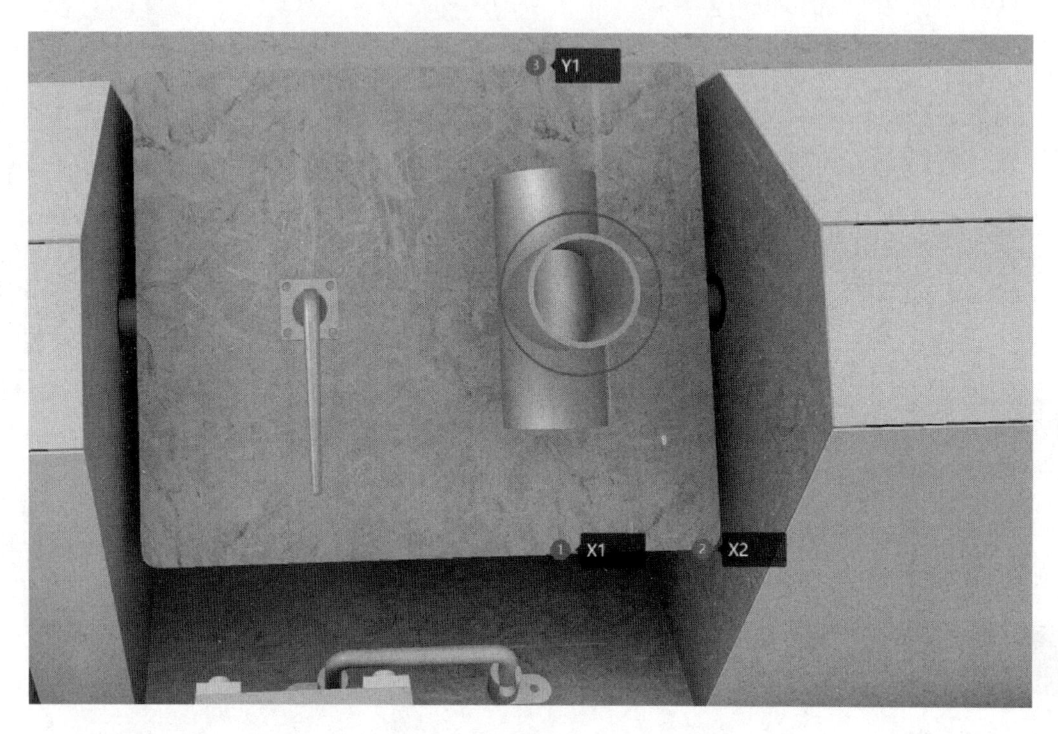

图 5.3

5.2 机器人 I/O 信号配置

5.2.1 SFB 信号设置

（1）打开 SFB 项目工程文件和虚拟示教器，完成 ABB120 工业机器人和示教器的通信连接，如图 5.4 所示。具体步骤可参考项目 2.3.1。

（2）在项目 4.2 的基础上，将信号模型中的“小型电动打磨机 [147]”拖动到信号连接图中，并将 ABB_Robot 的输出信号“do5”连接到小型电动打磨机的“正向”转动信号上，如图 5.5 所示。

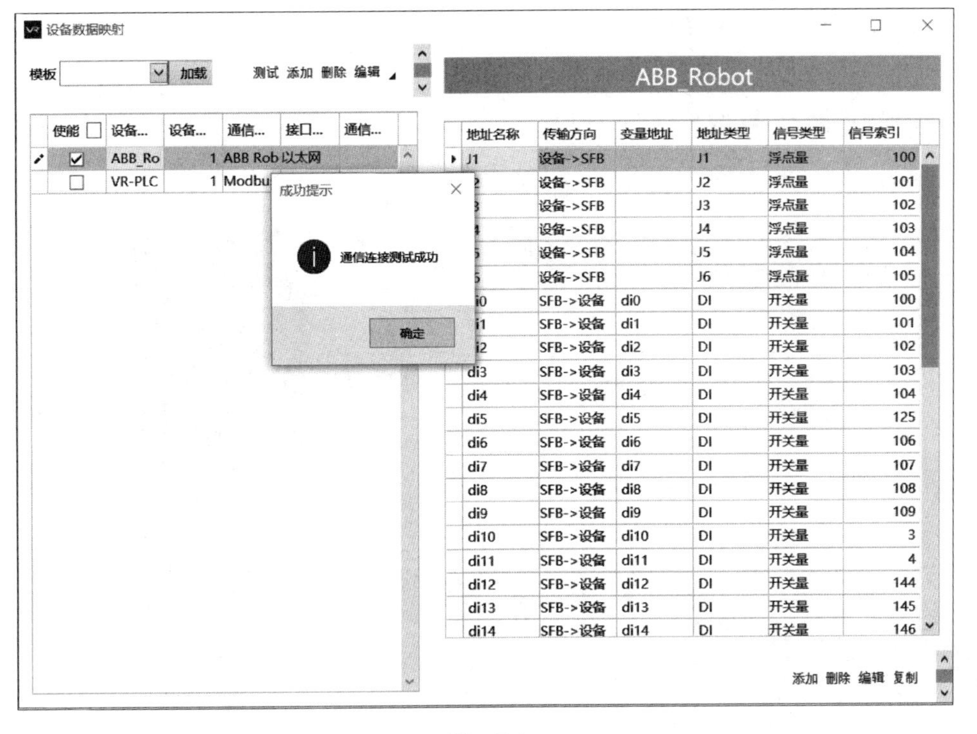

设备数据映射
模板
加载
测试 添加 删除 编辑
ABB_Robot
使能 设备... 设备... 通信... 接口... 通信...
ABB_Ro 1 ABB Rob 以太网
VR-PLC 1 Modbu
成功提示
通信连接测试成功
确定
地址名称 传输方向 变量地址 地址类型 信号类型 信号索引
J1 设备->SFB J1 浮点量 100
设备->SFB J2 浮点量 101
设备->SFB J3 浮点量 102
设备->SFB J4 浮点量 103
设备->SFB J5 浮点量 104
设备->SFB J6 浮点量 105
SFB->设备 di0 DI 开关量 100
SFB->设备 di1 DI 开关量 101
SFB->设备 di2 DI 开关量 102
di3 SFB->设备 di3 DI 开关量 103
di4 SFB->设备 di4 DI 开关量 104
di5 SFB->设备 di5 DI 开关量 125
di6 SFB->设备 di6 DI 开关量 106
di7 SFB->设备 di7 DI 开关量 107
di8 SFB->设备 di8 DI 开关量 108
di9 SFB->设备 di9 DI 开关量 109
di10 SFB->设备 di10 DI 开关量 3
di11 SFB->设备 di11 DI 开关量 4
di12 SFB->设备 di12 DI 开关量 144
di13 SFB->设备 di13 DI 开关量 145
di14 SFB->设备 di14 DI 开关量 146
添加 删除 编辑 复制

图　5.4

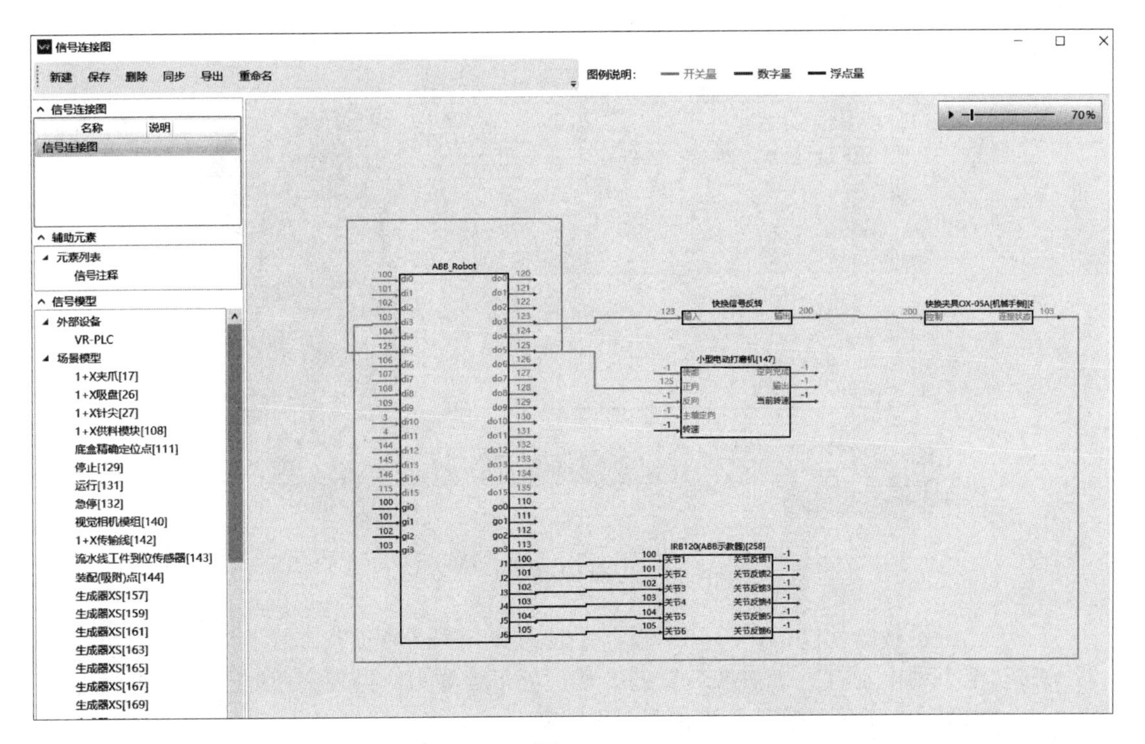

信号连接图
新建 保存 删除 同步 导出 重命名
图例说明: 开关量 数字量 浮点量
70%
信号连接图
名称 说明
信号连接图
辅助元素
元素列表
信号注释
信号模型
外部设备
VR-PLC
场景模型
1+X夹爪[17]
1+X吸盘[26]
1+X针尖[27]
1+X供料模块[108]
底盒精确定位点[111]
停止[129]
运行[131]
急停[132]
视觉相机模组[140]
1+X传输线[142]
流水线工件到位传感器[143]
装配(吸附)点[144]
生成器XS[157]
生成器XS[159]
生成器XS[161]
生成器XS[163]
生成器XS[165]
生成器XS[167]
生成器XS[169]
ABB_Robot
快换信号反转
小型电动打磨机[147]
IRB120(ABB示教器)[258]

图　5.5

5.2.2 机器人快换 I/O 信号设置

（1）已知快换信号源接到机器人输出地址 3 上，则根据项目 3.5 I/O 编程操作需配置一个映射地址为 3 的 do3 信号，如图 5.6 所示。

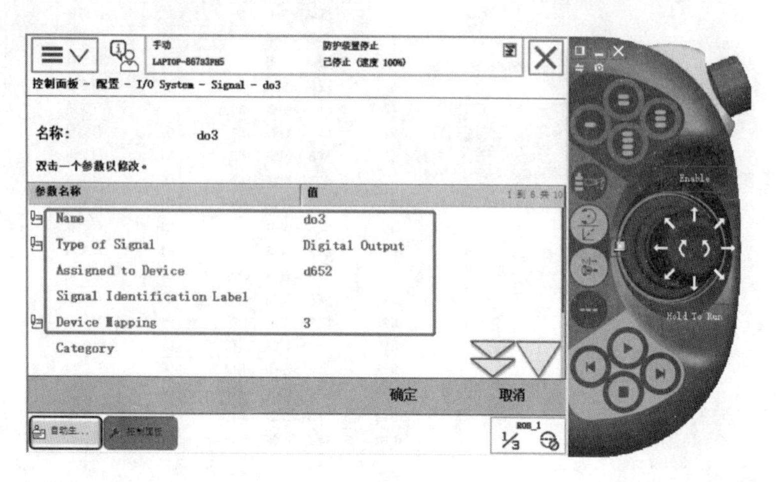

图 5.6

（2）已知小型电动打磨机的正向信号接到机器人输出地址 5 上，则需配置一个映射地址为 5 的 do5 信号，如图 5.7 所示。

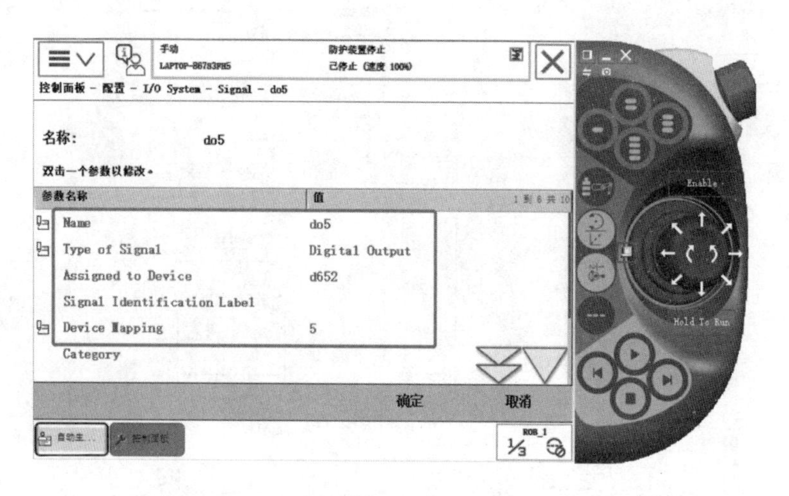

图 5.7

（3）点亮示教器使能键，打开示教器手动测试信号界面，do3 置 1 后手动操作将机器人移动至小型电动打磨机快换装置处，然后将 do3 置 0，再观察此时子盘是否吸附到母盘上，如图 5.8 所示。若是，则信号设置准确。

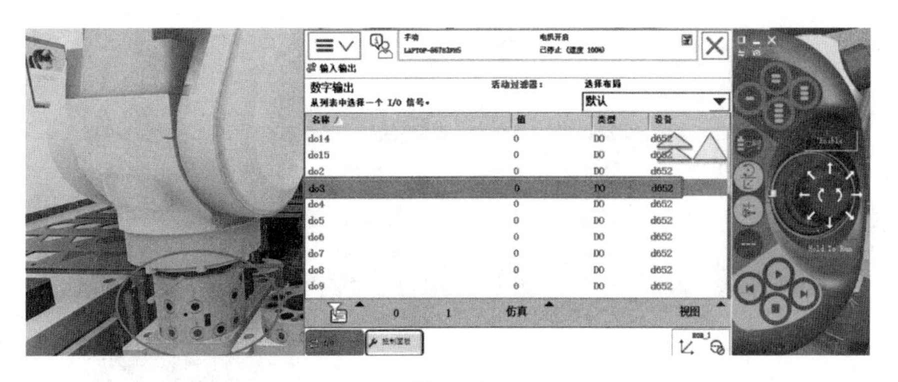

图　5.8

（4）手动操作将机器人抬高至一定位置处，将 do5 置 1，观察小型电动打磨机是否工作，再将 do5 置 0 观察小型电动打磨机是否停止工作，如图 5.9 所示。若是，则信号设置准确。

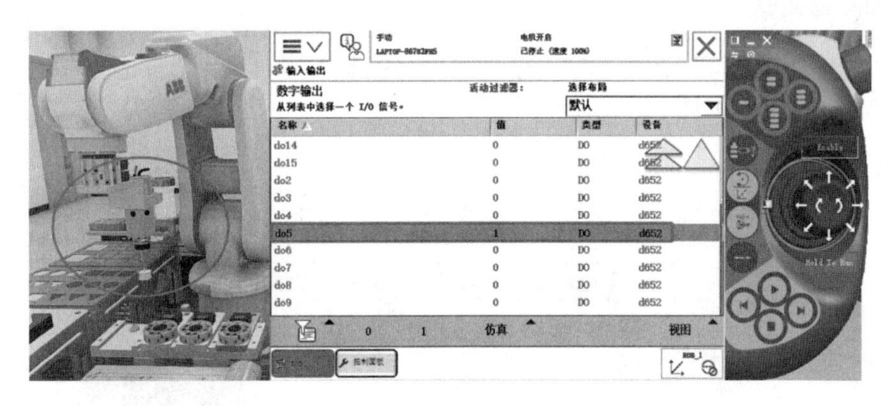

图　5.9

5.3　小型电动打磨机工具操作

5.3.1　新建例行程序

新建 4 个例行程序，分别为“rHome”“GetSharpener”“DownSharpener”“Sanding”，如图 5.10 所示。其中，rHome 为 ABB120 工业机器人返回原点程序，GetSharpener 为机器人拿取小型电动打磨机工具程序，DownSharpener 为机器人存放小型电动打磨机工具程序，Sanding 则为机器人打磨程序。

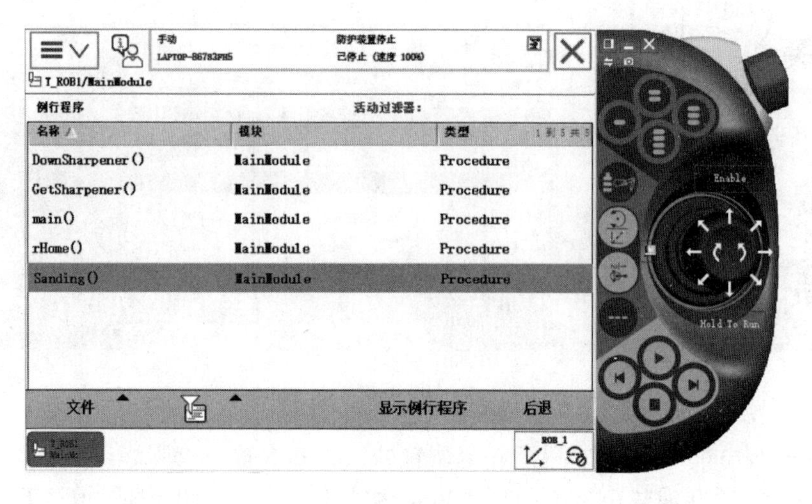

图 5.10

5.3.2 编写返回原点程序

双击打开“rHome”例行程序，手动操作将机器人移动到一个合适原点位置，添加“MoveAbsJ”指令，如图 5.11 所示。

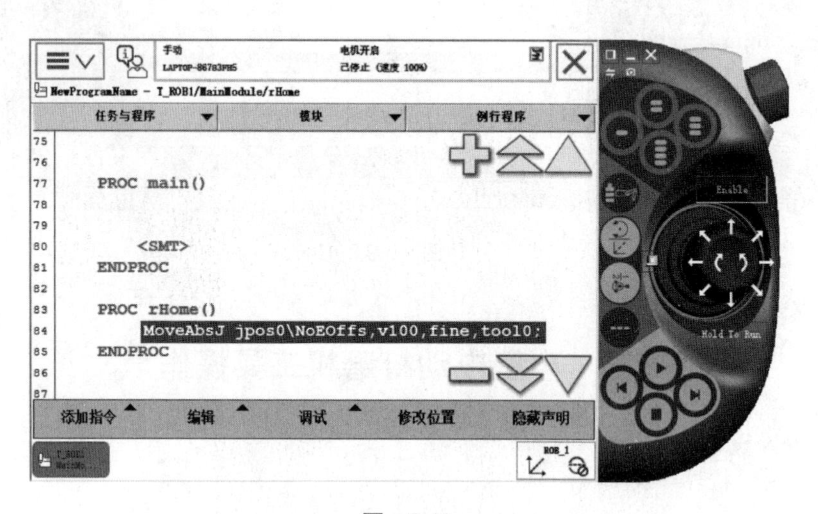

图 5.11

5.3.3 编写拿取小型电动打磨机工具程序

和项目 4.3 中的机器人拿取写字工具程序相同，这里拿取小型电动打磨机工具程序（GetSharpener）不再做详细说明，完整的程序段如图 5.12 所示。

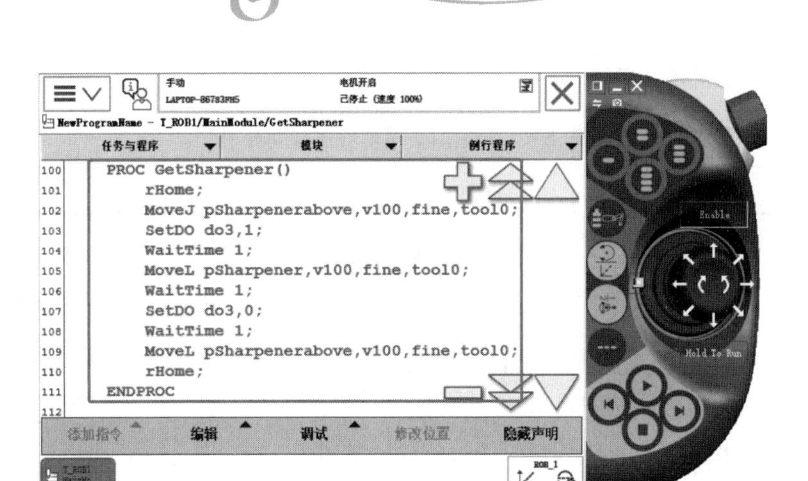

图　5.12

5.3.4　编写存放小型电动打磨机工具程序

和项目 4.3 中的机器人存放写字工具程序相同，这里存放小型电动打磨机工具程序（DownSharpener）不再做详细说明，完整的程序段如图 5.13 所示。

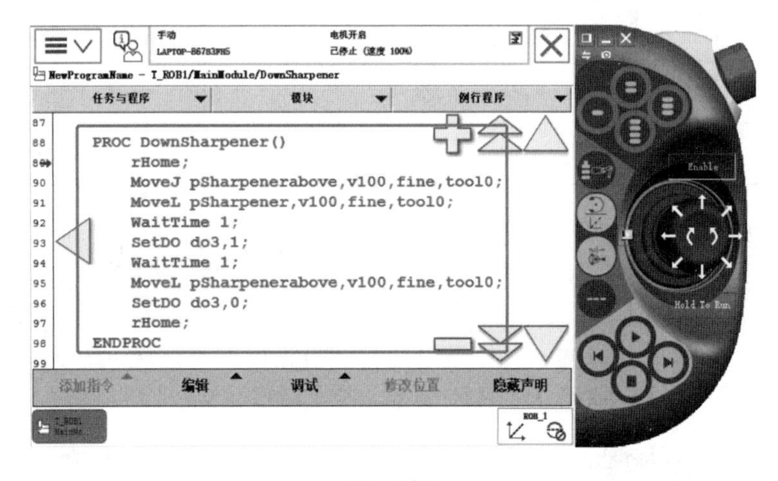

图　5.13

5.4　打磨编程与调试

5.4.1　三通打磨编程与调试

通过机器人快换夹具抓取打磨模块“GetSharpener”，以及对工件的点位示教打磨工件，完成本任务中三通的打磨。

ABB120 工业机器人在打磨三通过程中，其运动轨迹规划分析见表 5-1。

表 5-1　三通打磨运动轨迹规划分析

程序点位	目标点	说明
1	GetSharpener	抓取打磨快换
2	pSandTemp	打磨过渡点
3	pSandingabove	打磨等待点
4	pSandInsideabove	三通内圈打磨准备点
5	pSandCircle11	内圈轨迹点 1
6	SetDO do5, 1;	打磨头旋转
7	pSandCircle12,pSandCircle13	内圈轨迹点 2，3
8	pSandCircle14, pSandCircle11	内圈轨迹点 4，1
9	SetDO do5,0;	打磨头停止旋转
10	pSandingabove	打磨返回点
11	pSandTemp	打磨返回过渡点
12	DownSharpener	放回打磨快换

编程操作步骤如下。

1. 工具数据的建立

针对机器人末端执行机构——小型电动打磨机，以四点法建立一个名为“Motor”的工具数据变量，如图 5.14 所示。具体步骤可参考项目 2.5.3。

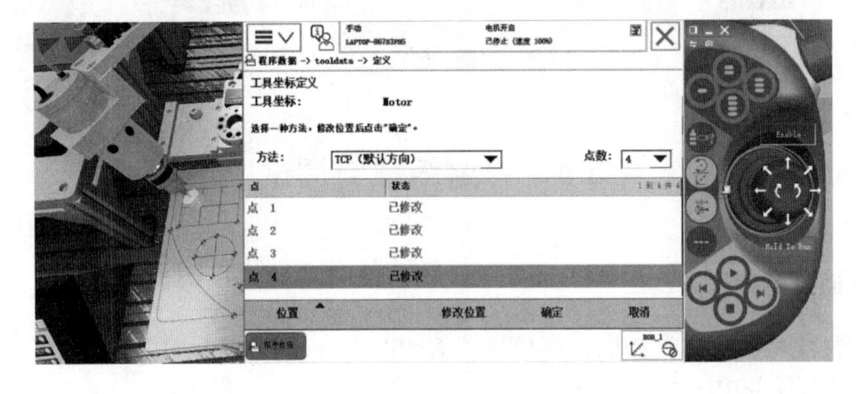

图　5.14

2. 工件坐标系的建立

在“手动操纵”窗口，设置“工具坐标”为“Motor”，以三点法新建一个名为“wobjSand”的工件坐标类型变量，如图 5.15 所示。具体步骤可参考项目 3.3.1。

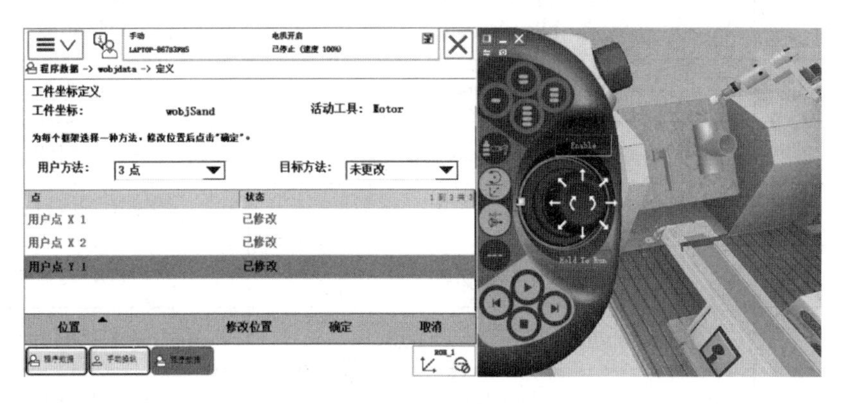

图　5.15

3. 程序编写

在完成前面的步骤后，ABB120 工业机器人将进行三通内圈打磨，完整的程序段如图 5.16 所示。

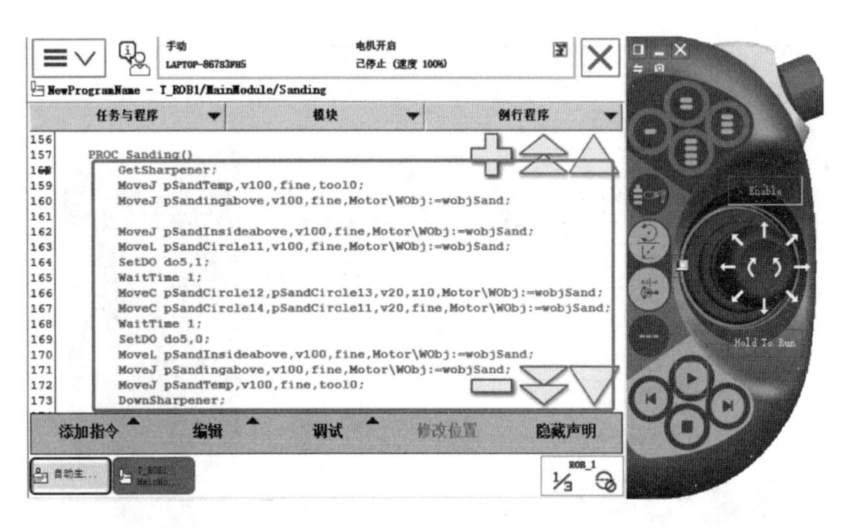

图　5.16

5.4.2　门把手打磨编程与调试

通过机器人快换夹具抓取打磨模块“GetSharpener”，以及对工件的点位示教打磨工件，完成本任务中门把手的打磨。

ABB120 工业机器人在打磨门把手过程中，其运动轨迹规划分析见表 5-2。

表 5-2 门把手打磨运动轨迹规划分析

程序点位	目标点	说明
1	GetSharpener	抓取打磨快换
2	pSandTemp	打磨过渡点
3	pSandingabove	打磨等待点
4	pSandhandleabove	门把手打磨准备点
5	pSandhandle1	门把手打磨目标点 1
6	SetDO do5,1;	打磨头旋转
7	pSandhandle2–pSandhandle14	门把手打磨目标点 2–14
8	SetDO do5,0;	打磨头停止旋转
9	pSandhandleabove	门把手上方返回点
10	pSandingabove	打磨返回点
11	pSandTemp	打磨返回过渡点
12	DownSharpener	放回打磨快换

ABB120 工业机器人进行门把手打磨的完整程序段如图 5.17 所示。

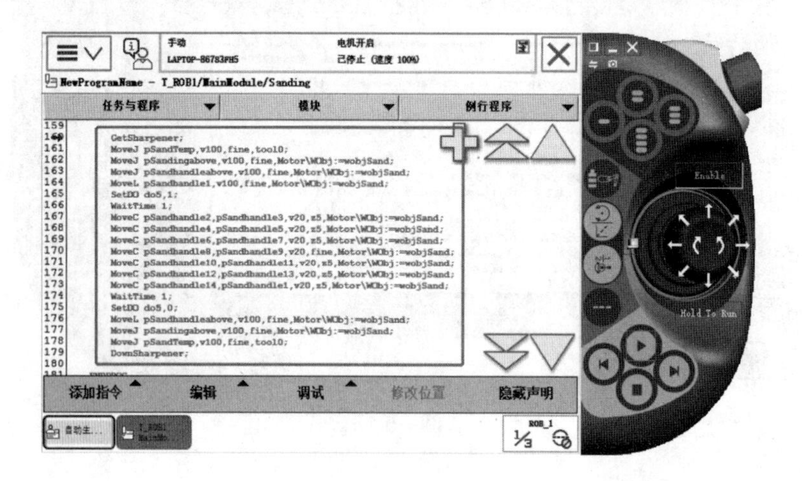

图 5.17

特别提示

在程序编写过程中需要使用不同工件坐标系和工具数据。

技能训练

利用带小型电动打磨机的 ABB120 工业机器人，完成图 5.18 所示的三通外圈的打磨加工。

提示：

（1）机器人路径轨迹分析。

（2）采用点位示教，编写三通外圈打磨的程序并进行调试。

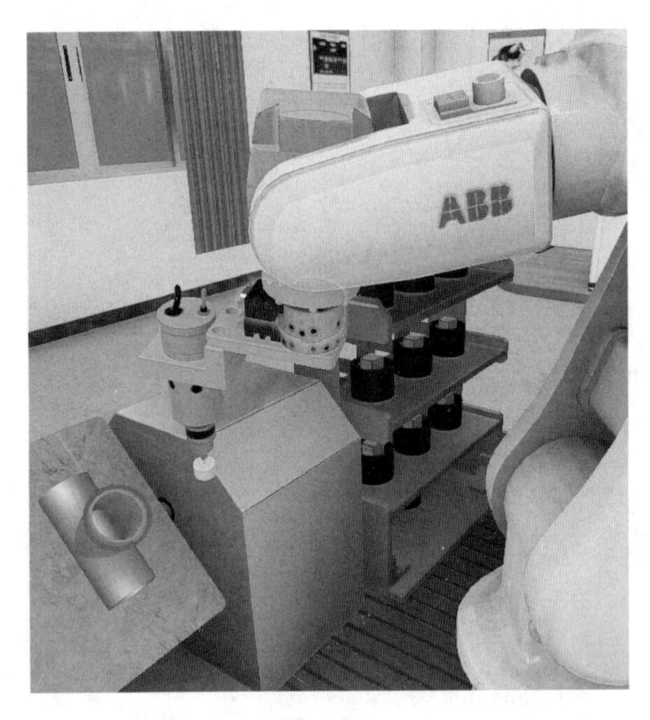

图　5.18

ABB120 工业机器人搬运操作

学习目标

- 掌握吸盘工作原理和搬运路径轨迹分析
- 掌握中断程序的运用方法
- 学会机器人 I/O 信号配置
- 学会示教器的吸盘工具拿取和存放编程与调试
- 学会物料搬运程序的编程与调试

思维导图

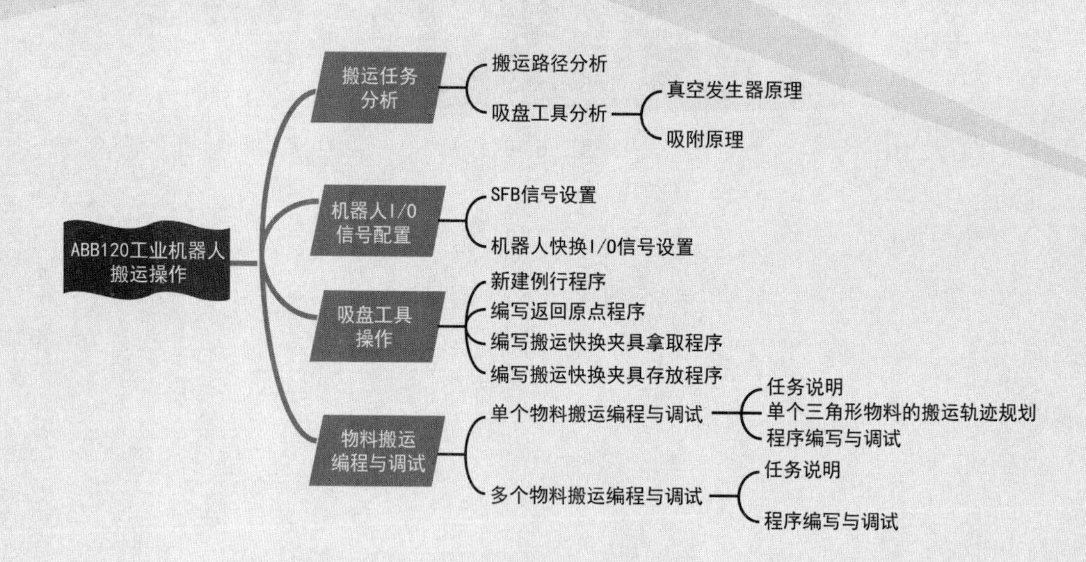

任务描述

搬运模块台面上右侧有 3 块正方形物料、3 块圆形物料和 3 块三角形物料，ABB120 工业机器人末端安装吸盘工具，将平台上 9 块物料依次搬运至左侧对应形状空位上。搬运模块台面如图 6.1 所示。

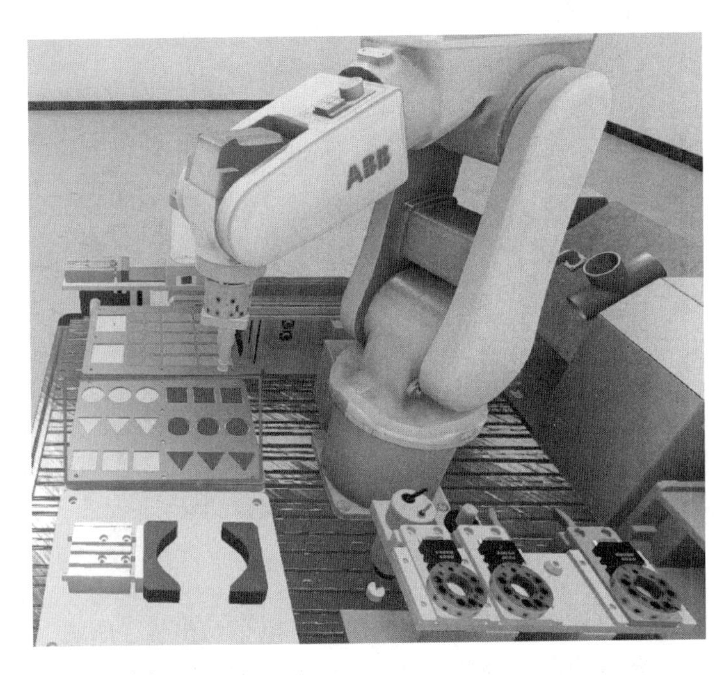

图　6.1

任务知识基础

6.1　搬运任务分析

6.1.1　搬运路径分析

利用 ABB120 工业机器人将搬运模块台面上的物料抓取放入对应空位处，以三角形物料为例，需要示教抓取点 1（pCarrying1）、抓取点 2（pCarrying2）、抓取点 3（pCarrying3）、摆放点 11（pCarrying11）、摆放点 12（pCarrying12）、摆放点 13（pCarrying13）。其他两种物料路径规划与三角形物料摆放相同，路径规划如图 6.2 所示。

6.1.2 吸盘工具分析

1. 真空发生器原理

真空发生器就是利用正压气源产生负压的一种新型、高效、清洁、经济、小型的真空元器件，这使得在有压缩空气的地方，或在一个气动系统中同时需要正负压的地方获得负压变得十分容易和方便。

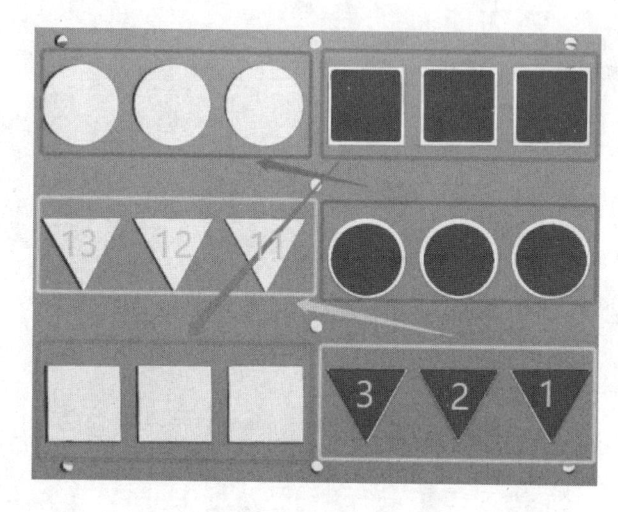

图 6.2

真空发生器广泛应用在工业自动化中的机械、电子、包装、印刷、塑料及机器人等领域。真空发生器的传统用途是吸盘配合，进行各种物料的吸附、搬运，尤其适用于吸附易碎、柔软、薄的非金属材料或球形物体。在这类应用中，其共同特点是所需抽气量小，真空度要求不高且为间歇工作。

真空发生器的工作原理是利用喷管高速喷射压缩空气，在喷管出口形成射流，产生卷吸流动，在卷吸作用下，喷管出口周围的空气不断地被抽吸走，使吸附腔内的压力降至大气压以下，形成一定真空度。真空发生器如图 6.3 所示。

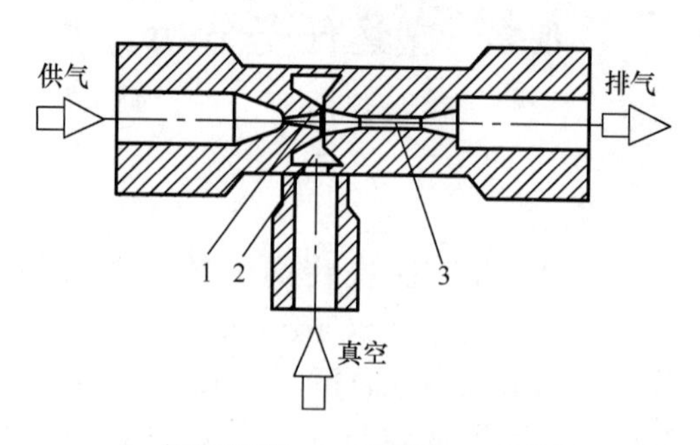

1—拉瓦尔喷管；2—吸附腔；3—接收管

图 6.3

2. 吸附原理

真空吸附是一项非常易于掌握的传送技术，利用真空吸附技术进行调节、控制和监控，可以有效地提高工件、零部件在自动化、半自动化生产中的效率。另外，真空吸附具有清洁、吸附平稳、可靠，不损坏所吸附物件表面的优点，因此真空吸附技术在各个领域都得到了广泛的应用。

真空吸附装置的执行元件常采用真空吸盘，又称真空吊具，如图 6.4 所示。真空吸盘采用了真空原理，即用真空负压来“吸附”工件以达到夹持工件的目的。真空吸盘的通气口与真空发生装置相接，当真空发生装置启动后，通气口通气，吸盘内部的空气被抽走，形成了压力为 P_2 的真空状态，此时，吸盘内部的空气压力低于吸盘外部的大气压力 P_1，即 $P_2 < P_1$，工件在外部压力的作用下被吸起。吸盘内部的真空度越高，吸盘与工件之间贴得越紧。

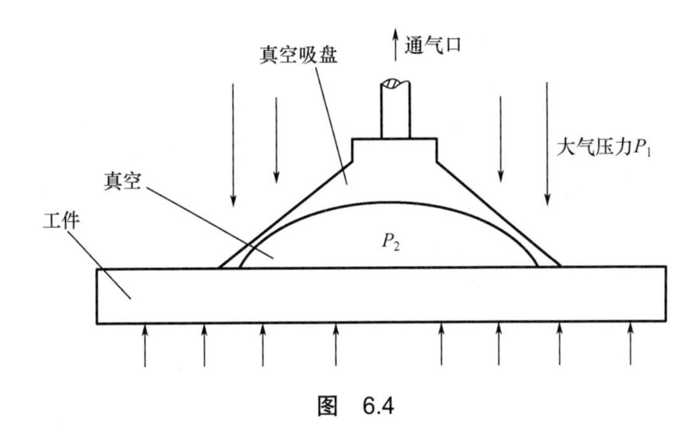

图 6.4

该任务中，将真空吸盘信号源接到机器人输出地址 4 上，通过配置数字输出信号来控制真空吸盘的关闭和打开，输出端口设置为 1 时吸盘打开，设置为 0 时吸盘关闭。

6.2 机器人 I/O 信号配置

6.2.1 SFB 信号设置

（1）打开 SFB 项目工程文件和虚拟示教器，完成 ABB120 工业机器人和示教器的通信连接。具体步骤可参考项目 2.3.1。

（2）在项目 4.2 的基础上，将信号模型中的“1+X 吸盘 [224]”拖动到信号连接图中，并将 ABB_Robot 的输出信号“do4”连接到吸盘的“控制”端，将吸盘的“吸附状态”端连接到 ABB_Robot 的输入信号“di4”，如图 6.5 所示。

6.2.2 机器人快换 I/O 信号设置

（1）已知快换信号源接到机器人输出地址 3 上，则根据项目 3.5 I/O 编程操作需配

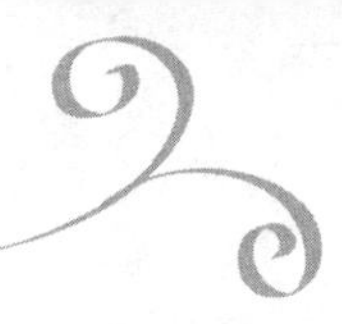

置一个映射地址为 3 的 do3 信号，如图 6.6 所示。

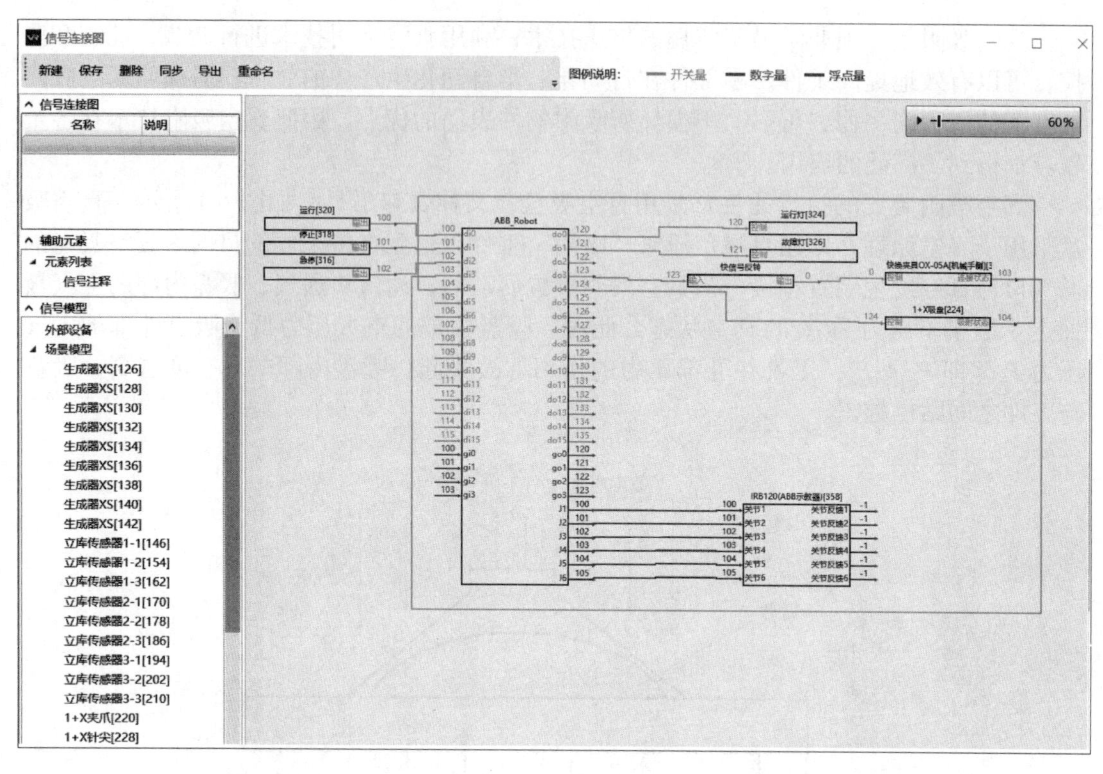

图 6.5

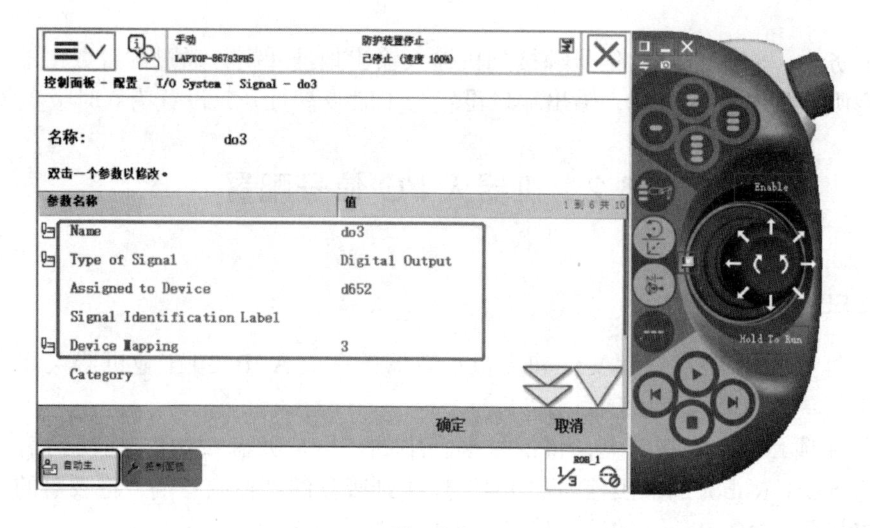

图 6.6

（2）已知吸盘控制端信号接到机器人输出地址 4 上，则需要配置一个映射地址为 4 的 do4 信号，如图 6.7 所示。

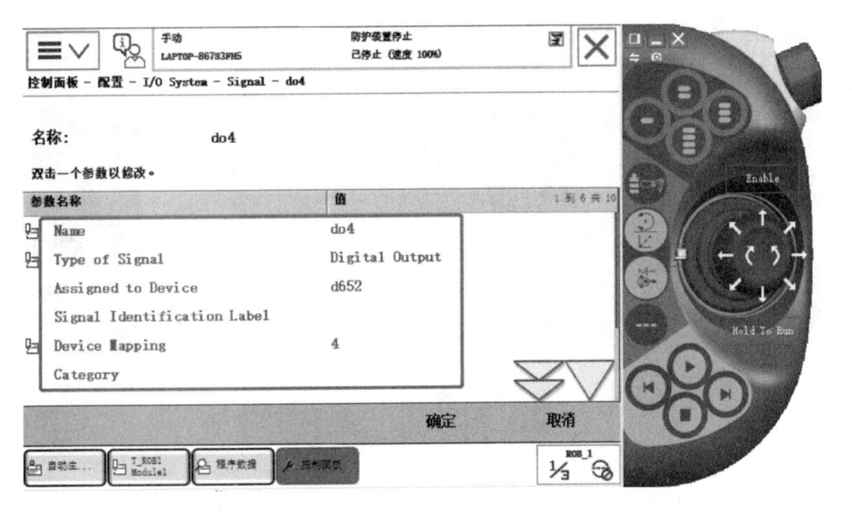

图 6.7

（3）已知吸盘吸附状态端信号接到机器人输入地址 4 上，则需要配置一个映射地址为 4 的 di4 信号，如图 6.8 所示。

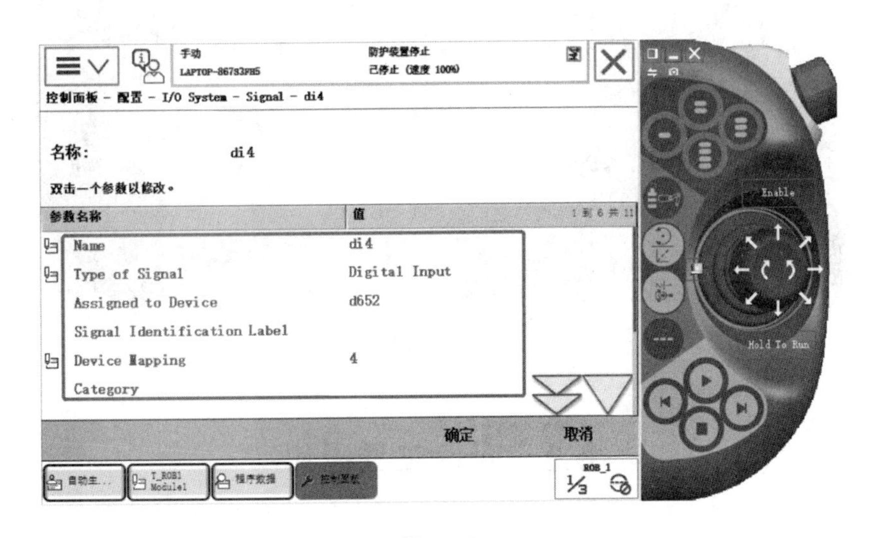

图 6.8

完成以上操作后，当 ABB_Robot 输出信号 do4=1 时，吸盘可吸附物料，完成吸附动作后，di4=1；反之，当 do4=0 时，吸盘放开物料，di4=0。

（4）点亮示教器使能键，打开示教器手动测试信号界面，do3 置 1 后手动操作将机器人移动至吸盘快换装置处，再将 do3 置 0 观察此时子盘是否吸附到母盘上，如图 6.9 所示。若是，则信号设置准确。

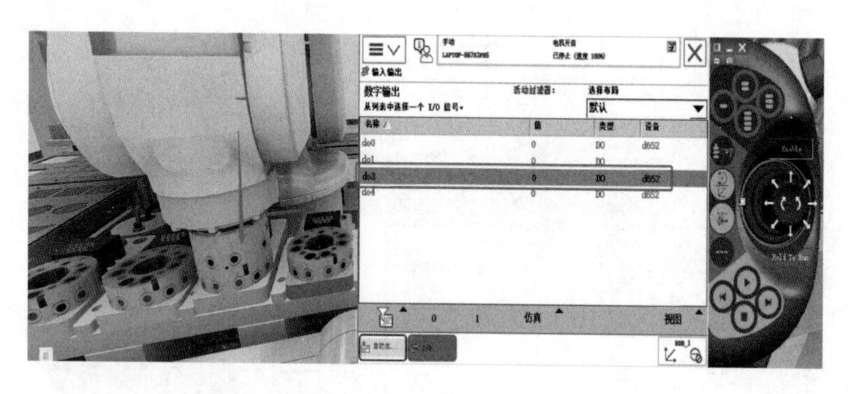

图 6.9

（5）手动操作将机器人移动至搬运平台某一物料处，将 do4 置 1 后抬高机械手臂，观察物料是否随吸盘离开平台，如是，则吸附成功；再将 do4 置 0 观察吸盘是否放开物料，若是，则放开成功，如图 6.10 所示。

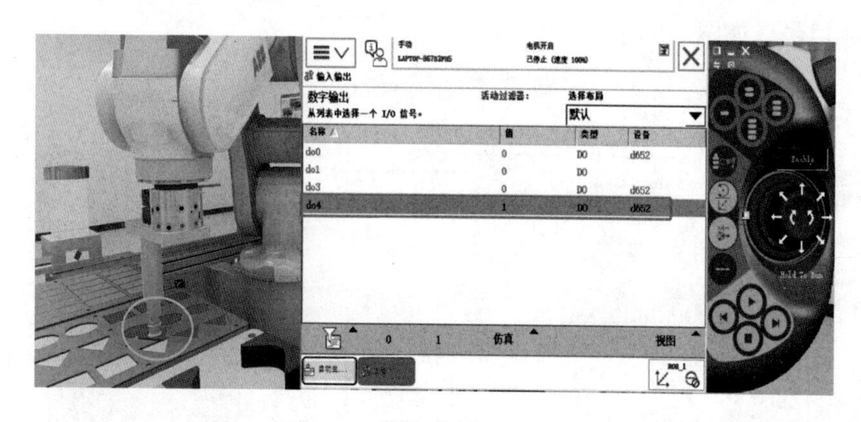

图 6.10

6.3 吸盘工具操作

6.3.1 新建例行程序

新建 4 个例行程序，分别为“rHome”“GetSucker”“DownSucker”“carrying”，如图 6.11 所示。其中，rHome 为 ABB120 工业机器人返回原点程序，GetSucker 为搬运快换夹具拿取程序，DownSucker 为搬运快换夹具存放程序，carrying 则为机器人搬运程序。

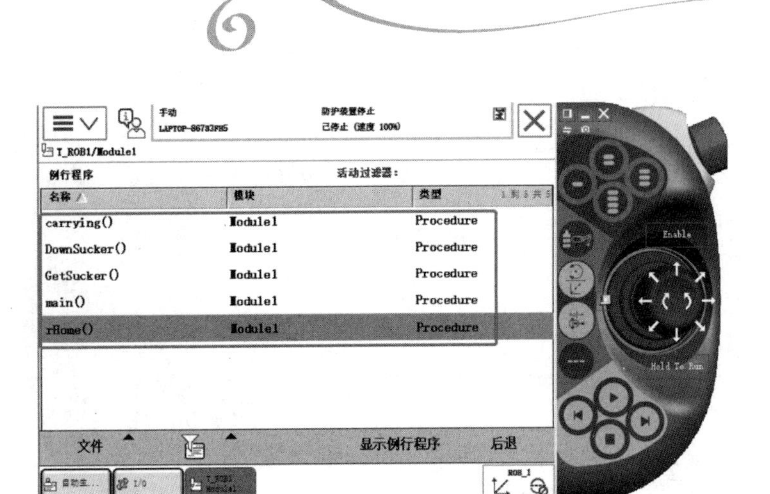

图　6.11

6.3.2　编写返回原点程序

双击打开“rHome”例行程序，手动操作将机器人移动到一个合适原点位置，添加一个“MoveAbsJ”指令，如图 6.12 所示。

6.3.3　编写搬运快换夹具拿取程序

和项目 4.3 中的机器人拿取写字工具程序相同，这里搬运快换夹具拿取程序(GetSucker)不再做详细说明，完整的程序段如图 6.13 所示。其中，above 为在快换夹具模块正上方 *Z* 方向约 500mm，pstuck 为快换夹具模块拾取点。

6.3.4　编写搬运快换夹具存放程序

和项目 4.3 中的机器人存放写字工具程序相同，这里搬运快换夹具存放程序(DownSucker)不再做详细说明，完整的程序段如图 6.14 所示。

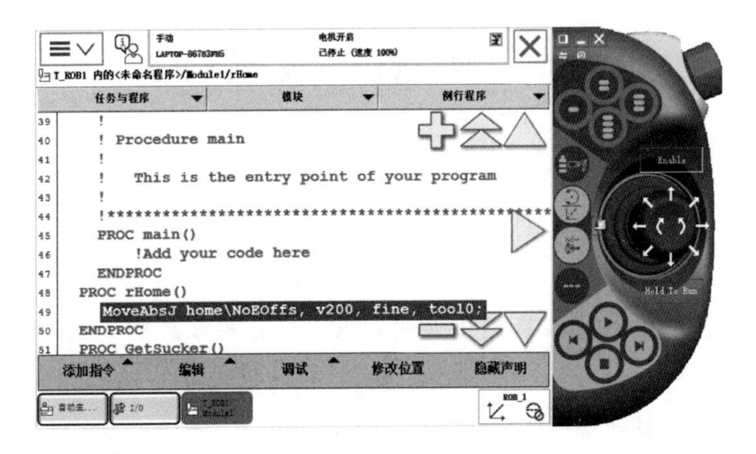

图　6.12

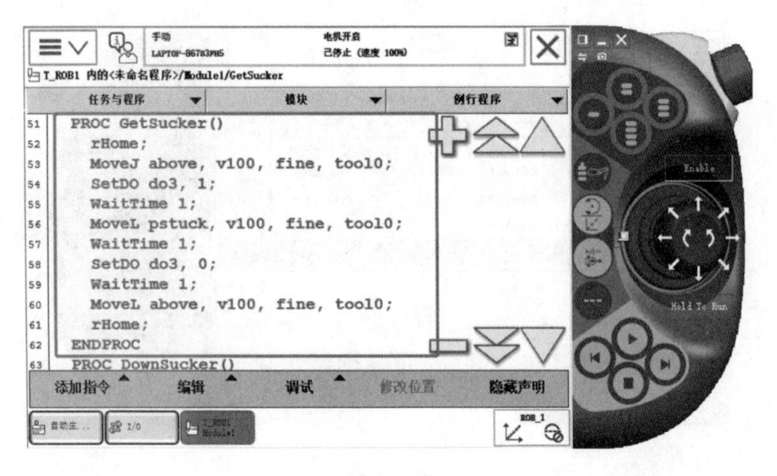

图 6.13

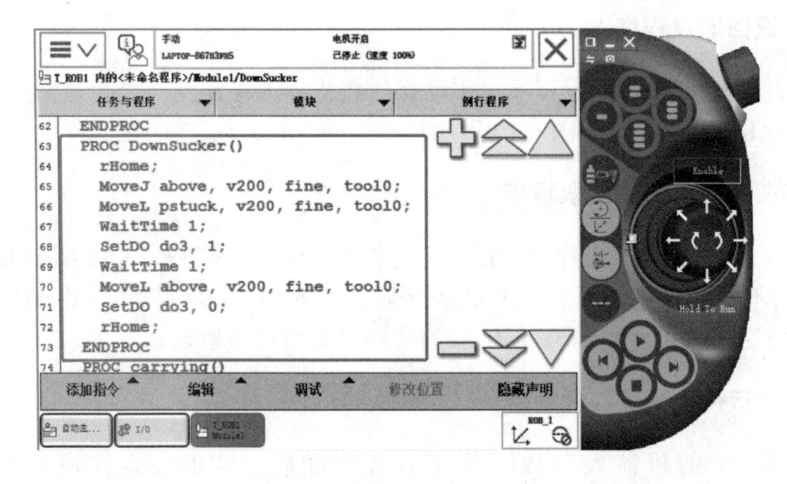

图 6.14

6.4 物料搬运编程与调试

6.4.1 单个物料搬运编程与调试

1. 任务说明

如图 6.15 所示，利用 ABB120 工业机器人将搬运模块台面上的一个三角形物料，搬运至对应空位上。

2. 单个三角形物料的搬运轨迹规划

将三角形物料抓取放入空位处，路径规划中需要示教抓取点 1、抓取点 2、抓取点

3、摆放点 4，如图 6.16 所示。

3. 程序编写与调试

（1）建立工具数据，针对机器人末端执行机构——吸盘，以四点法建立一个名为“wobjcarry”的工具数据变量，如图 6.17 所示。具体步骤可参考项目 2.5.3。

（2）编写搬运程序（carrying），在搬运程序开头调用“GetSucker”，如图 6.18 所示。

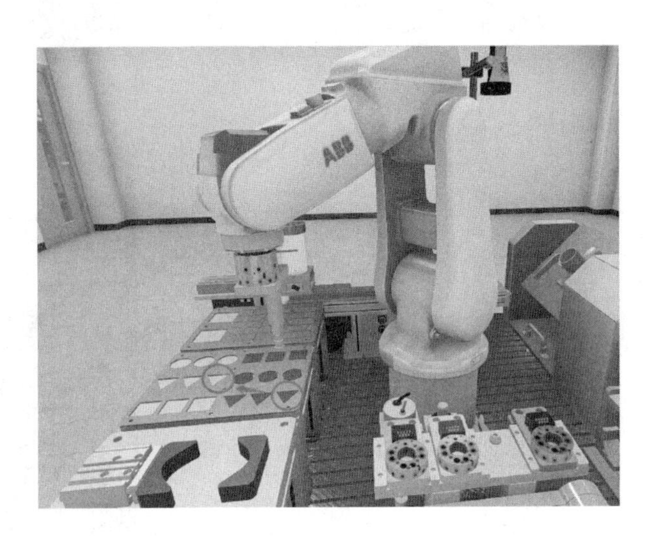

图　6.15

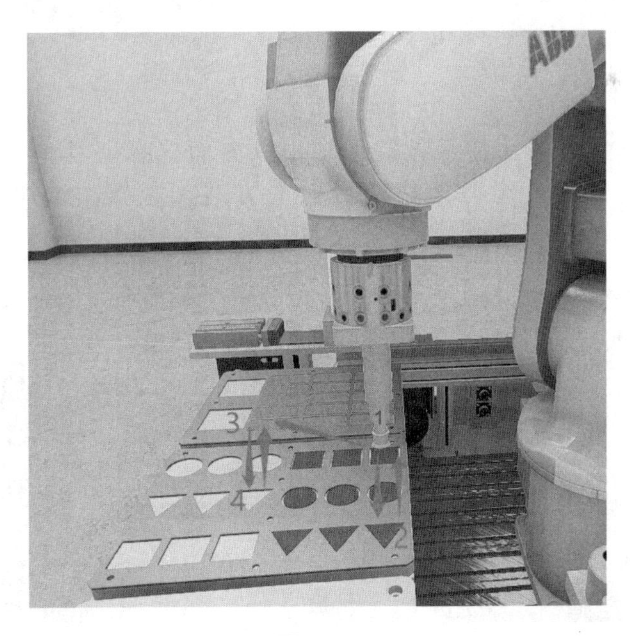

图　6.16

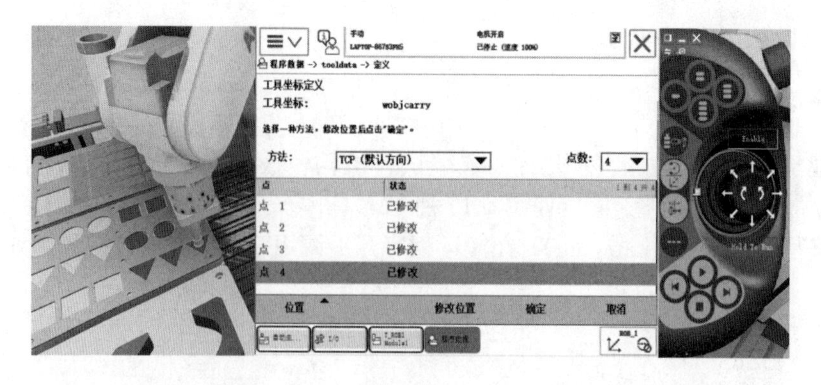

图 6.17

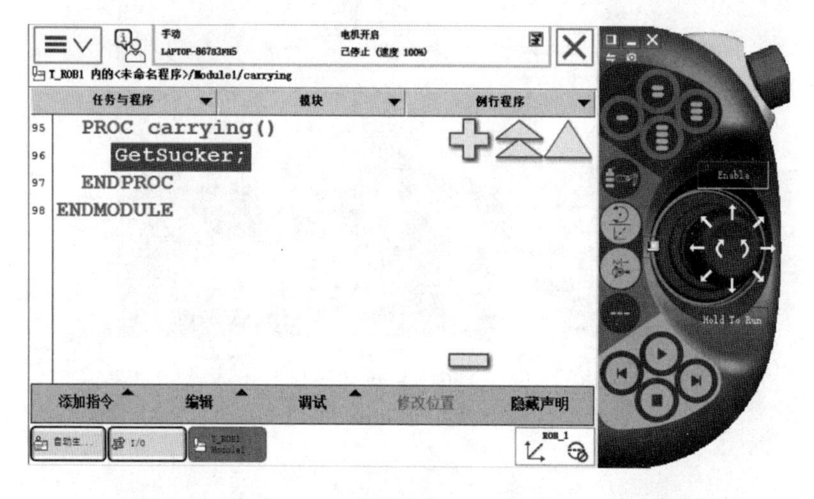

图 6.18

（3）装配吸盘工具后，在示教器手动操纵界面选择工具坐标为“wobjcarry”，移动ABB120工业机器人至搬运模块台面上方适当位置，添加指令准备搬运点(carryingabove)，如图6.19所示。

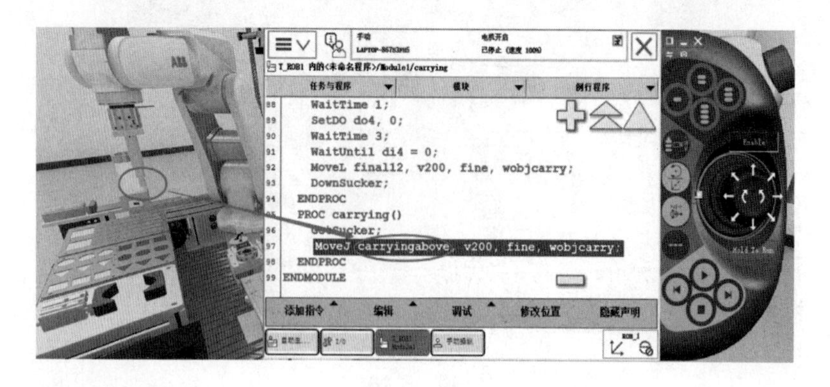

图 6.19

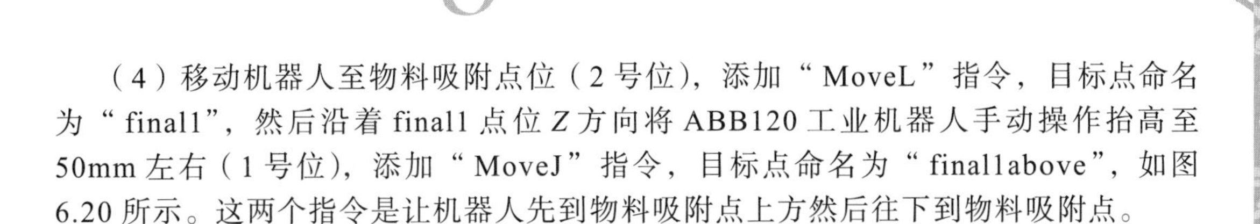

（4）移动机器人至物料吸附点位（2 号位），添加“MoveL”指令，目标点命名为“final1”，然后沿着 final1 点位 Z 方向将 ABB120 工业机器人手动操作抬高至 50mm 左右（1 号位），添加“MoveJ”指令，目标点命名为“final1above”，如图 6.20 所示。这两个指令是让机器人先到物料吸附点上方然后往下到物料吸附点。

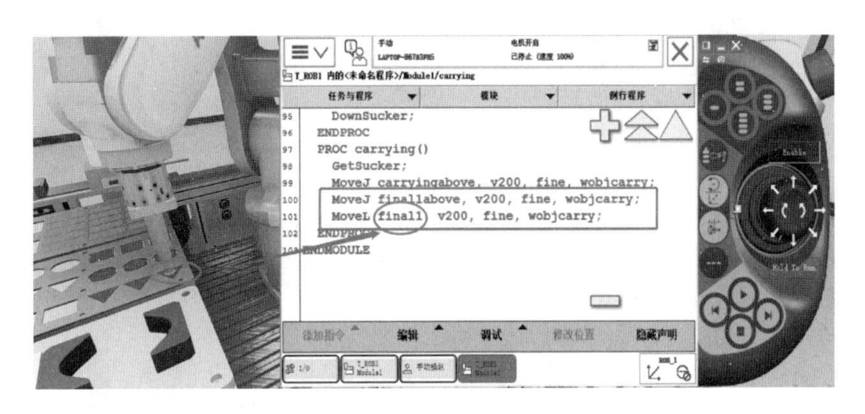

图　6.20

（5）添加等待时间 1s、输出信号 do4、等待时间 1s 及吸盘信号 di4 反馈指令。然后手动输出 do4=1 信号，抬高机器人至 1 号位，检查吸盘与物料吸附情况（如没有吸附，可适当调整吸附点位置），如图 6.21 所示。

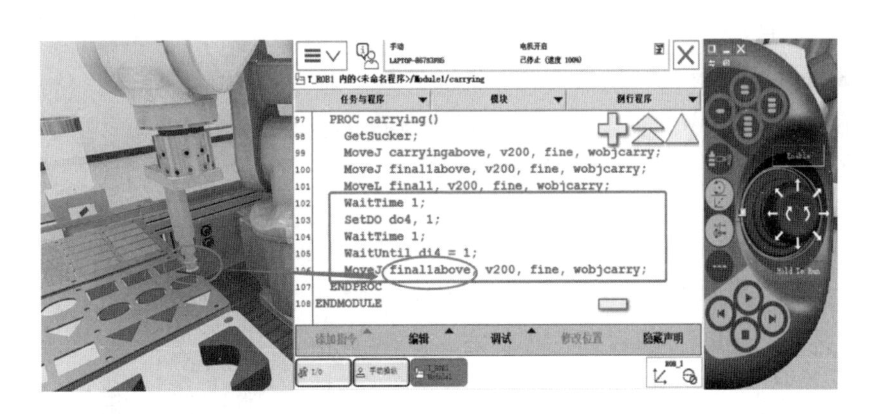

图　6.21

（6）移动机器人至物料摆放位置（4 号位），添加“MoveL（final2）”指令。在 final2 上方添加 final2above 点位（final2above 在 final2 上方 50mm），程序段如图 6.22 所示，这两个指令是让机器人先到物料摆放点上方然后往下到物料摆放点。

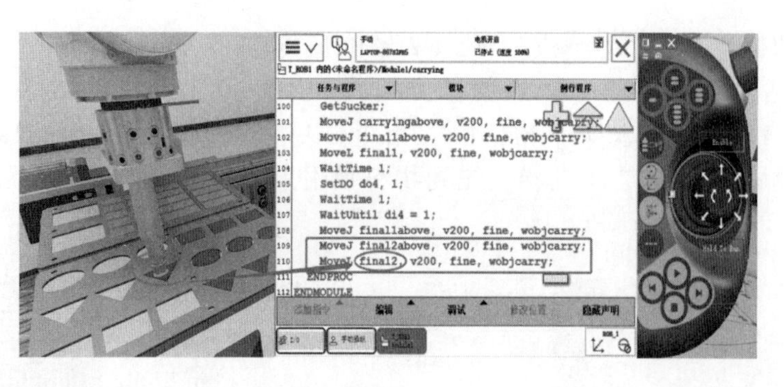

图 6.22

（7）添加等待时间 1s，输出信号 do4，等待时间 1s 及吸盘负压信号反馈指令。手动输出 do4=0 信号，抬高机器人至 3 号位，检查吸盘与物料吸附情况（如没有吸附，则物体摆放完毕），如图 6.23 所示。

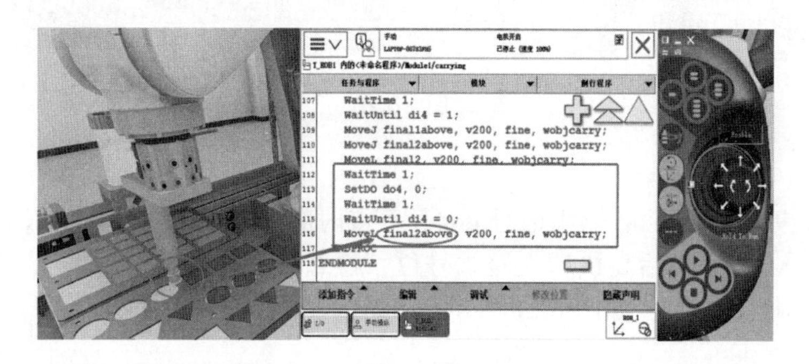

图 6.23

（8）将快换模块复位，机器人移至原点位置，指令如图 6.24 所示。然后进行程序的单步调试，保证程序的正确性，最后进行程序的自动运行，PP 指针切换到 carrying 程序后即可启动运行，同时观察程序的运行情况。

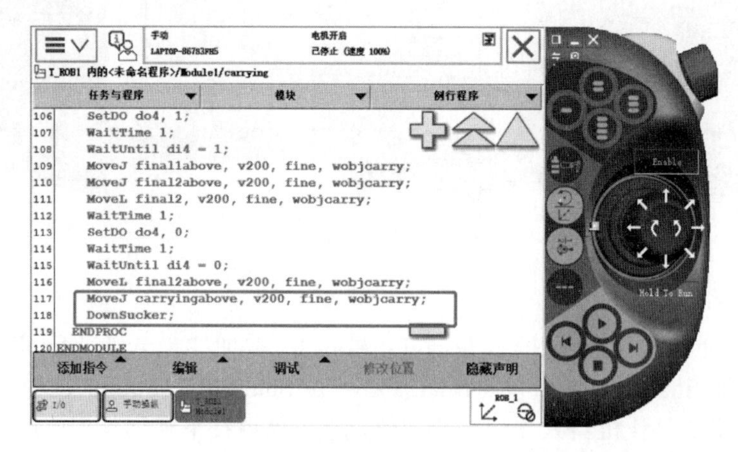

图 6.24

6.4.2　多个物料搬运编程与调试

1. 任务说明

在单个物料成功搬运的基础上，下面我们需要通过 ABB120 工业机器人完成 9 个物料的搬运，顺序依次为三角形、圆形和正方形，如图 6.25 所示。

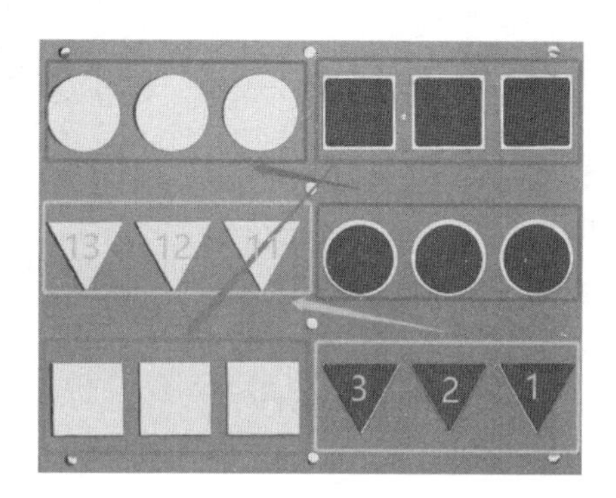

图　6.25

2. 程序编写与调试

选中 MainModule 新建 5 个例行程序，分别为“rHome”“init”“GetSucker”“DownSucker”“Carrying”，如图 6.26 所示。

手动　LAPTOP-86783PH5　电机开启　已停止（速度 100%）

T_ROB1/MainModule

例行程序　活动过滤器：

名称	模块	类型
Carrying()	MainModule	Procedure
DownSucker()	MainModule	Procedure
GetSucker()	MainModule	Procedure
init()	MainModule	Procedure
main()	MainModule	Procedure
rHome()	MainModule	Procedure
tEmergencyStop	MainModule	Trap
tStart	MainModule	Trap

文件　显示例行程序　后退

图　6.26

MainModule 中还包含 5 个中断程序，分别为“tEmergencyStop”“tStart”“tStop”“tUnWarning1”“tWarning1”，如图 6.27 所示。

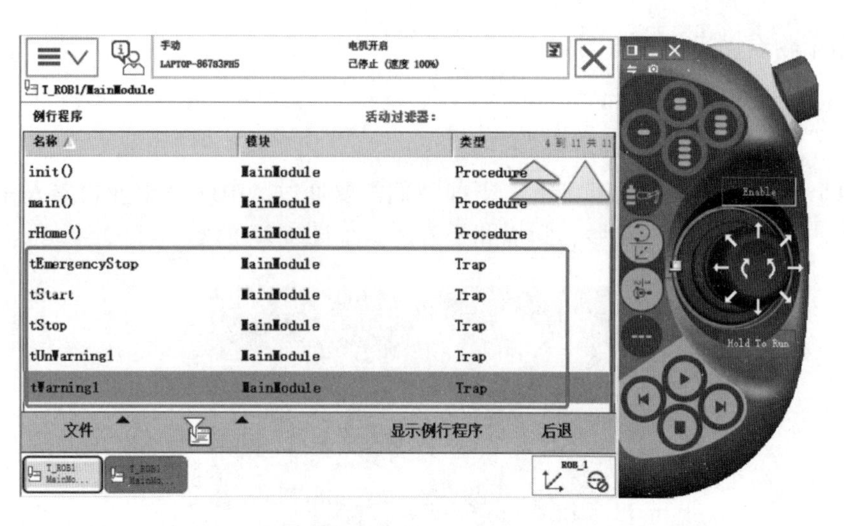

图 6.27

完整的程序段如下。

```
MODULE MainModule
    CONST jointtarget jpos0:=[[0,0,0,0,90,0],[9E+09,9E+09,9E
    +09,9E+09,9E+09,9E+09]];
    CONST robtarget pahome: =[[302.00,0.00,558.00],
    [0,0,1,0],[0,0,0,0],[9E+09,9E+09,9E+09,9E+09,9E+09,
    9E+09]];
    CONST robtarget pSuckerabove: =[[335.11,27.58,390.14],
    [0.000781093,-0.707274,-0.706932,0.0031036],
    [0,-1,1,0],[9E+9,9E+9,9E+9,9E+9,9E+9,9E+9]];
    CONST robtarget pSucker: =[[335.11,27.58,248.94],
    [0.000781395,-0.707274,-0.706933,0.00310397],[0,-1,1,0],
    [9E+9,9E+9,9E+9,9E+9,9E+9,9E+9]];

    !CAYYR
    CONST robtarget pCarryingabove: =[[-0.02,-302.00,
    557.98],[0,0,-1,0],[-2,-1,0,0],[9E+09,9E+09,9E+09,9E+09,
    9E+09,9E+09]];

    CONST robtarget pCarryTriangle11: =[[-42.20,222.07,
    30.00],[0,0,1,0],[-1,0,-1,0],[9E+9,9E+9,9E+9,9E+9,9E+9,
    9E+9]];
    CONST robtarget pCarryTriangle12: =[[-42.20,222.04,1],
    [0,0,-1,0],[-1,0,-1,0],[9E+09,9E+09,9E+09,9E+09,9E+09,
```

```
9E+09]];
CONST robtarget pCarryTriangle13: =[[-106,98,30],
[0,0,-1,0],[-1,0,-1,0],[9E+09,9E+09,9E+09,9E+09,9E+09,
9E+09]];
CONST robtarget pCarryTriangle14: =[[-106,98,1],
[0,0,-1,0],[-1,0,-1,0],[9E+09,9E+09,9E+09,9E+09,9E+09,
9E+09]];
CONST robtarget pCarryTriangle21: =[[-42.37,182.05,30],
[0,0,-1,0],[-1,0,-1,0],[9E+09,9E+09,9E+09,9E+09,9E+09,
9E+09]];
CONST robtarget pCarryTriangle22: =[[-42.37,182.05,1],
[0,0,-1,0],[-1,0,-1,0],[9E+09,9E+09,9E+09,9E+09,9E+09,
9E+09]];
CONST robtarget pCarryTriangle23: =[[-106,58,30],
[0,0,-1,0],[-1,0,-1,0],[9E+09,9E+09,9E+09,9E+09,9E+09,
9E+09]];
CONST robtarget pCarryTriangle24: =[[-106,58,1],
[0,0,-1,0],[-1,0,-1,0],[9E+09,9E+09,9E+09,9E+09,9E+09,
9E+09]];
CONST robtarget pCarryTriangle31: =[[-42.64,141.93,30],
[0,0,-1,0],[-1,0,-1,0],[9E+09,9E+09,9E+09,9E+09,9E+09,
9E+09]];
CONST robtarget pCarryTriangle32: =[[-42.63,141.93,1],
[0,0,-1,0],[-1,0,-1,0],[9E+09,9E+09,9E+09,9E+09,9E+09,
9E+09]];
CONST robtarget pCarryTriangle33: =[[-106,18,30],
[0,0,-1,0],[-1,0,-1,0],[9E+09,9E+09,9E+09,9E+09,9E+09,
9E+09]];
CONST robtarget pCarryTriangle34: =[[-106,18,1],
[0,0,-1,0],[-1,0,-1,0],[9E+09,9E+09,9E+09,9E+09,9E+09,
9E+09]];
CONST robtarget pCarryCircle11: =[[-99.44,221.04,30],
[0,0,-1,0],[-1,0,-1,0],[9E+09,9E+09,9E+09,9E+09,9E+09,
9E+09]];
CONST robtarget pCarryCircle12: =[[-99.44,221.04,1],
[0,0,-1,0],[-1,0,-1,0],[9E+09,9E+09,9E+09,9E+09,9E+09,
9E+09]];
CONST robtarget pCarryCircle13: =[[-164.08,96.96,30],
```

```
[0,0,-1,0],[-1,0,-1,0],[9E+09,9E+09,9E+09,9E+09,9E+09,
9E+09]];
CONST robtarget pCarryCircle14: =[[-164.07,96.96,1],
[0,0,-1,0],[-1,0,-1,0],[9E+09,9E+09,9E+09,9E+09,9E+09,
9E+09]];
CONST robtarget pCarryCircle21: =[[-99.76,181.05,30],
[0,0,-1,0],[-1,0,-1,0],[9E+09,9E+09,9E+09,9E+09,9E+09,
9E+09]];
CONST robtarget pCarryCircle22: =[[-99.76,181.05,1],
[0,0,-1,0],[-1,0,-1,0],[9E+09,9E+09,9E+09,9E+09,9E+09,
9E+09]];
CONST robtarget pCarryCircle23: =[[-164.29,56.89,30],
[0,0,-1,0],[-1,0,-1,0],[9E+09,9E+09,9E+09,9E+09,9E+09,
9E+09]];
CONST robtarget pCarryCircle24: =[[-164.29,56.89,1],
[0,0,-1,0],[-1,0,-1,0],[9E+09,9E+09,9E+09,9E+09,9E+09,
9E+09]];
CONST robtarget pCarryCircle31: =[[-99.47,141,30],
[0,0,-1,0],[-1,0,-1,0],[9E+09,9E+09,9E+09,9E+09,9E+09,
9E+09]];
CONST robtarget pCarryCircle32: =[[-99.47,141,1],
[0,0,-1,0],[-1,0,-1,0],[9E+09,9E+09,9E+09,9E+09,9E+09,
9E+09]];
CONST robtarget pCarryCircle33: =[[-164.51,16.98,30],
[0,0,-1,0],[-1,0,-1,0],[9E+09,9E+09,9E+09,9E+09,9E+09,
9E+09]];
CONST robtarget pCarryCircle34:=[[-164.51,16.98,1],
[0,0,-1,0],[-1,0,-1,0],[9E+09,9E+09,9E+09,9E+09,9E+09,
9E+09]];
CONST robtarget pCarryRectangle11: =[[-164.53,
221.04,30],[0,0,-1,0],[-1,0,-1,0],[9E+09,9E+09,9E+09,9E+
09,9E+09,9E+09]];
CONST robtarget pCarryRectangle12: =[[-164.53,221.04,1],
[0,0,-1,0],[-1,0,-1,0],[9E+09,9E+09,9E+09,9E+09,9E+09,
9E+09]];
CONST robtarget pCarryRectangle13: =[[-37.63,96.96,30],
[0,0,-1,0],[-1,0,-1,0],[9E+09,9E+09,9E+09,9E+09,9E+09,
9E+09]];
```

```
CONST robtarget pCarryRectangle14: =[[-37.63,96.96,1],
[0,0,-1,0],[-1,0,-1,0],[9E+09,9E+09,9E+09,9E+09,9E+09,
9E+09]];
CONST robtarget pCarryRectangle21: =[[-164.53,
181.05,30],[0,0,-1,0],[-1,0,-1,0],[9E+09,9E+09,9E+09,9E+
09,9E+09,9E+09]];
CONST robtarget pCarryRectangle22: =[[-164.52,181.05,1],
[0,0,-1,0],[-1,0,-1,0],[9E+09,9E+09,9E+09,9E+09,9E+09,
9E+09]];
CONST robtarget pCarryRectangle23: =[[-37.28,56.89,30],
[0,0,-1,0],[-1,0,-1,0],[9E+09,9E+09,9E+09,9E+09,9E+09,
9E+09]];
CONST robtarget pCarryRectangle24: =[[-37.28,56.89,1],
[0,0,-1,0],[-1,0,-1,0],[9E+09,9E+09,9E+09,9E+09,9E+09,
9E+09]];
CONST robtarget pCarryRectangle31: =[[-164.55,141,30],
[0,0,-1,0],[-1,0,-1,0],[9E+09,9E+09,9E+09,9E+09,9E+09,
9E+09]];
CONST robtarget pCarryRectangle32: =[[-164.55,141,1],
[0,0,-1,0],[-1,0,-1,0],[9E+09,9E+09,9E+09,9E+09,9E+09,
9E+09]];
CONST robtarget pCarryRectangle33: =[[-37.94,16.98,30],
[0,0,-1,0],[-1,0,-1,0],[9E+09,9E+09,9E+09,9E+09,9E+09,
9E+09]];
CONST robtarget pCarryRectangle34: =[[-37.94,16.98,1],
[0,0,-1,0],[-1,0,-1,0],[9E+09,9E+09,9E+09,9E+09,9E+09,
9E+09]];

TASK PERS tooldata TCP: =[TRUE,[[-0.0276716,
-96.0853,154.697],[1,0,0,0]],[1,[0,0.001,0],[1,0,0,0],0
,0,0]];
TASK PERS tooldata Sucker: =[TRUE,[[0.279806,
-65.5701,155.543],[1,0,0,0]],[0.001,[0,0,0.001],[1,0,0,0
],0,0,0]];
TASK PERS tooldata Motor: =[TRUE,[[0,-100,206.5],
[1,0,0,0]],[0.001,[0,0,0.001],[1,0,0,0],0,0,0]];

TASK PERS wobjdata wobjPath: =[FALSE,TRUE,"",[[540.025,
```

```
-100.549,184.665],[1,0,0,0]],[[0,0,0],[1,0,0,0]]];
TASK PERS wobjdata wobjPathTriangles1: =[FALSE,TRUE,
"",[[535.703,-9.773,184.352],[0.503156,4.07515E-6,
2.4372E-7,0.864196]],[[0,0,0],[1,0,0,0]]];
TASK PERS wobjdata wobjPathTriangles2: =[FALSE,TRUE,
"",[[530.807,37.7285,184.352],[0.707107,-3.55236E-6,
-3.55235E-6,0.707106]],[[0,0,0],[1,0,0,0]]];
TASK PERS wobjdata wobjCarry: =[FALSE,TRUE,"",[[180,-480,
182],[1,0,0,0]],[[0,0,0],[1,0,0,0]]];
TASK PERS wobjdata wobjPalletizing: =[FALSE,TRUE,"",
[[-30,-480,182],[1,0,0,0]],[[0,0,0],[1,0,0,0]]];
TASK PERS wobjdata wobjSand: =[FALSE,TRUE,"",
[[-205.069,339.693,133.23],[0.924,0.383,0,0]],
[[0,0,0],[1,0,0,0]]];

VAR bool bStart:=FALSE;
VAR bool bStop:=FALSE;
VAR bool bEmergencyStop:=FALSE;
VAR bool bGripper:=FALSE;

VAR intnum iStart;
VAR intnum iStop;
VAR intnum iEmergencyStop;
VAR intnum iGripper;
VAR intnum iWarning1;
VAR intnum iUnWarning1;

VAR num nFlag:=0;
VAR num take_dx:=0;
VAR num take_dy:=0;
VAR num put_dx:=0;
VAR num put_dy:=0;
VAR num put_dz:=0;

PROC main()
    init;
    WaitUntil bStart=TRUE;
    SetDO do0,1;
```

```
        Carrying;!??
        SetDO do0,0;
    ENDPROC

    PROC rHome()
        MoveAbsJ jpos0\NoEOffs,v100,fine,tool0;
    ENDPROC

    PROC init()
        SetDO do0,0;
        SetDO do1,0;
        SetDO do2,0;
        SetDO do3,0;
        SetDO do4,0;
        SetDO do5,0;
        SetDO do6,0;
        SetDO do7,0;
        SetDO do8,0;
        SetDO do9,0;
        SetDO do10,0;
        SetDO do11,0;
        SetDO do12,0;
        SetDO do13,0;
        SetDO do14,0;
        SetDO do15,0;
        IDelete iStart;
        CONNECT iStart WITH tStart;
        ISignalDI di0,1,iStart;

        IDelete iStop;
        CONNECT iStop WITH tStop;
        ISignalDI di1,1,iStop;

        IDelete iEmergencyStop;
        CONNECT iEmergencyStop WITH tEmergencyStop;
        ISignalDI di2,1,iEmergencyStop;

        IDelete iWarning1;
```

```
    CONNECT iWarning1 WITH tWarning1;
    ISignalDI di11,1,iWarning1;

    IDelete iUnWarning1;
    CONNECT iUnWarning1 WITH tUnWarning1;
    ISignalDI di10,0,iUnWarning1;

    rHome;
ENDPROC

PROC GetSucker()
    rHome;
    MoveJ pSuckerabove,v100,fine,tool0;
    SetDO do3,1;
    WaitTime 1;
    MoveL pSucker,v100,fine,tool0;
    WaitTime 1;
    SetDO do3,0;
    WaitTime 1;
    MoveL pSuckerabove,v100,fine,tool0;
    rHome;
ENDPROC

PROC DownSucker()
    rHome;
    MoveJ pSuckerabove,v100,fine,tool0;
    MoveL pSucker,v100,fine,tool0;
    WaitTime 1;
    SetDO do3,1;
    WaitTime 1;
    MoveL pSuckerabove,v100,fine,tool0;
    SetDO do3,0;
    rHome;
ENDPROC


PROC Carrying()
```

```
GetSucker;
MoveJ pCarryingabove,v100,fine,tool0;

MoveJ pCarryTriangle11,v50,fine,Sucker\
WObj:=wobjCarry;
MoveL pCarryTriangle12,v50,fine,Sucker\
WObj:=wobjCarry;
WaitTime 1;
SetDO do4,1;
WaitTime 1;
WaitUntil di4=1;
MoveL pCarryTriangle11,v50,fine,Sucker\
WObj:=wobjCarry;
MoveJ pCarryTriangle13,v50,fine,Sucker\
WObj:=wobjCarry;
MoveL pCarryTriangle14,v50,fine,Sucker\
WObj:=wobjCarry;
WaitTime 1;
SetDO do4,0;
WaitTime 3;
WaitUntil di4=0;
MoveL pCarryTriangle13,v50,fine,Sucker\
WObj:=wobjCarry;
MoveJ pCarryTriangle21,v50,fine,Sucker\
WObj:=wobjCarry;
MoveL pCarryTriangle22,v50,fine,Sucker\
WObj:=wobjCarry;
WaitTime 1;
SetDO do4,1;
WaitTime 1;
WaitUntil di4=1;
MoveL pCarryTriangle21,v50,fine,Sucker\
WObj:=wobjCarry;
MoveJ pCarryTriangle23,v50,fine,Sucker\
WObj:=wobjCarry;
MoveL pCarryTriangle24,v50,fine,Sucker\
WObj:=wobjCarry;
WaitTime 1;
```

```
SetDO do4,0;
WaitTime 3;
WaitUntil di4=0;
MoveL pCarryTriangle23,v50,fine,Sucker\
WObj:=wobjCarry;
MoveJ pCarryTriangle31,v50,fine,Sucker\
WObj:=wobjCarry;
MoveL pCarryTriangle32,v50,fine,Sucker\
WObj:=wobjCarry;
WaitTime 1;
SetDO do4,1;
WaitTime 1;
WaitUntil di4=1;
MoveL pCarryTriangle31,v50,fine,Sucker\
WObj:=wobjCarry;
MoveJ pCarryTriangle33,v50,fine,Sucker\
WObj:=wobjCarry;
MoveL pCarryTriangle34,v50,fine,Sucker\
WObj:=wobjCarry;
WaitTime 1;
SetDO do4,0;
WaitTime 3;
WaitUntil di4=0;
MoveL pCarryTriangle33,v50,fine,Sucker\
WObj:=wobjCarry;

MoveJ pCarryCircle11,v50,fine,Sucker\WObj:=wobjCarry;
MoveL pCarryCircle12,v50,fine,Sucker\WObj:=wobjCarry;
WaitTime 1;
SetDO do4,1;
WaitTime 1;
WaitUntil di4=1;
MoveL pCarryCircle11,v50,fine,Sucker\WObj:=wobjCarry;
MoveJ pCarryCircle13,v50,fine,Sucker\WObj:=wobjCarry;
MoveL pCarryCircle14,v50,fine,Sucker\WObj:=wobjCarry;
WaitTime 1;
SetDO do4,0;
WaitTime 3;
```

```
WaitUntil di4=0;
MoveL pCarryCircle13,v50,fine,Sucker\WObj:=wobjCarry;
MoveJ pCarryCircle21,v50,fine,Sucker\WObj:=wobjCarry;
MoveL pCarryCircle22,v50,fine,Sucker\WObj:=wobjCarry;
WaitTime 1;
SetDO do4,1;
WaitTime 1;
WaitUntil di4=1;
MoveL pCarryCircle21,v50,fine,Sucker\WObj:=wobjCarry;
MoveJ pCarryCircle23,v50,fine,Sucker\WObj:=wobjCarry;
MoveL pCarryCircle24,v50,fine,Sucker\WObj:=wobjCarry;
WaitTime 1;
SetDO do4,0;
WaitTime 3;
WaitUntil di4=0;
MoveL pCarryCircle23,v50,fine,Sucker\WObj:=wobjCarry;
MoveJ pCarryCircle31,v50,fine,Sucker\WObj:=wobjCarry;
MoveL pCarryCircle32,v50,fine,Sucker\WObj:=wobjCarry;
WaitTime 1;
SetDO do4,1;
WaitTime 1;
WaitUntil di4=1;
MoveL pCarryCircle31,v50,fine,Sucker\WObj:=wobjCarry;
MoveJ pCarryCircle33,v50,fine,Sucker\WObj:=wobjCarry;
MoveL pCarryCircle34,v50,fine,Sucker\WObj:=wobjCarry;
WaitTime 1;
SetDO do4,0;
WaitTime 3;
WaitUntil di4=0;
MoveL pCarryCircle33,v50,fine,Sucker\WObj:=wobjCarry;

MoveJ pCarryRectangle11,v50,fine,Sucker\
WObj:=wobjCarry;
MoveL pCarryRectangle12,v50,fine,Sucker\
WObj:=wobjCarry;
WaitTime 1;
SetDO do4,1;
WaitTime 1;
```

```
        WaitUntil di4=1;
        MoveL pCarryRectangle11,v50,fine,Sucker\
        WObj:=wobjCarry;
        MoveJ pCarryRectangle13,v50,fine,Sucker\
        WObj:=wobjCarry;
        MoveL pCarryRectangle14,v50,fine,Sucker\
        WObj:=wobjCarry;
        WaitTime 1;
        SetDO do4,0;
        WaitTime 3;
        WaitUntil di4=0;
        MoveL pCarryRectangle13,v50,fine,Sucker\
        WObj:=wobjCarry;
        MoveJ pCarryRectangle21,v50,fine,Sucker\
        WObj:=wobjCarry;
        MoveL pCarryRectangle22,v50,fine,Sucker\
        WObj:=wobjCarry;
        WaitTime 1;
        SetDO do4,1;
        WaitTime 1;
        WaitUntil di4=1;
        MoveL pCarryRectangle21,v50,fine,Sucker\
        WObj:=wobjCarry;
        MoveJ pCarryRectangle23,v50,fine,Sucker\
        WObj:=wobjCarry;
        MoveL pCarryRectangle24,v50,fine,Sucker\
        WObj:=wobjCarry;
        WaitTime 1;
        SetDO do4,0;
        WaitTime 3;
        WaitUntil di4=0;
        MoveL pCarryRectangle23,v50,fine,Sucker\
        WObj:=wobjCarry;
        MoveJ pCarryRectangle31,v50,fine,Sucker\
        WObj:=wobjCarry;
        MoveL pCarryRectangle32,v50,fine,Sucker\
        WObj:=wobjCarry;
        WaitTime 1;
```

```
        SetDO do4,1;
        WaitTime 1;
        WaitUntil di4=1;
        MoveL pCarryRectangle31,v50,fine,Sucker\
        WObj:=wobjCarry;
        MoveJ pCarryRectangle33,v50,fine,Sucker\
        WObj:=wobjCarry;
        MoveL pCarryRectangle34,v50,fine,Sucker\
        WObj:=wobjCarry;
        WaitTime 1;
        SetDO do4,0;
        WaitTime 3;
        WaitUntil di4=0;
        MoveL pCarryRectangle33,v50,fine,Sucker\
        WObj:=wobjCarry;

        MoveJ pCarryingabove,v100,fine,tool0;
        DownSucker;

    ENDPROC

    TRAP tStart
        bStop:=FALSE;
        bEmergencyStop:=FALSE;
        bStart:=TRUE;
        SetDO do0,1;
    ENDTRAP

    TRAP tStop
        bStart:=FALSE;
        bEmergencyStop:=FALSE;
        bStop:=TRUE;
        SetDO do0,0;
        StopMove;
        WaitDI di0,1;
        StartMove;
    ENDTRAP
```

```
    TRAP tEmergencyStop
        bStart:=FALSE;
        bStop:=FALSE;
        bEmergencyStop:=TRUE;
        SetDO do0,0;
        Stop;
    ENDTRAP

    TRAP tWarning1
        SetDO do0,0;
        SetDO do1,1;
        StopMove;
        WaitDI di0,1;
        StartMove;
    ENDTRAP

    TRAP tUnWarning1
        SetDO do1,0;
    ENDTRAP
ENDMODULE
```

技能训练

1. 若要在项目 6.4 的搬运例行程序中加入工件坐标系需做哪些修改？

2. 若要在项目 6.4.2 的基础上将搬运平台左侧的 9 个物料搬运回原位置，应如何设计程序。

ABB120 工业机器人码垛操作

学习目标

- 掌握机器人码垛的需求分析
- 掌握码垛的算法
- 学会偏移指令的使用
- 学会码垛的编程与调试

思维导图

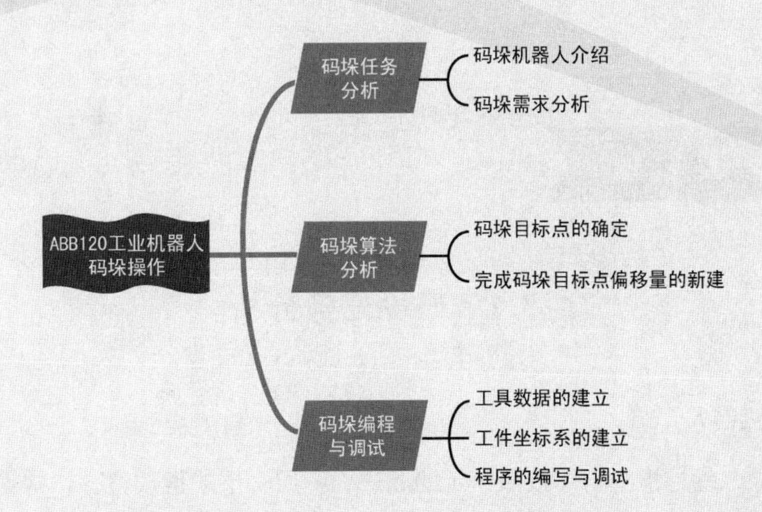

任务描述

以码垛模块台面上 50mm × 25mm × 2mm 的方块作为码垛对象，ABB120 工业机器人安装吸盘工具后，将工作台右侧 4 个物料按一定方式整齐摆放至左侧空位处。码垛模块台面如图 7.1 所示。

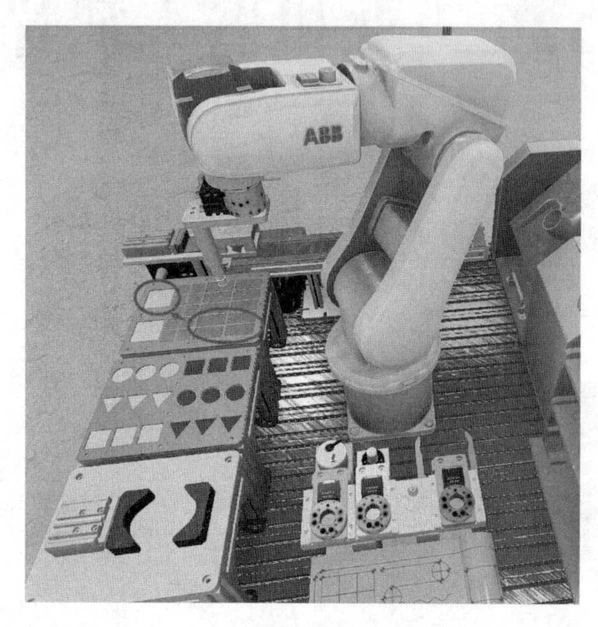

图 7.1

任务知识基础

7.1 码垛任务分析

7.1.1 码垛机器人介绍

所谓码垛，就是指把物体按照一定的顺序，一层一层的摆放整齐，常见于物流、运输及仓库存储等行业。传统的码垛，主要依靠人力、叉车或者吊车等进行，码垛过程费时费力，而且准确度相对较低，导致码垛数量和高度受到限制，尤其当码垛高度过高时，倾塌的风险也随之上升。

码垛机器人，就是现代化的计算机程序和传统的机械传动相结合的产物，主要功能以码垛工作为主，工作对象是各种以长方体形状为主的货件。码垛机器人操作过程中准

确度高、运输速度快、稳定性高及工作效率高，在行业中应用广泛。

7.1.2 码垛需求分析

将 4 块规格为 50mm × 25mm × 2mm 的长方体物件，码放在码垛平台对应空格上，可按照图 7.2 所示的三种方式进行摆放。

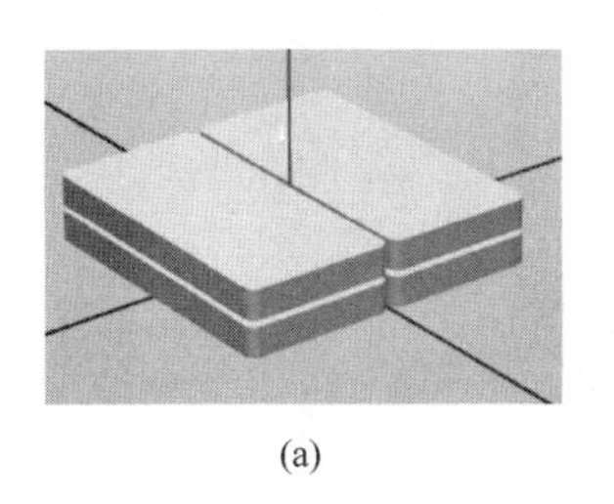

(a)

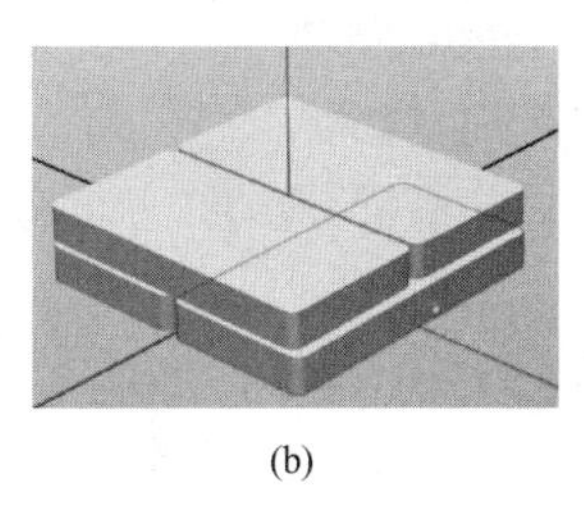

(b)

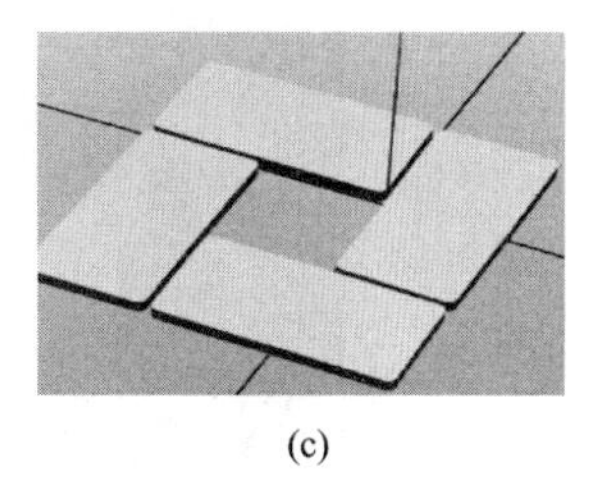

(c)

图 7.2

图 7.2（a）：4 块物件依次摞到桌面的上部边缘，每层 2 块，最终高度为 2 层，工件不转换方向，难度较低。

图 7.2（b）：4 块物件分为 2 层，每层 2 个，第一层横向展开排列，能放下 2 排，然后第二层为竖向排列，也能放下 2 排，工件转换方向，难度适中。

图 7.2（c）：4 块物件只摆放 1 层，每个工件转换方向，难度较高。

本项目以图 7.3 所示的 50mm × 25mm × 2mm 的方块作为码垛对象，按照图 7.2（b）的样式，利用 ABB120 工业机器人将物料整齐摆放至码垛台面上，如图 7.4 所示。

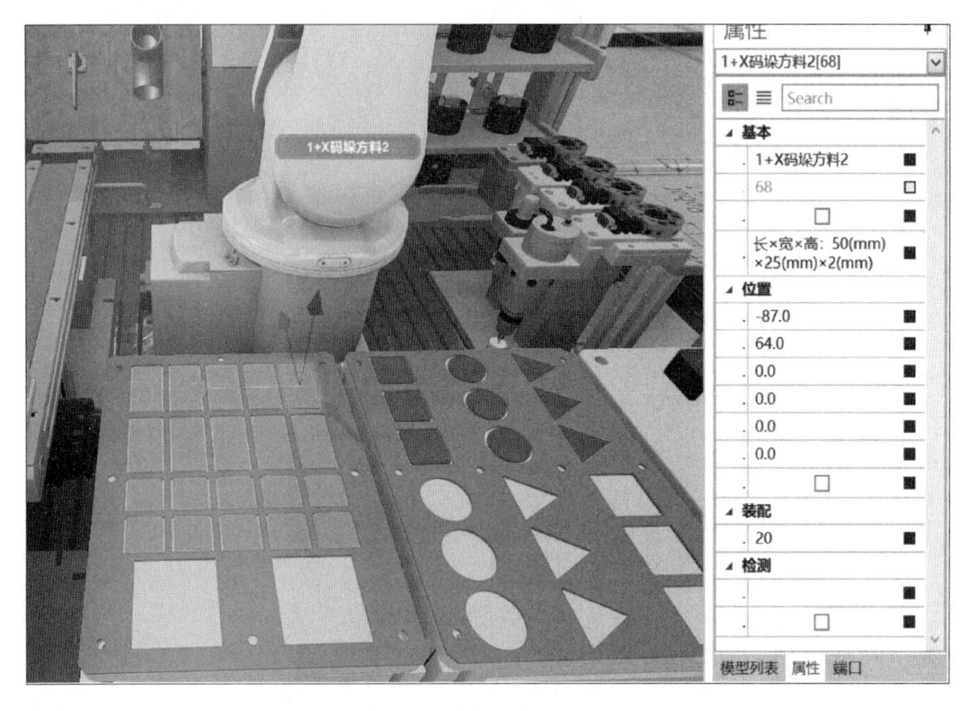

图 7.3

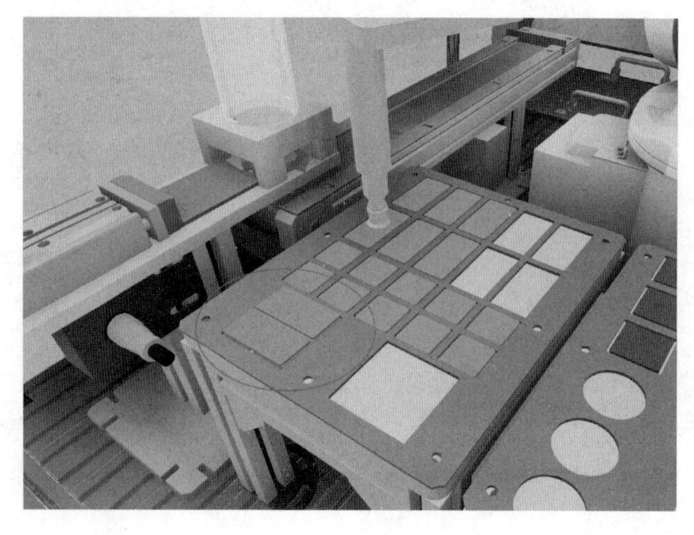

图 7.4

7.2 码垛算法分析

ABB120 工业机器人完成码垛工作的流程如图 7.5 所示。“init”为初始化程序，“take”为抓取码垛块程序，“put”为摆放码垛块程序，“calculation”为算法程序。

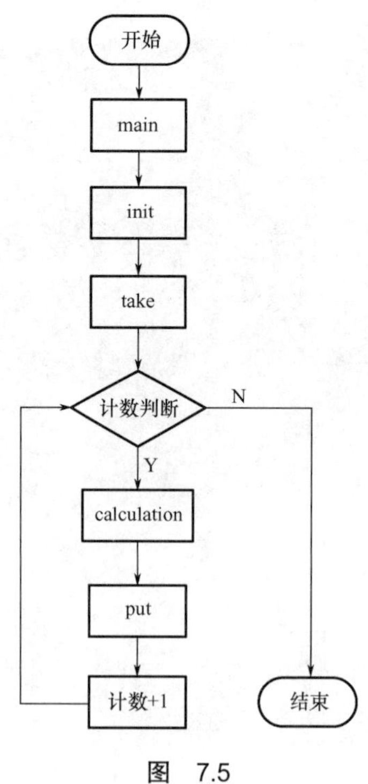

图 7.5

7.2.1　码垛目标点的确定

（1）示教器打开程序数据，选择数据类型为“robtarget”，单击“显示数据”按钮，新建一个名称为“take_ini”，存储类型为“常量”的数据作为吸附基准点位置，如图 7.6 所示。

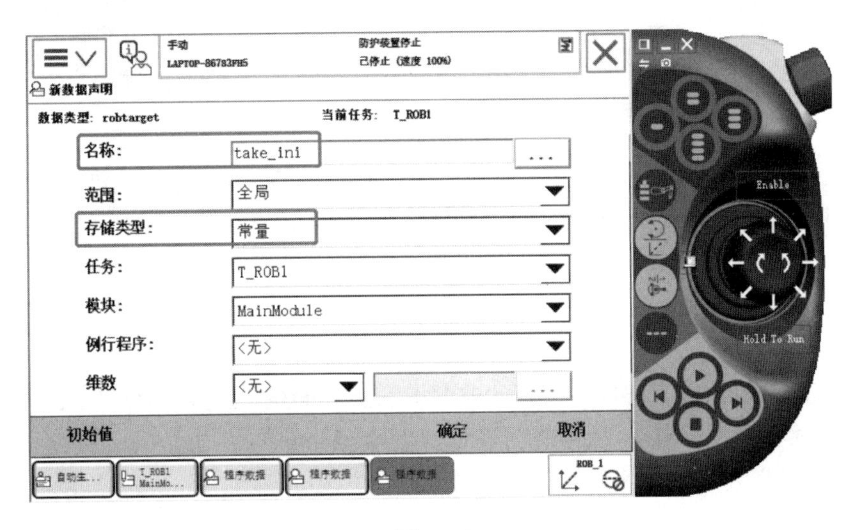

图　7.6

（2）将安装吸盘后的 ABB120 工业机器人移动至第一个物料吸附点即抓取基准点，然后示教器打开程序数据，选中 take_ini，单击“编辑”按钮，选择“修改位置”选项，如图 7.7 所示。

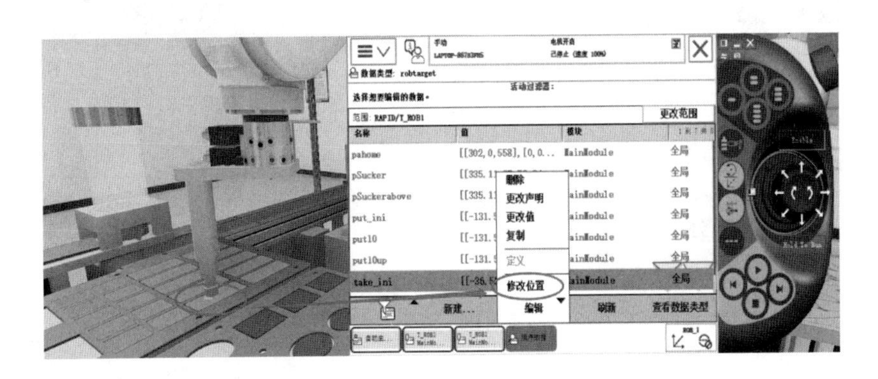

图　7.7

（3）新建一个名称为“take10”，存储类型为“变量”的数据作为每次吸附的实际点位（每次吸附的实际点位根据抓的次数计算所得，故 take10 为变量数据），如图 7.8 所示。

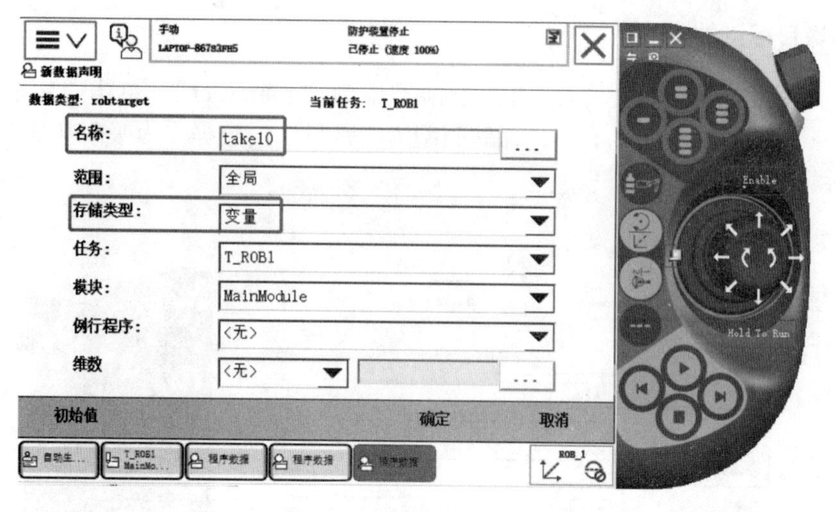

图 7.8

（4）新建“put_ini”摆放基准点（常量）和“put10”实际摆放点（变量），由于上层物料需要旋转 90° 偏移，因此再新建一个“put10up”作为点 put_ini 旋转 90° 的点（变量），如图 7.9 所示（点位数据只是示意，按实际示教数据为准）。

手动 LAPTOP-86783FH5 防护装置停止 已停止（速度 100%）

数据类型：robtarget

选择想要编辑的数据。 活动过滤器：

范围：RAPID/T_ROB1 更改范围

名称	值	模块	2 到 8 共 8
pSucker	[[335.11,27.58,24...	MainModule	全局
pSuckerabove	[[335.11,27.58,39...	MainModule	全局
put_ini	[[-131.5,33.5,1],...	MainModule	全局
put10	[[-131.5,33.5,1],...	MainModule	全局
put10up	[[-131.5,33.5,1],...	MainModule	全局
take_ini	[[-36.55,150.5,1]...	MainModule	全局
take10	[[-36.55,150.5,1]...	MainModule	全局

新建... 编辑 刷新 查看数据类型

图 7.9

（5）在物料到达吸附点位置后手动打开吸盘信号 do4，抓取第一个物料，然后移动机器人将物料放置在码垛模块台面适当处，修改程序数据中“put_ini”的摆放基准位置，如图 7.10 所示。

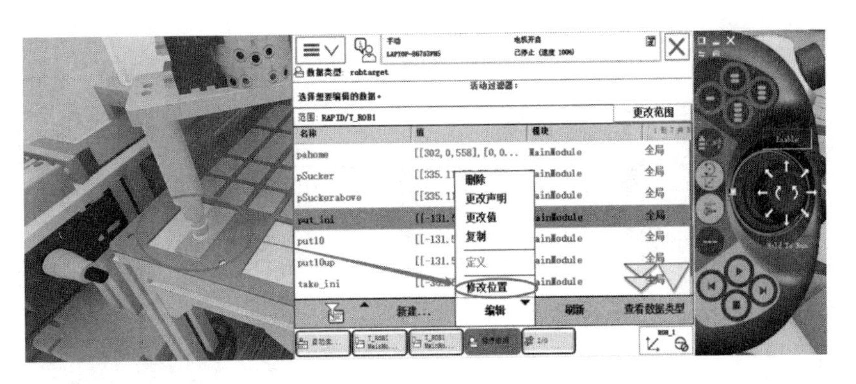

图　7.10

7.2.2　完成码垛目标点偏移量的新建

（1）示教器打开程序数据，选择数据类型为“num”，单击“显示数据”→“新建”按钮，如图 7.11 所示。

图　7.11

（2）新建“take_dx”“take_dy”“put_dx”“put_dy”“put_dz”5 个变量，take_dx 和 take_dy 表示抓取目标点的偏移量，put_dx、put_dy 和 put_dz 表示摆放目标点的偏移量，如图 7.12 所示。

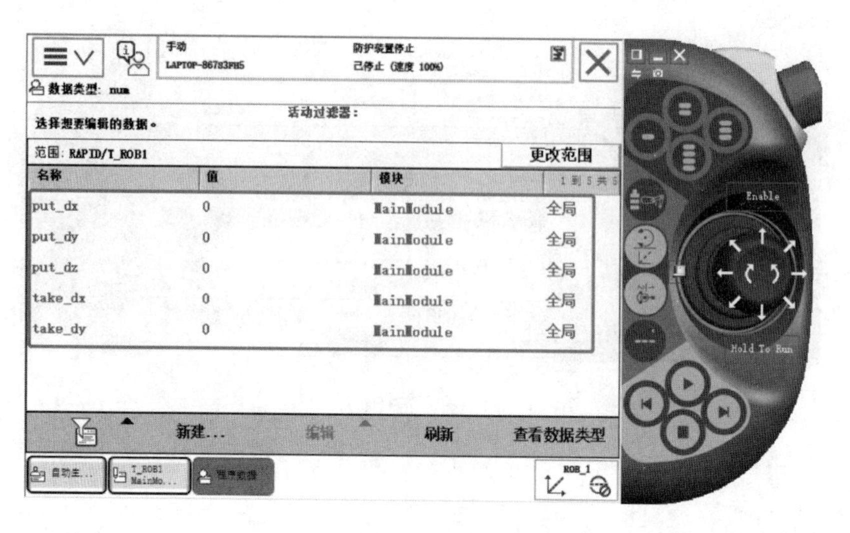

图 7.12

通过测量或者机器人示教可以得到取放料的偏移量见表 7-1。其中，take_dx=32，take_dy=57，put_dx=27，put_dy=27，put_dz=2，单位为 mm。

表 7-1 取放料的偏移量

物料号	取料偏移量	放料偏移量
1	Offs(take_ini,0,0,0)	Offs(put_ini,0,0,0)
2	Offs(take_ini,0,take_dy,0)	Offs(put_ini,-put_dx,0,0)
3	Offs(take_ini,-take_dx,0,0)	Offs(put10up,-put_dx/2,-put_dy/2,put_dz)
4	Offs(take_ini,-take_dx,take_dy,0)	Offs(put10up,-put_dx/2,-put_dy/2,put_dz)

7.3 码垛编程与调试

7.3.1 工具数据的建立

针对机器人末端执行机构——吸盘，以四点法建立一个名为“Sucker”的工具数据变量，如图 7.13 所示。具体步骤可参考项目 2.5.3。

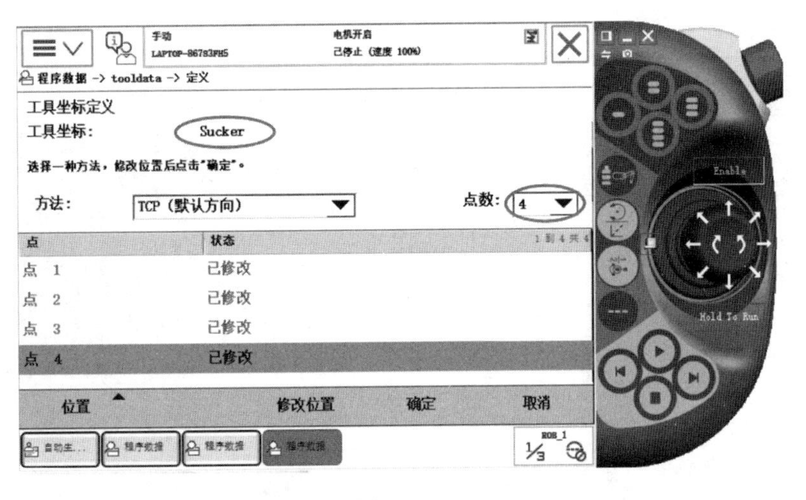

图　7.13

7.3.2　工件坐标系的建立

在“手动操纵”窗口，设置“工具坐标”为“ Sucker”，然后以三点法新建一个名为“wobjPalletizing”的工件坐标系，如图 7.14 所示。具体步骤可参考项目 3.3.1。

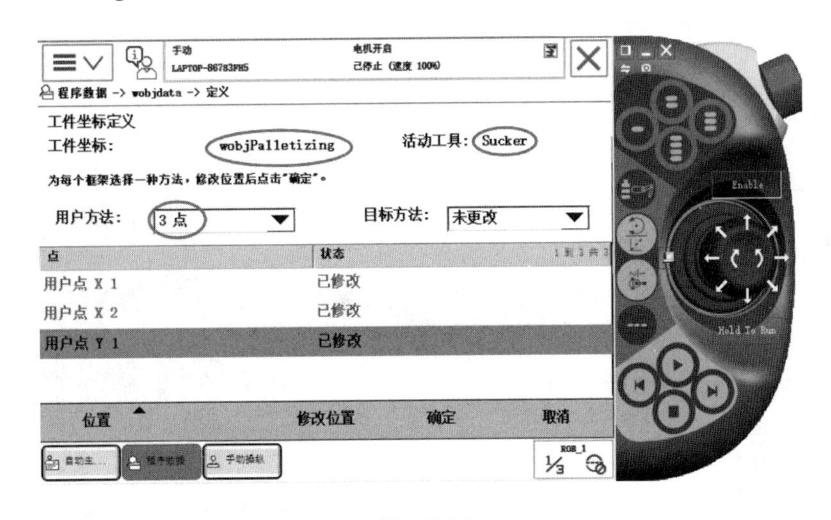

图　7.14

7.3.3　程序的编写与调试

（1）项目 6.3 已讲解了搬运快换夹具拿取与存放程序，此处不做详细讲解，编写完成“GetSucker”“DownSucker”。

（2）新建一个例行程序“Palletizing”，然后调用（ProcCall）返回原点程序“rHome”和搬运快换夹具拿取程序“GetSucker”，如图 7.15 所示。

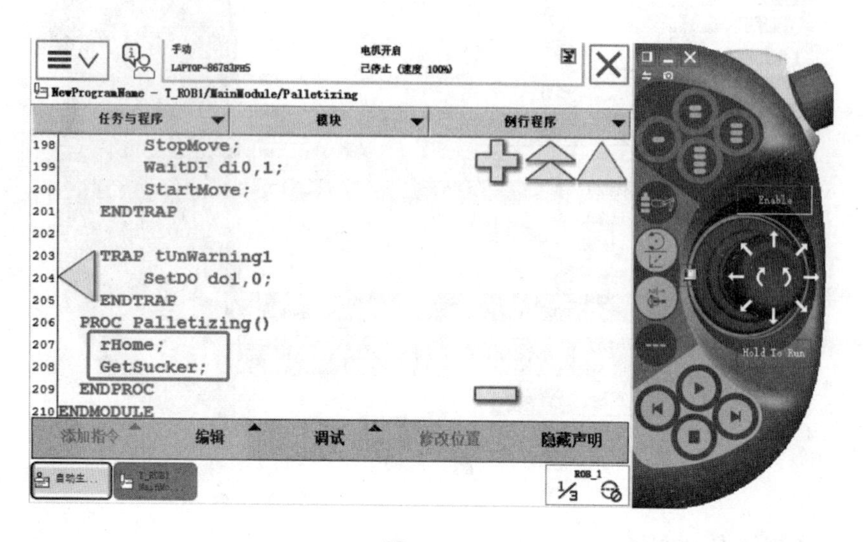

图 7.15

（3）单击添加“:=”指令，数据类型为“num”，<VAR>变量选择“take_dx”，如图 7.16 所示。

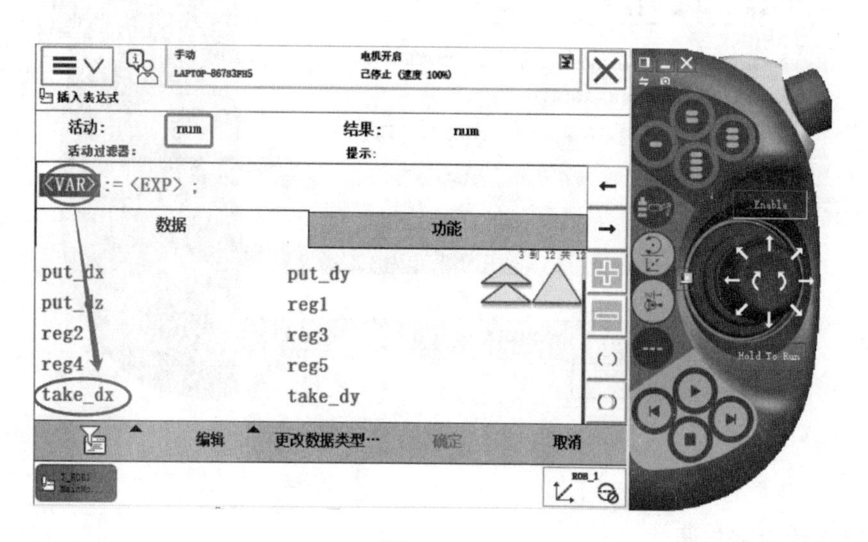

图 7.16

（4）选择“<EXP>”代码，单击“编辑”按钮，选择“仅限选定内容”选项，把变量数值修改为“32”后单击“确定”按钮（本案例中数值为 32，请根据偏移实际情况进行修改），如图 7.17 所示。

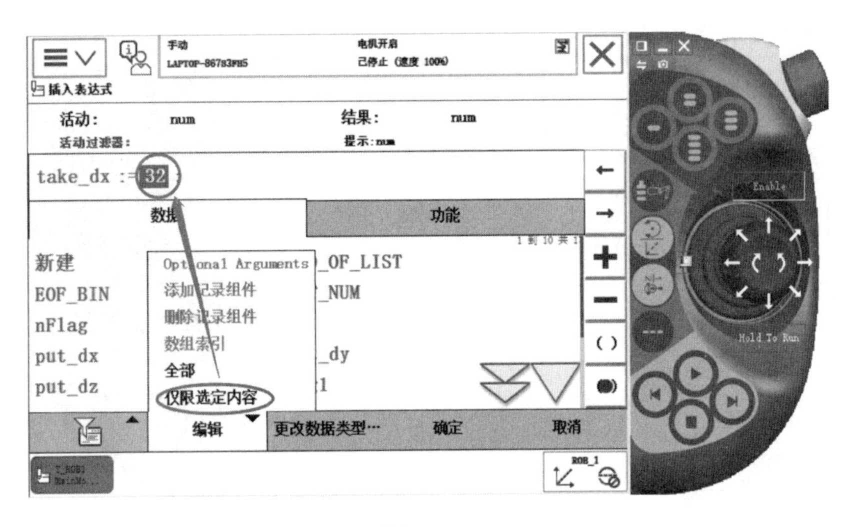

图　7.17

（5）按前面步骤依次添加变量（数值仅供参考），如图 7.18 所示。其中 reg1 作为循环计数。

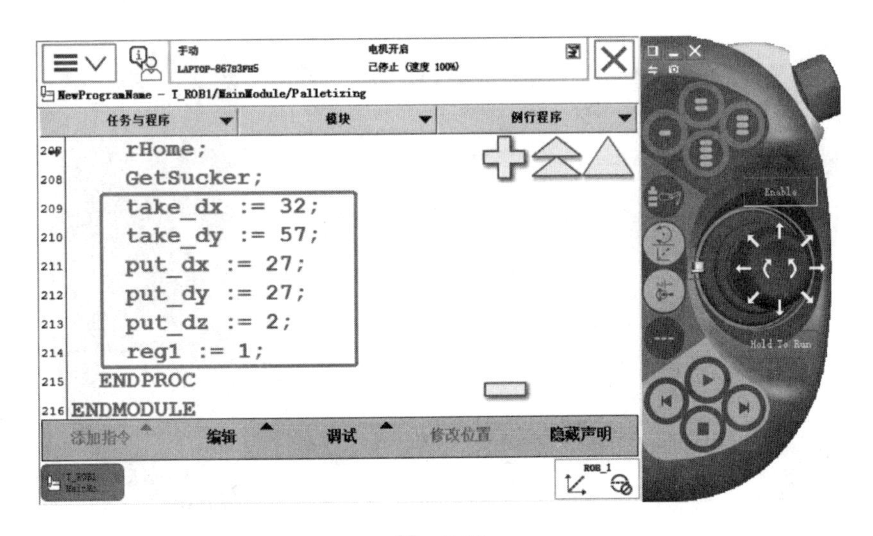

图　7.18

（6）单击添加“：=”指令，更改数据类型为“robtarget”，<VAR> 变量选择“put 10up”，如图 7.19 所示。

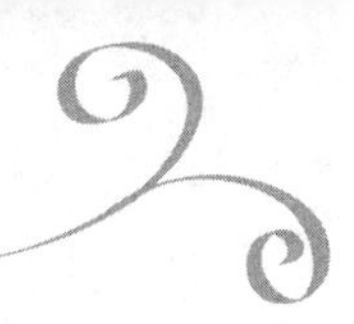

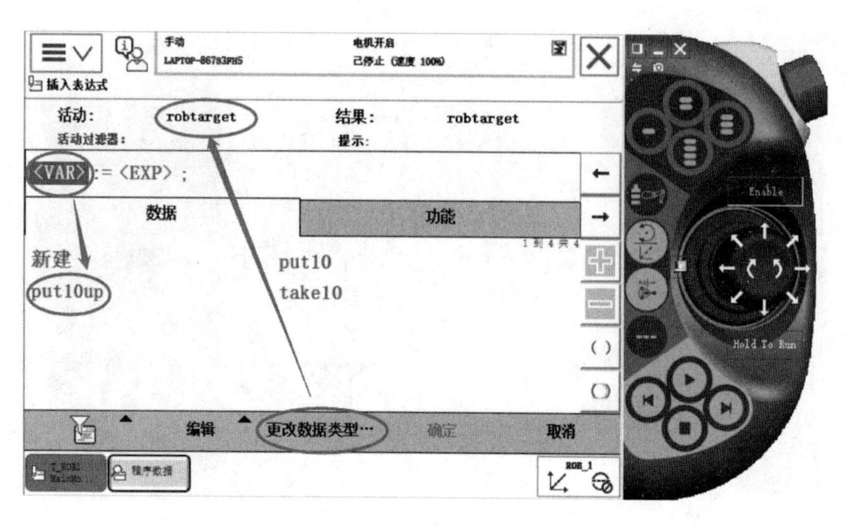

图 7.19

（7）单击“<EXP>”代码，在“功能”栏中选择偏移指令“RelTool”，如图 7.20 所示。

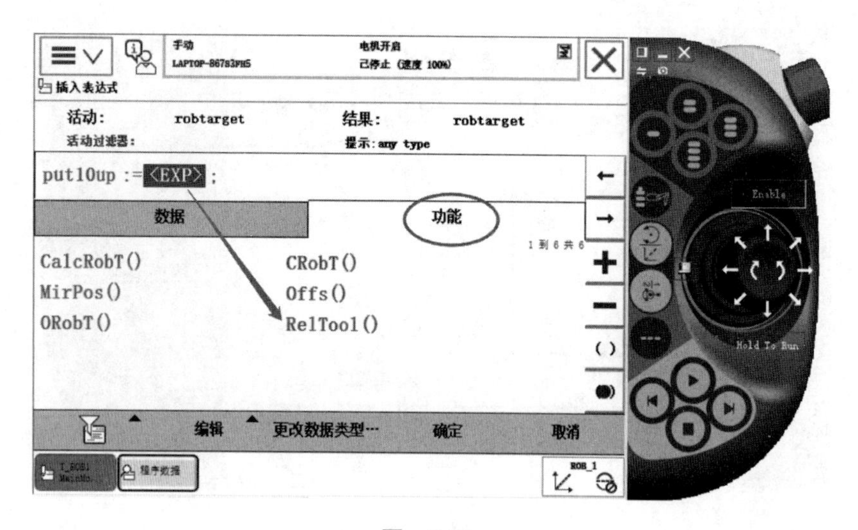

图 7.20

（8）码垛第二层需要旋转 90°，所以此处 put10up := RelTool（put_ini，0，0，0\Rz:=90），如图 7.21 所示。

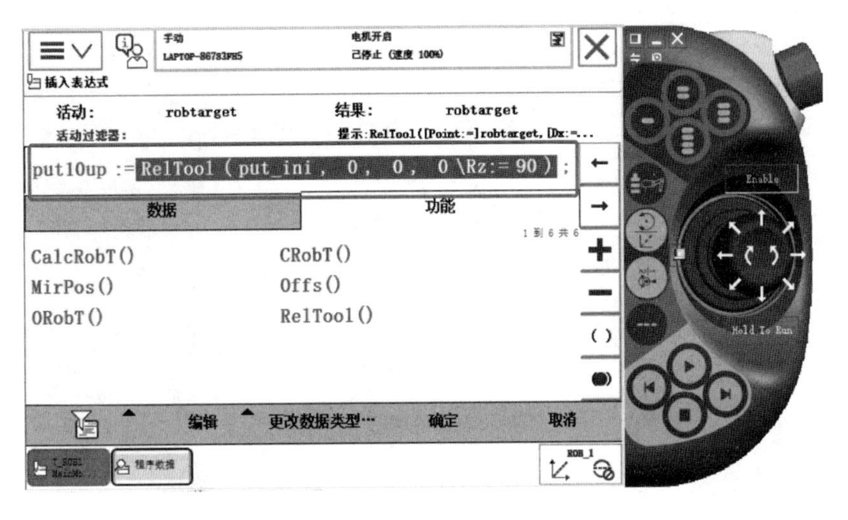

图　7.21

（9）添加循环指令“ WHILE”，单击“ <EXP>”代码修改为“ reg1<5 ”（根据任务要求码垛指令只需循环 4 次即可），如图 7.22 所示。

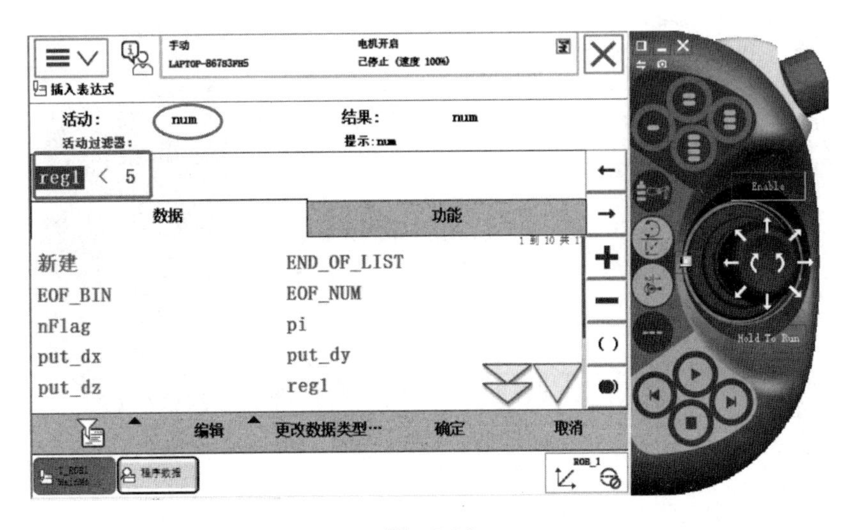

图　7.22

（10）单击“<SMT>”代码，然后单击“添加指令”按钮，选择流程“ Prog. Flow”→“TEST”选项，如图 7.23 所示。

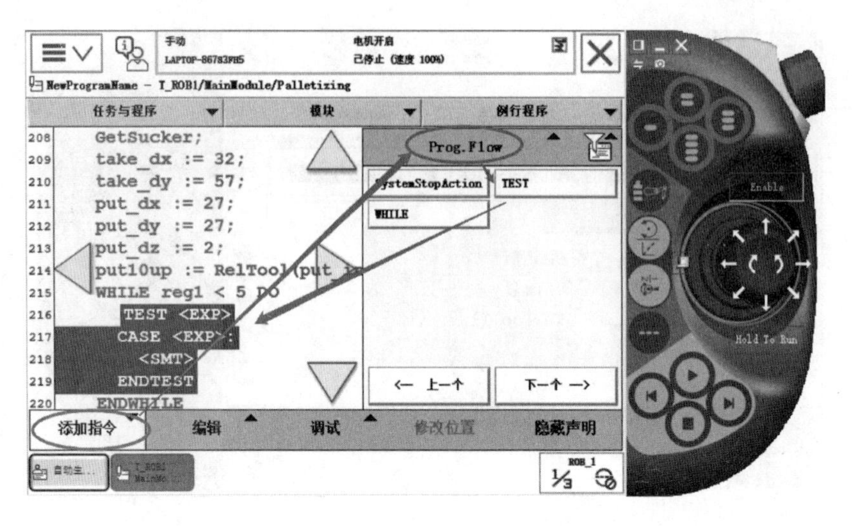

图 7.23

（11）选择 TEST 指令的“<EXP>”，将其设为“reg1”，如图 7.24 所示。

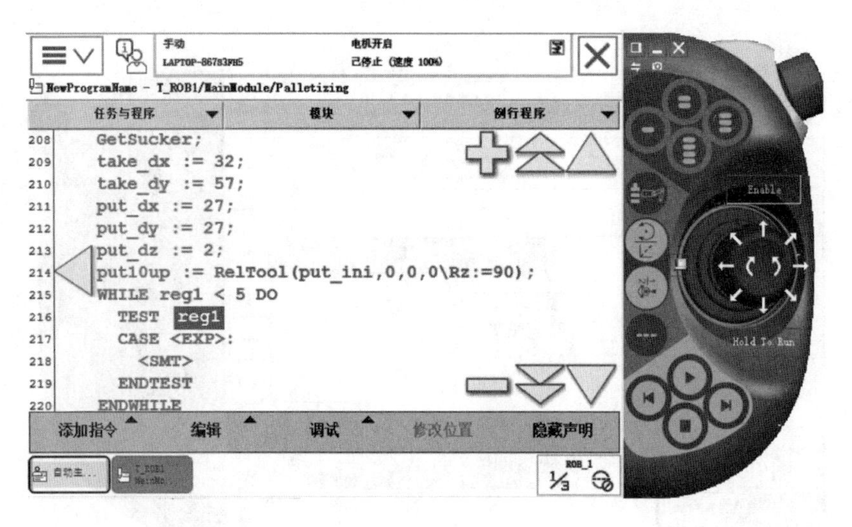

图 7.24

（12）单击 CASE 后的“<EXP>”代码，将设定值改为 1，如图 7.25 所示。

（13）单击 CASE 指令内的“<SMT>”代码，添加“：=”指令，如图 7.26 所示（此处需要计算第一个物料取放的实际点“take10”“put10”的数据）。

（14）更改数据类型为“robtarget”，单击“<VAR>”代码，在“数据”栏中选择“take10”，如图 7.27 所示。

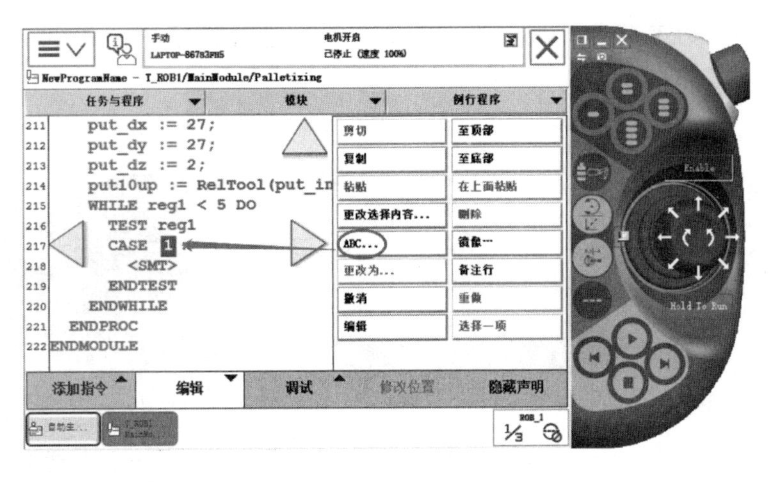

图　7.25

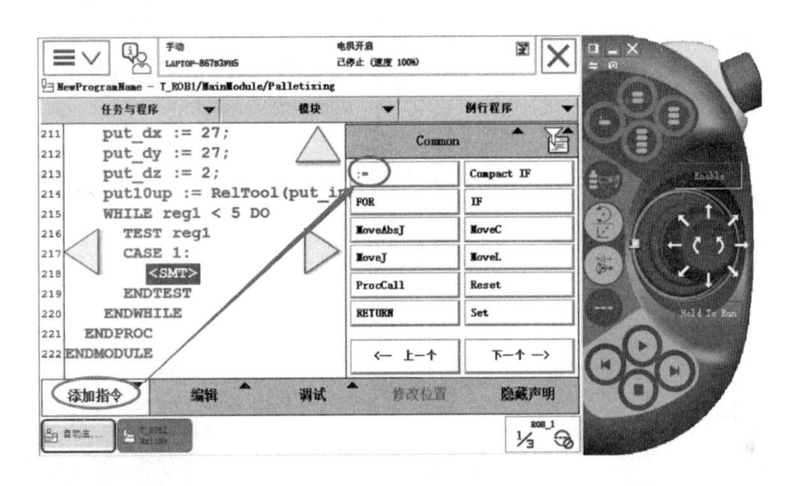

图　7.26

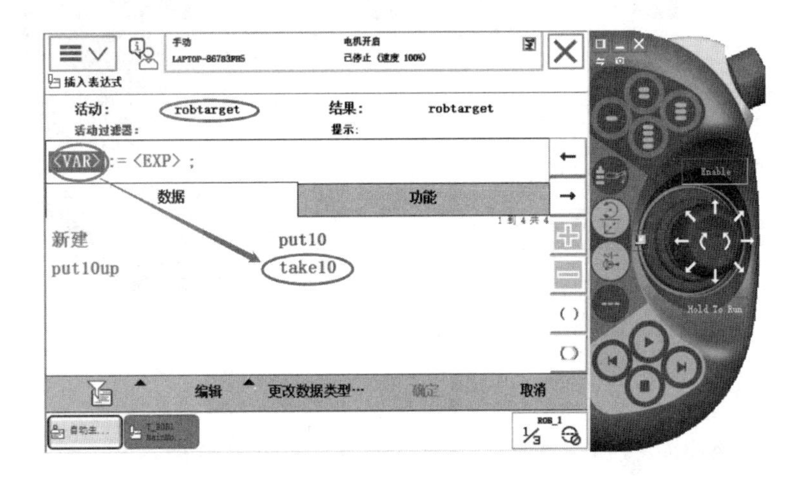

图　7.27

（15）单击“<EXP>”代码，在“功能”栏中选择偏移指令“Offs”，如图 7.28 所示。

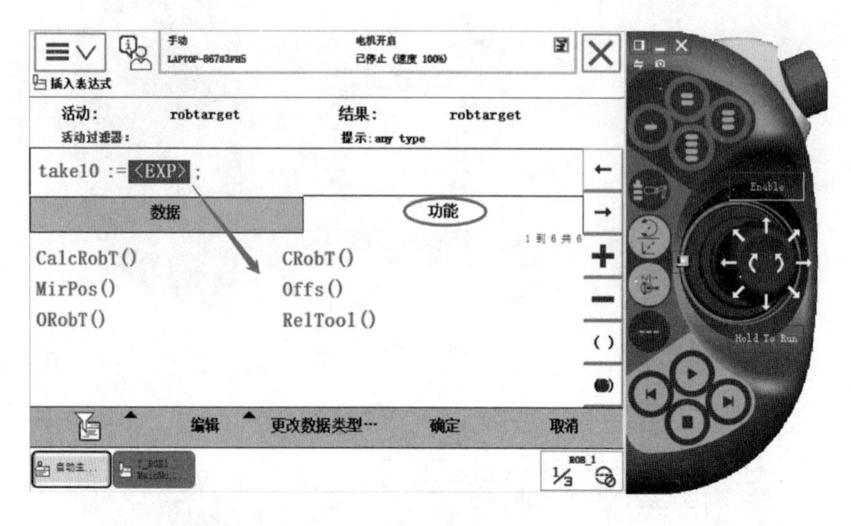

图 7.28

（16）单击指令中第一个“<EXP>”代码，选择“take_ini”选项，如图 7.29 所示。

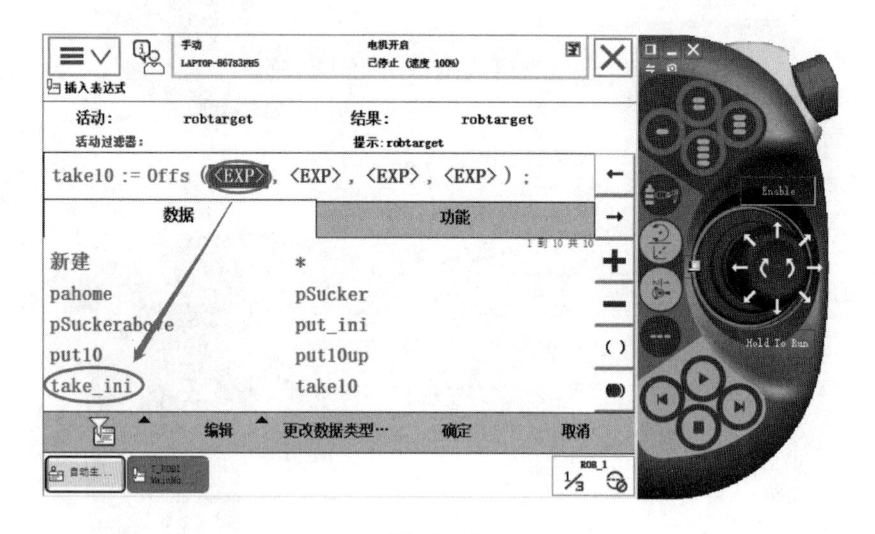

图 7.29

（17）单击“编辑”按钮，选择“全部”选项，如图 7.30 所示。

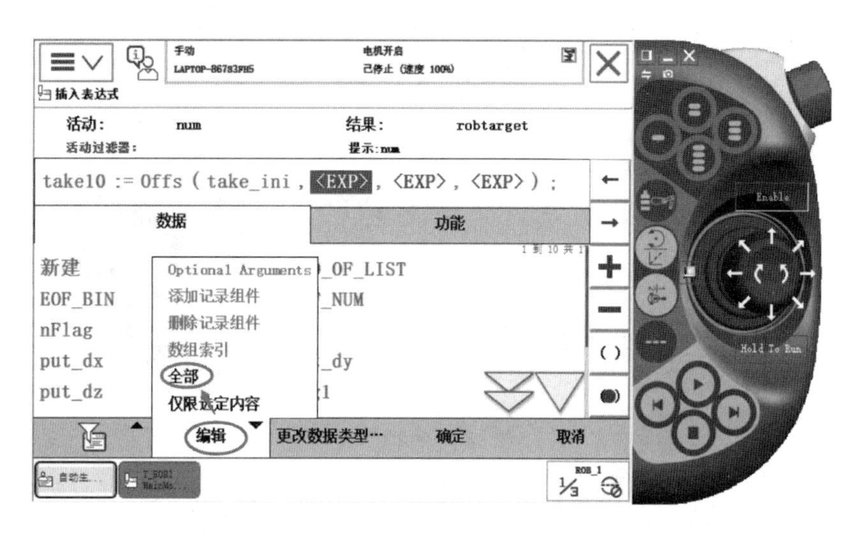

图　7.30

（18）将偏移指令 Offs 中后三个 <EXP> 全设为 0，如图 7.31 所示。

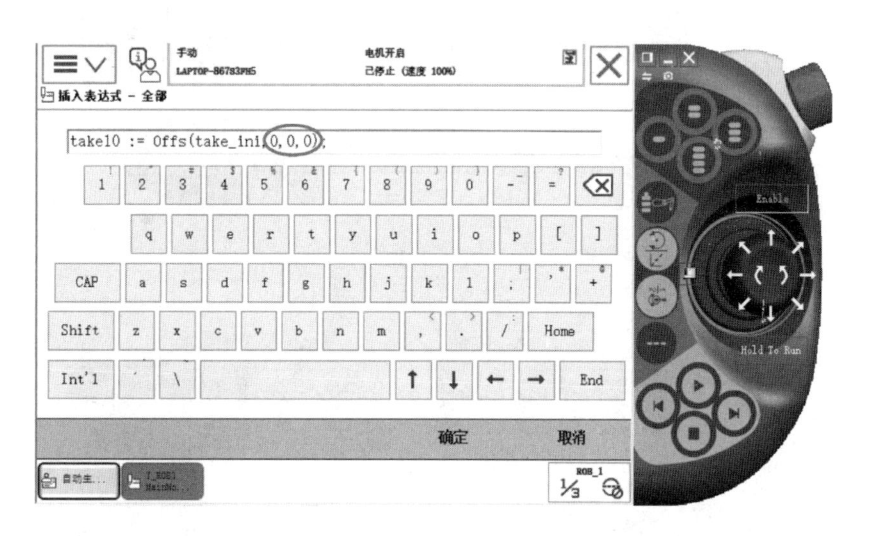

图　7.31

（19）单击“确定”按钮，指令如图 7.32 所示。

（20）添加摆放位置代码“put10 := Offs (put_ini，0，0，0);”，如图 7.33 所示。

（21）单击选中 TEST 代码，用蓝色光标覆盖整个指令块，如图 7.34 所示。

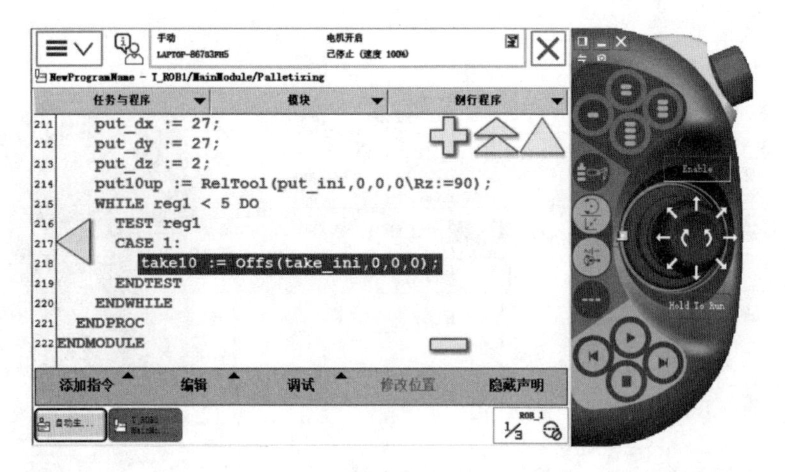

图 7.32

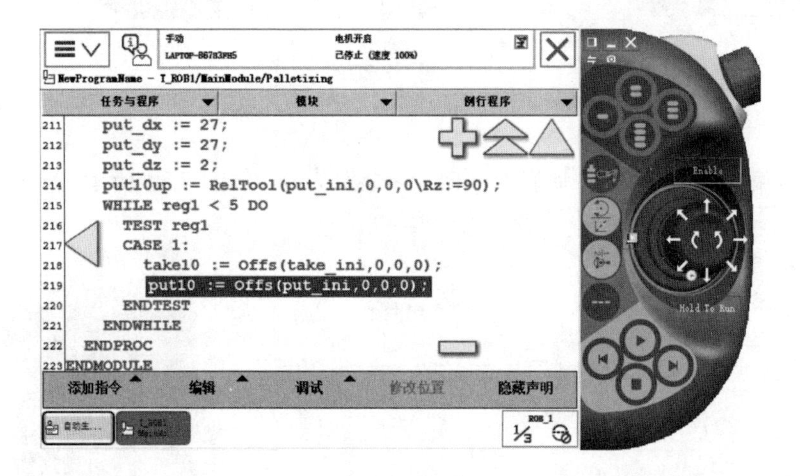

图 7.33

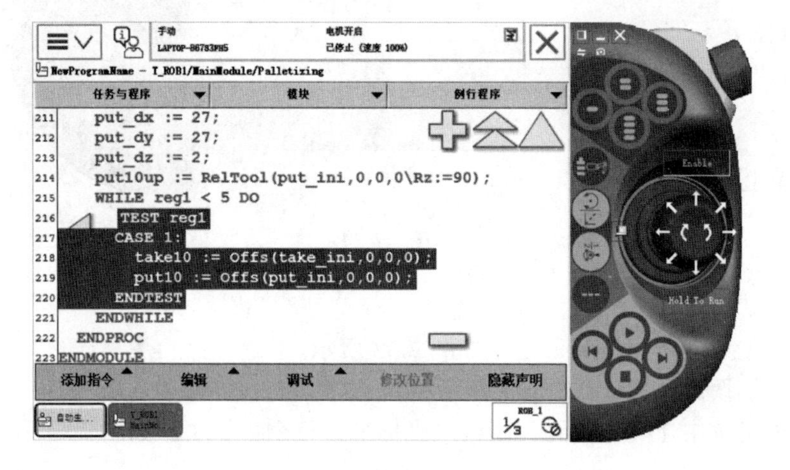

图 7.34

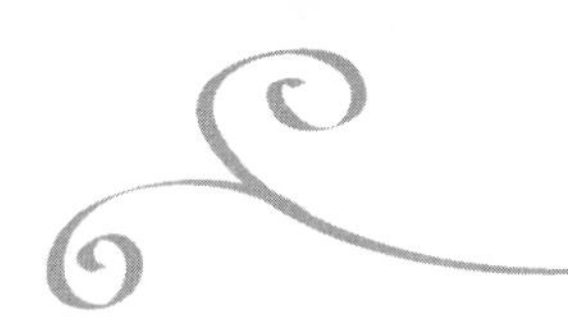

（22）再次单击“TEST”→“CASE<Test Value>:”，选择“添加 CASE”选项，最后单击“确定”按钮，如图 7.35 所示（此处需要取放四个物料，reg1 分别为 1、2、3、4，所以我们添加后共有四组 CASE）。

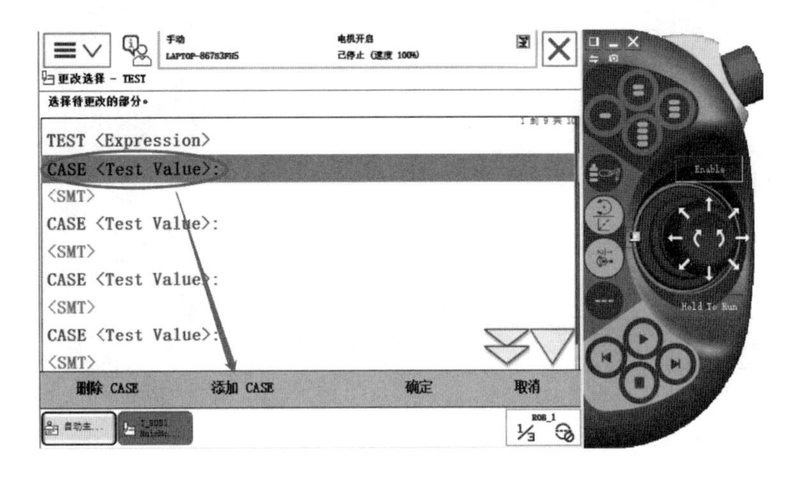

图　7.35

（23）添加 CASE 2、CASE 3 和 CASE 4 三组寻找实际目标点位程序代码，修改完成后如图 7.36 所示，当 reg1 为 1 时，执行 CASE 1 程序段内的指令；当 reg1 为 2 时，执行 CASE 2 程序段内的指令；以此类推。

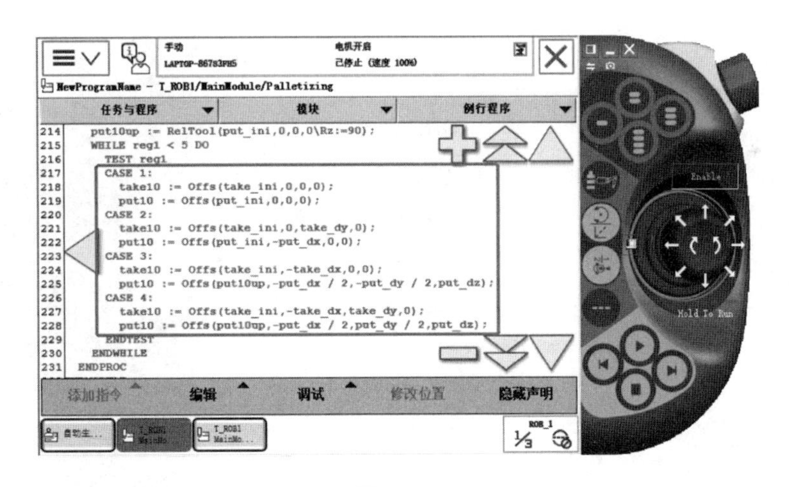

图　7.36

（24）这里的 TEST…CASE…指令只完成偏移距离的计算，执行完成后需要在后面加上取放料程序，结尾处机器人也需要回到“rHome”原点，每执行一次取放 reg1 加 1。循环结束后调用搬运快换夹具存放程序“DownSucker”，程序段如图 7.37 所示。

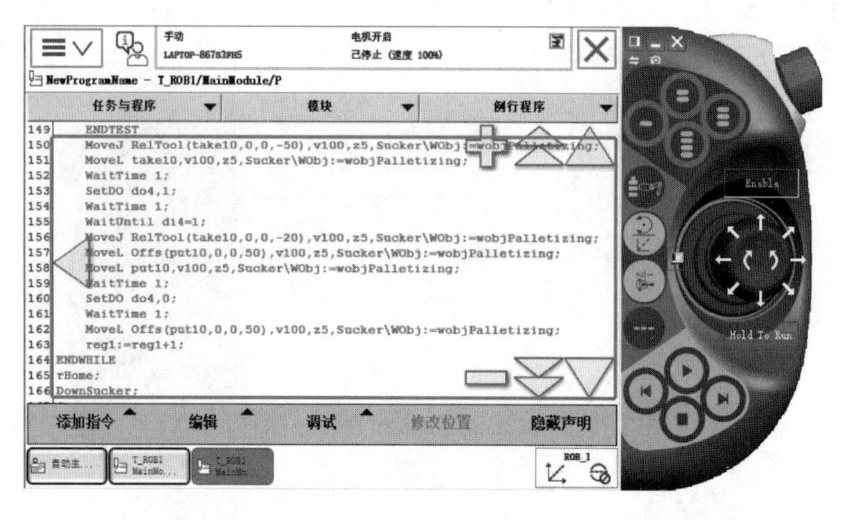

图 7.37

（25）将机器人位置、吸盘夹具、码垛物料复位，单击“调试”按钮，选择“PP 移至例行程序”选项，如图 7.38 所示。

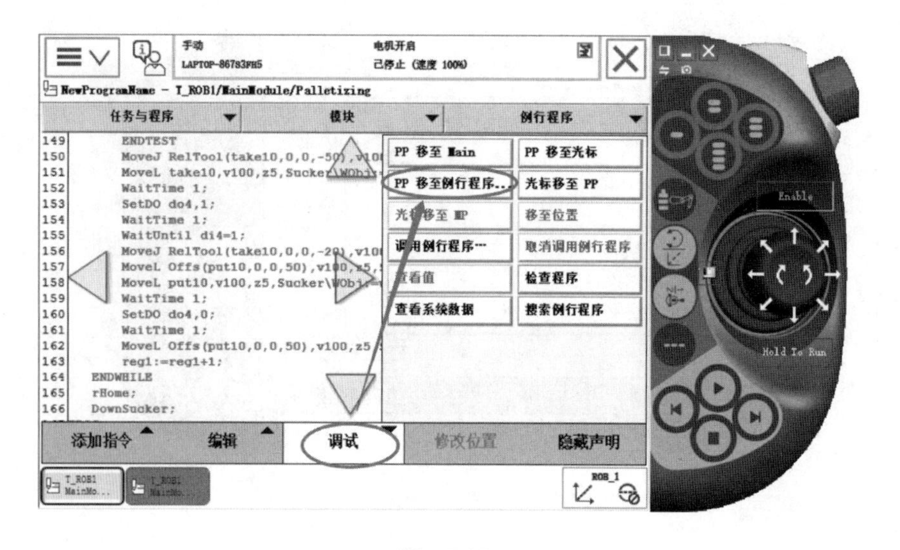

图 7.38

（26）选择例行程序“Palletizing”后单击“确定”按钮，如图 7.39 所示。

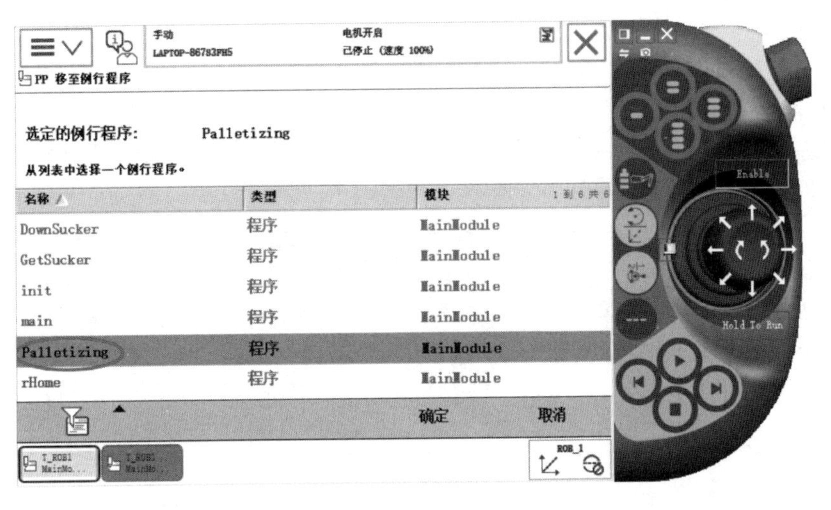

图　7.39

（27）点亮使能键后单击“运行”键进行调试（注意指针位置及运行速度，建议初次运行时为了安全起见速度百分比设置为 50%），如图 7.40 所示。

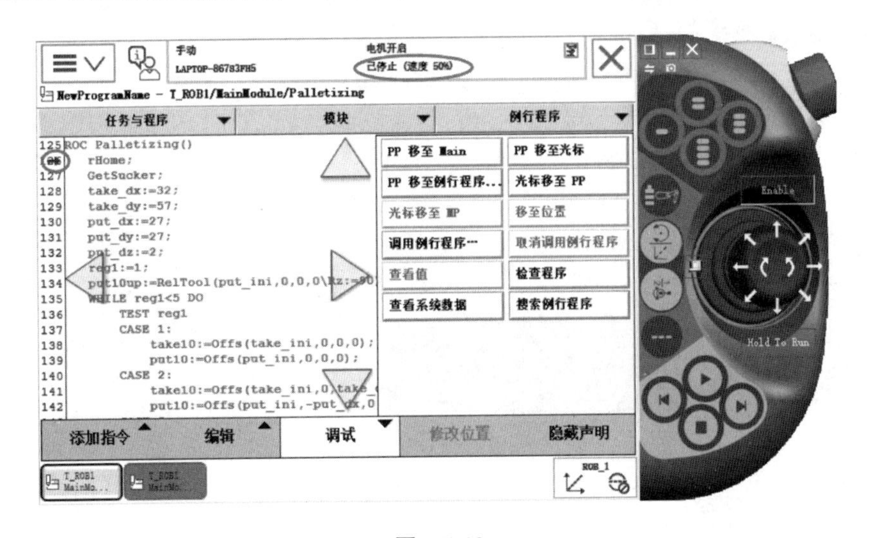

图　7.40

（28）合理调整取放基准点位置，运行过程中如遇紧急情况及时单击“暂停”键。

4. 参考程序

具体的码垛参考程序如下。

```
MODULE MainModule
    CONST jointtarget jpos0:=[[0,0,0,0,90,0],[9E+09,
    9E+09,9E+09,9E+09,9E+09,9E+09]];
```

```
CONST robtarget pahome: =[[302.00,0.00,558.00],
[0,0,1,0],[0,0,0,0],[9E+09,9E+09,9E+09,9E+09,9E+09,
9E+09]];
CONST robtarget pSuckerabove: =[[335.11,27.58,390.14],
[0.000781093,-0.707274,-0.706932,0.0031036],[0,-1,1,0],
[9E+9,9E+9,9E+9,9E+9,9E+9,9E+9]];
CONST robtarget pSucker: =[[335.11,27.58,248.94],
[0.000781395,-0.707274,-0.706933,0.00310397],[0,-1,1,0],
[9E+9,9E+9,9E+9,9E+9,9E+9,9E+9]];
CONST robtarget take_ini: =[[-36.55,150.5,1],[0,0,-1,0],
[-1,0,-1,0],[9E+09,9E+09,9E+09,9E+09,9E+09,9E+09]];

VAR robtarget take10: =[[-36.55,150.5,1],[0,0,-1,0],
[-1,0,-1,0],[9E+09,9E+09,9E+09,9E+09,9E+09,9E+09]];
CONST robtarget put_ini: =[[-131.5,33.5,1],[0,0,-1,0],
[-1,0,-1,0],[9E+09,9E+09,9E+09,9E+09,9E+09,9E+09]];
VAR robtarget put10: =[[-131.5,33.5,1],[0,0,-1,0],
[-1,0,-1,0],[9E+09,9E+09,9E+09,9E+09,9E+09,9E+09]];
VAR robtarget put10up: =[[-131.5,33.5,1],[0,0,-1,0],
[-1,0,-1,0],[9E+09,9E+09,9E+09,9E+09,9E+09,9E+09]];

TASK PERS tooldata TCP: =[TRUE,[[-0.0276716,
-96.0853,154.697],[1,0,0,0]],[1,[0,0.001,0],[1,0,0,0],0
,0,0]];
TASK PERS tooldata Sucker:
=[TRUE,[[0.279806,-65.5701,155.543],[1,0,0,0]],[0.001,
[0,0,0.001],[1,0,0,0],0,0,0]];
TASK PERS tooldata Motor: =[TRUE,[[0,-100,206.5],
[1,0,0,0]],[0.001,[0,0,0.001],[1,0,0,0],0,0,0]];

TASK PERS wobjdata wobjPath: =[FALSE,TRUE,"",
[[540.025,-100.549,184.665],[1,0,0,0]],[[0,0,0],
[1,0,0,0]]];
TASK PERS wobjdata wobjPathTriangles1: =[FALSE,TRUE,
"",[[535.703,-9.773,184.352],[0.503156,4.07515E-6,
2.4372E-7,0.864196]],[[0,0,0],[1,0,0,0]]];
TASK PERS wobjdata wobjPathTriangles2: =[FALSE,
TRUE,"",[[530.807,37.7285,184.352],[0.707107,-3.55236E-
```

```
6,-3.55235E-6,0.707106]],[[0,0,0],[1,0,0,0]]];
TASK PERS wobjdata wobjCarry: =[FALSE,
TRUE,"",[[180,-480,182],[1,0,0,0]],[[0,0,0],[1,0,0,0]]];
TASK PERS wobjdata wobjPalletizing: =[FALSE,
TRUE,"",[[-30,-480,182],[1,0,0,0]],[[0,0,0],[1,0,0,0]]];
TASK PERS wobjdata wobjSand: =[FALSE,
TRUE,"",[[-205.069,339.693,133.23],[0.924,0.383,0,0]],
[[0,0,0],[1,0,0,0]]];

VAR bool bStart:=FALSE;
VAR bool bStop:=FALSE;
VAR bool bEmergencyStop:=FALSE;
VAR bool bGripper:=FALSE;

VAR intnum iStart;
VAR intnum iStop;
VAR intnum iEmergencyStop;
VAR intnum iGripper;
VAR intnum iWarning1;
VAR intnum iUnWarning1;

VAR num nFlag:=0;
VAR num take_dx:=0;
VAR num take_dy:=0;
VAR num put_dx:=0;
VAR num put_dy:=0;
VAR num put_dz:=0;

PROC main()
    init;
    WaitUntil bStart=TRUE;
    SetDO do0,1;
    Palletizing;!??

    SetDO do0,0;
ENDPROC

PROC rHome()
```

```
    MoveAbsJ jpos0\NoEOffs,v100,fine,tool0;
ENDPROC

PROC init()
    SetDO do0,0;
    SetDO do1,0;
    SetDO do2,0;
    SetDO do3,0;
    SetDO do4,0;
    SetDO do5,0;
    SetDO do6,0;
    SetDO do7,0;
    SetDO do8,0;
    SetDO do9,0;
    SetDO do10,0;
    SetDO do11,0;
    SetDO do12,0;
    SetDO do13,0;
    SetDO do14,0;
    SetDO do15,0;
    IDelete iStart;
    CONNECT iStart WITH tStart;
    ISignalDI di0,1,iStart;

    IDelete iStop;
    CONNECT iStop WITH tStop;
    ISignalDI di1,1,iStop;

    IDelete iEmergencyStop;
    CONNECT iEmergencyStop WITH tEmergencyStop;
    ISignalDI di2,1,iEmergencyStop;

    IDelete iWarning1;
    CONNECT iWarning1 WITH tWarning1;
    ISignalDI di11,1,iWarning1;

    IDelete iUnWarning1;
    CONNECT iUnWarning1 WITH tUnWarning1;
```

```
    ISignalDI di10,0,iUnWarning1;

    rHome;
ENDPROC

PROC GetSucker()
    rHome;
    MoveJ pSuckerabove,v100,fine,tool0;
    SetDO do3,1;
    WaitTime 1;
    MoveL pSucker,v100,fine,tool0;
    WaitTime 1;
    SetDO do3,0;
    WaitTime 1;
    MoveL pSuckerabove,v100,fine,tool0;
    rHome;
ENDPROC

PROC DownSucker()
    rHome;
    MoveJ pSuckerabove,v100,fine,tool0;
    MoveL pSucker,v100,fine,tool0;
    WaitTime 1;
    SetDO do3,1;
    WaitTime 1;
    MoveL pSuckerabove,v100,fine,tool0;
    SetDO do3,0;
    rHome;
ENDPROC

PROC Palletizing()
    rHome;
    GetSucker;
    take_dx:=32;
    take_dy:=57;
    put_dx:=27;
    put_dy:=27;
    put_dz:=2;
```

```
reg1:=1;
put10up:=RelTool(put_ini,0,0,0\Rz:=90);
WHILE reg1<5 DO
    TEST reg1
    CASE 1:
        take10:=Offs(take_ini,0,0,0);
        put10:=Offs(put_ini,0,0,0);
    CASE 2:
        take10:=Offs(take_ini,0,take_dy,0);
        put10:=Offs(put_ini,-put_dx,0,0);
    CASE 3:
        take10:=Offs(take_ini,-take_dx,0,0);
        put10:=Offs(put10up,-put_dx / 2,-put_dy /
        2,put_dz);
    CASE 4:
        take10:=Offs(take_ini,-take_dx,take_dy,0);
        put10:=Offs(put10up,-put_dx/2,put_dy/2,put_
        dz);
    ENDTEST
    MoveJ RelTool(take10,0,0,-50),v100,z5,Sucker\
    WObj:=wobjPalletizing;
    MoveL take10,v100,z5,Sucker\WObj:=wobjPalletizing;
    WaitTime 1;
    SetDO do4,1;
    WaitTime 1;
    WaitUntil di4=1;
    MoveJ RelTool(take10,0,0,-20),v100,z5,Sucker\
    WObj:=wobjPalletizing;
    MoveL Offs(put10,0,0,50),v100,z5,Sucker\
    WObj:=wobjPalletizing;
    MoveL put10,v100,z5,Sucker\WObj:=wobjPalletizing;
    WaitTime 1;
    SetDO do4,0;
    WaitTime 1;
    MoveL Offs(put10,0,0,50),v100,z5,Sucker\
    WObj:=wobjPalletizing;
    reg1:=reg1+1;
ENDWHILE
```

```
        rHome;
        DownSucker;
    ENDPROC

      TRAP tStart
        bStop:=FALSE;
        bEmergencyStop:=FALSE;
        bStart:=TRUE;
        SetDO do0,1;
      ENDTRAP

      TRAP tStop
        bStart:=FALSE;
        bEmergencyStop:=FALSE;
        bStop:=TRUE;
        SetDO do0,0;
        StopMove;
        WaitDI di0,1;
        StartMove;
      ENDTRAP

      TRAP tEmergencyStop
        bStart:=FALSE;
        bStop:=FALSE;
        bEmergencyStop:=TRUE;
        SetDO do0,0;
        Stop;
      ENDTRAP

      TRAP tWarning1
        SetDO do0,0;
        SetDO do1,1;
        StopMove;
        WaitDI di0,1;
        StartMove;
      ENDTRAP

      TRAP tUnWarning1
```

```
        SetDO do1,0;
    ENDTRAP
ENDMODULE
```

技能训练

ABB120 工业机器人末端安装吸盘工具后，试按照图 7.2（a）所示的码垛方式，将码垛模块台面上右侧 4 个物料整齐摆放至左侧空位处，如图 7.41 所示。

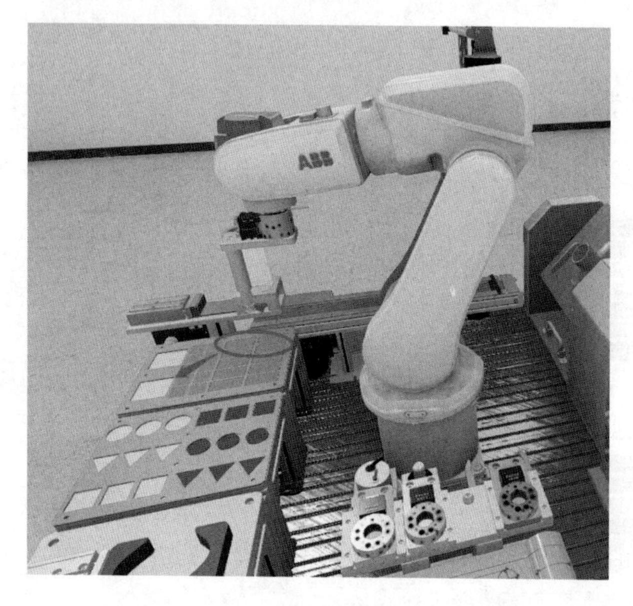

图 7.41

综合案例实训

学习目标

- 掌握操作模块和操作流程分析
- 掌握流水线及立库模块程序分析
- 学会流水线及立库模块编程与调试

思维导图

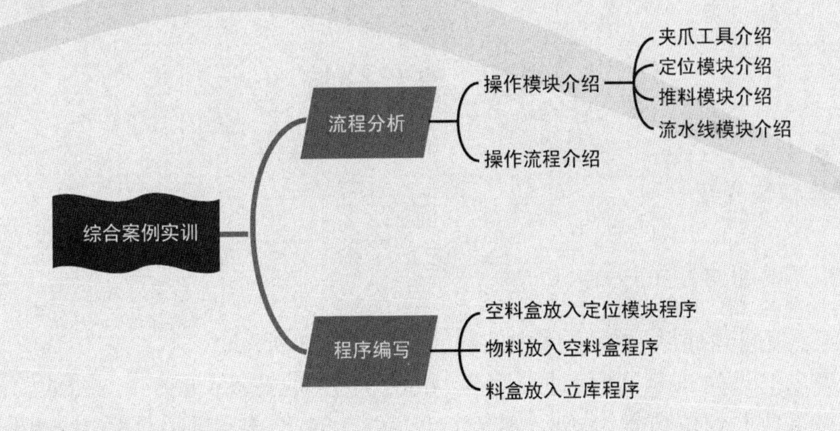

任务描述

结合实训台流水线模块、推料模块、定位模块、夹爪和吸盘工具等完成工件的出入库操作。项目实施中，需要进行夹爪和吸盘工具的快换操作，桌面立库空料盒的出库，定位模块中空料盒和物料的放入，传输带物料的传送，以及立库料盒的入库。图 8.1 所示的实训台包含了该项目所需的各模块。

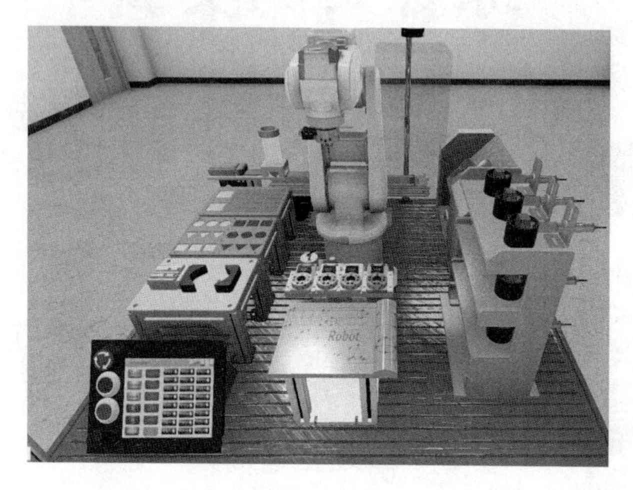

图 8.1

8.1 流程分析

8.1.1 操作模块介绍

1. 夹爪工具介绍

夹爪工具用于夹取和放置立库中的料盒，如图 8.2 所示。

已知夹爪信号为 do6，映射地址为 6。do6=0，夹爪夹紧；do6=1，夹爪放开。

其中夹爪放开到位信号为 di8，映射地址为 8；夹爪夹紧到位信号为 di9，映射地址为 9。反馈信号用于判断夹爪当前位置。

2. 定位模块介绍

图 8.3 为定位模块，定位气缸信号为 do7，映射地址为 7。do7=1，定位气缸夹紧（气缸推杆伸出）；do7=0，定位气缸打开（气缸推杆收回）。

其中定位气缸打开到位信号为 di6，映射地址为 6，定位气缸夹紧到位信号为 di7，映射地址为 7。

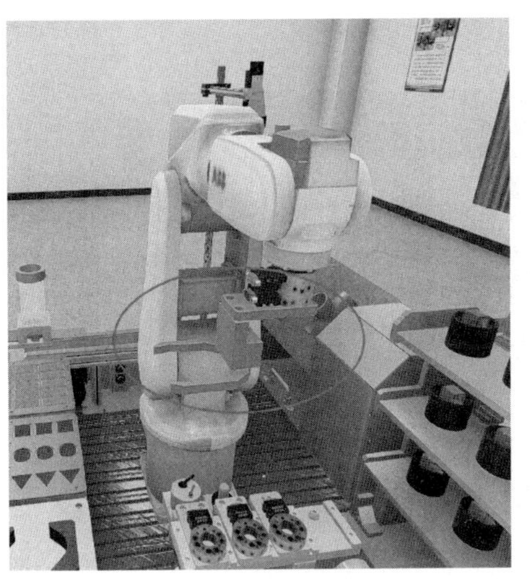

图 8.2

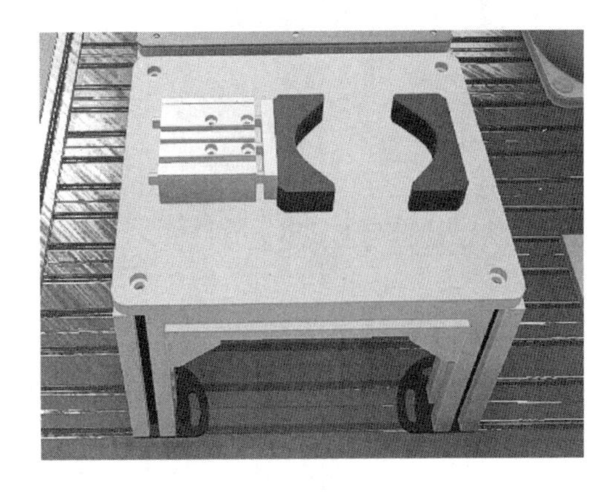

图 8.3

3. 推料模块介绍

推料模块将送料模块中的物料推送到传送带上，此模块由 PLC 控制，如图 8.4 所示。

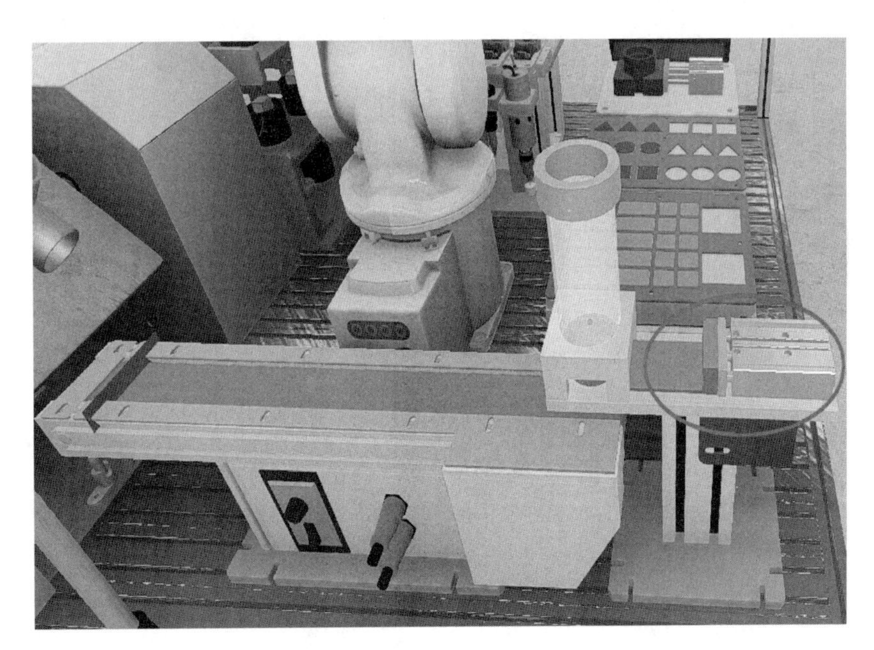

图 8.4

4. 流水线模块介绍

流水线模块首尾两端装有物料检测传感器和工件到位传感器，用作物料开始传输信

号和到位停止信号，此模块由 PLC 控制，如图 8.5 所示。

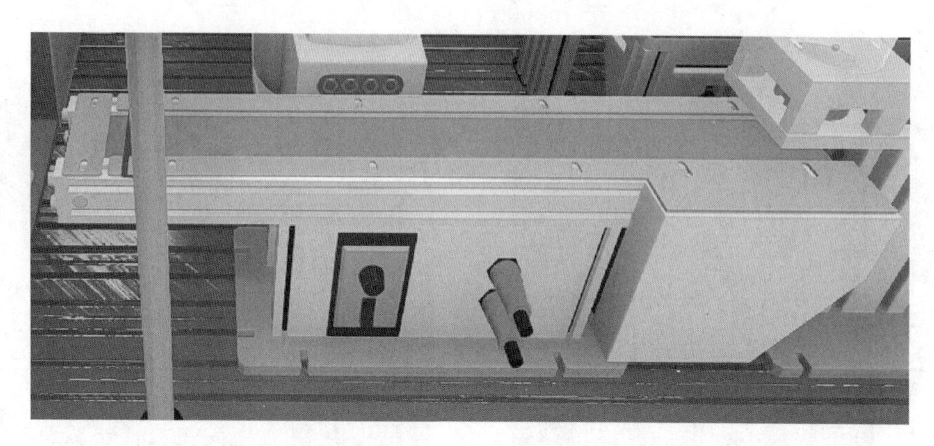

图 8.5

8.1.2 操作流程介绍

（1）夹爪工具夹取立库中的空料盒，放入定位模块中，如图 8.6 所示。

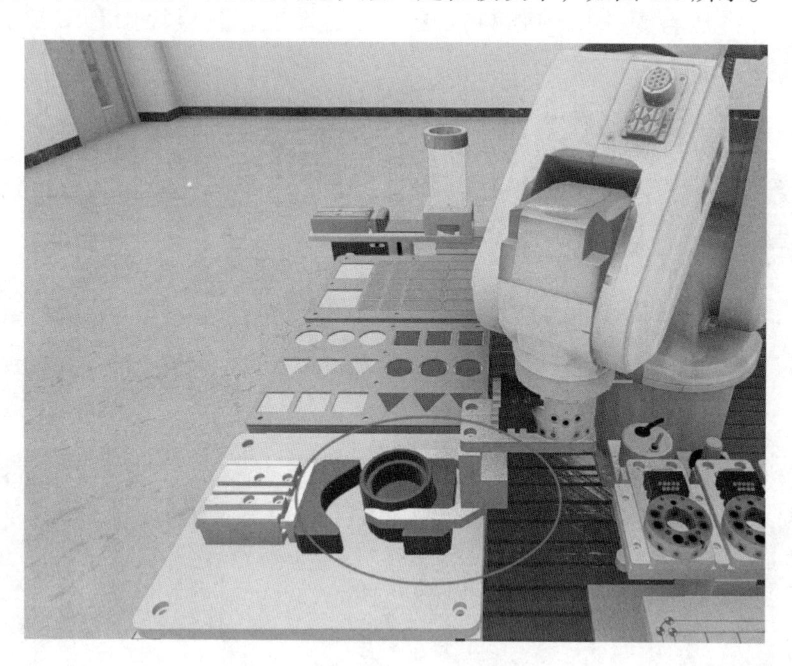

图 8.6

（2）机器人输出推料及流水线动作信号，待物料到位后进行视觉拍摄并将数据发送给机器人，机器人便通过夹爪工具准确抓取物料并放入定位模块中的空料盒，如图 8.7 所示。

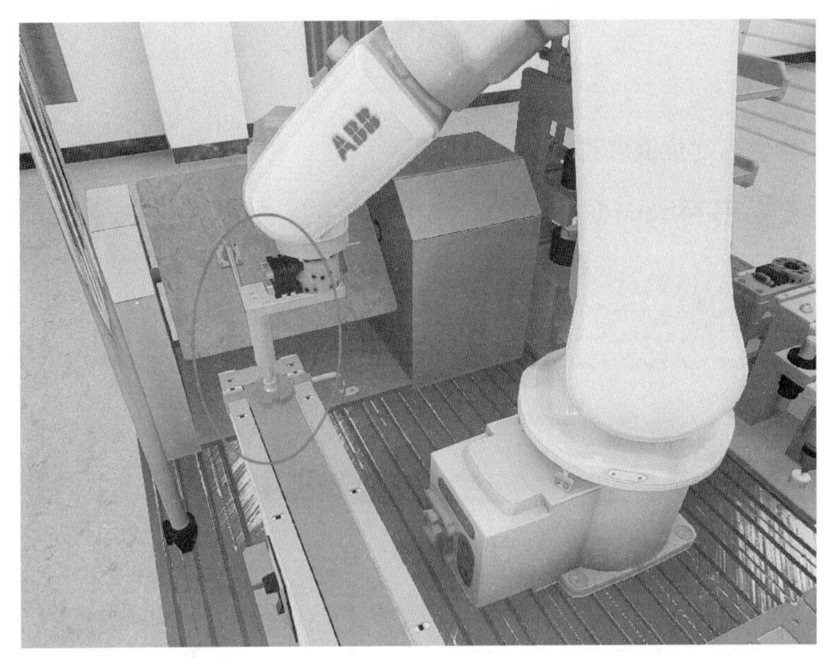

图　8.7

（3）夹爪工具夹取定位模块中的料盒（已放入物料），放入立库的空位中，如图 8.8 所示。

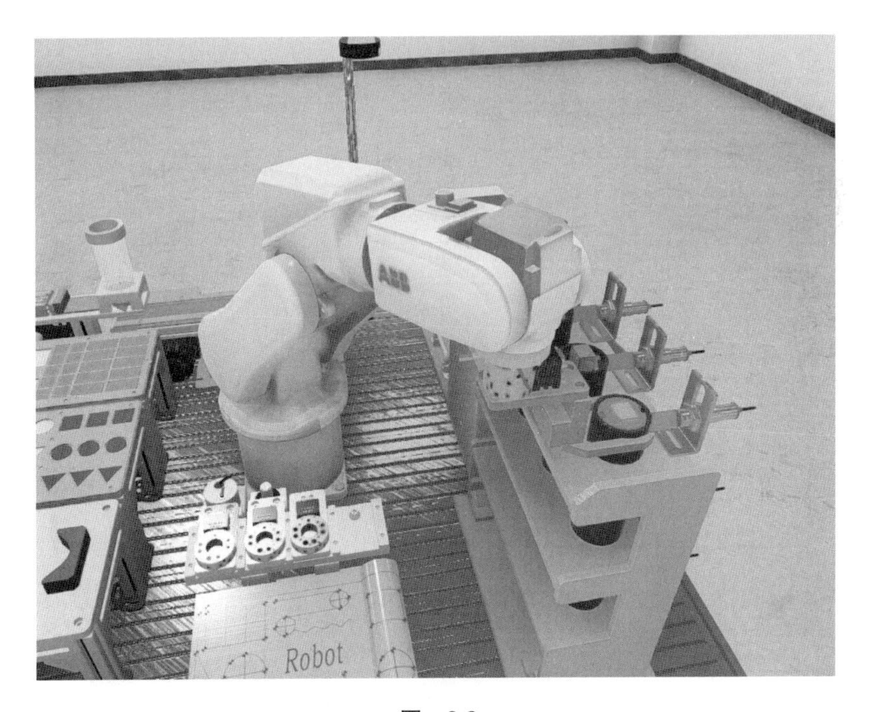

图　8.8

8.2 程序编写

8.2.1 空料盒放入定位模块程序

（1）配置输出信号 do6（映射地址为 6）作为夹爪动作信号，do6 为 0 时夹爪夹紧，如图 8.9 所示。

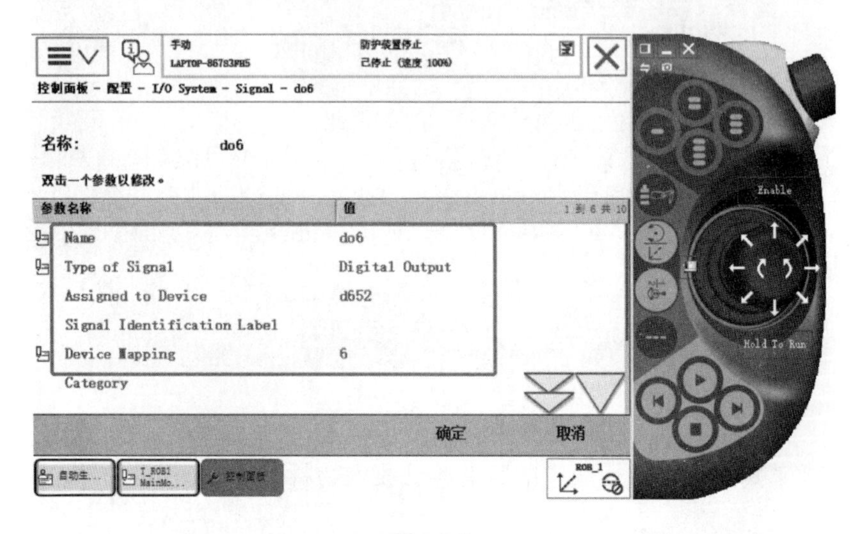

图 8.9

（2）配置输出信号 do7（映射地址为 7）作为定位气缸动作信号，do7 为 1 时定位气缸动作，完成定位，如图 8.10 所示。

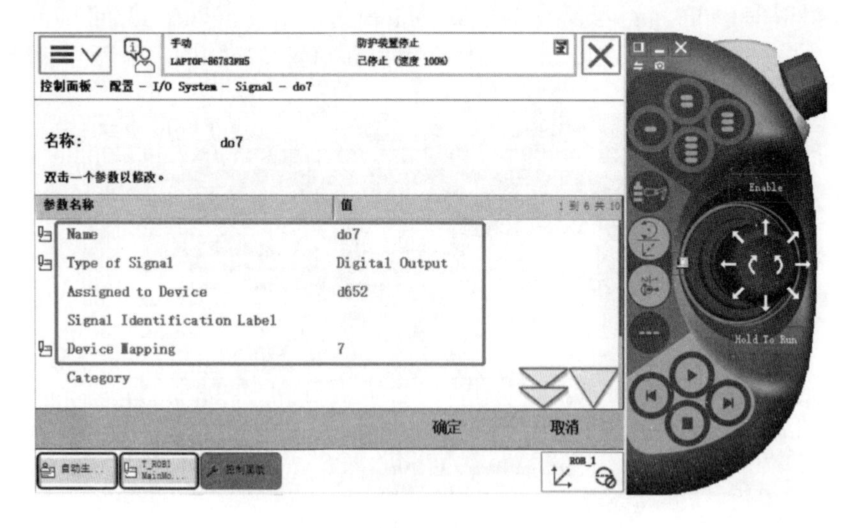

图 8.10

（3）打开例行程序，新建夹爪快换取放程序分别命名为“GetGripper”“DownGripper”。

（4）打开程序数据，选择数据类型为“robtarget”，单击“显示数据”按钮，如图 8.11 所示。

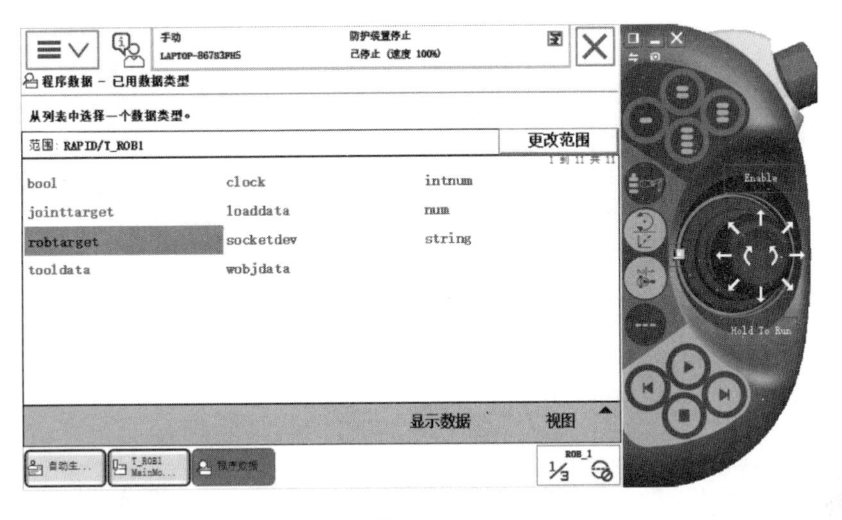

图　8.11

（5）新建一个“pTakeabove”的常量数据作为夹取空料盒准备点，移动机器人到适当位置后修改此点位置，如图 8.12 所示。

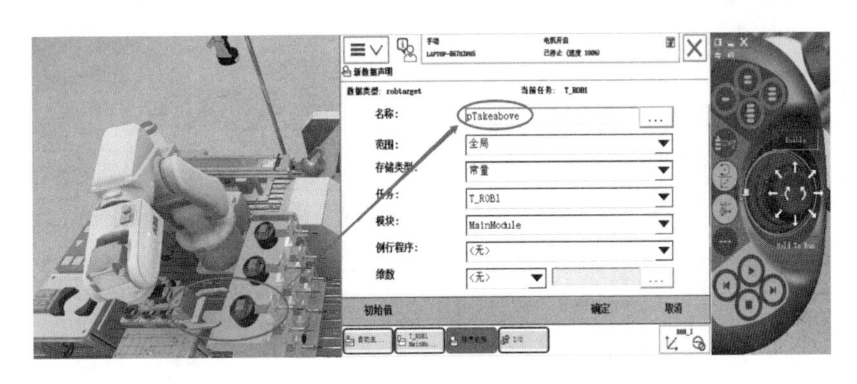

图　8.12

（6）同理新建 pTake1、pTake2、pTake3、pTake4、pTake5、pTake6、pTake7、pTake8、pTake9 常量数据，作为夹取空料盒准备点，示教机器人并修改对应点位。

（7）新建一个 pTake 的变量数据，作为程序运行时机器人实际到达的点位，具体点位信息由 pTake1、pTake2 等常量数据提供，如图 8.13 所示。

图　8.13

（8）新建一个 pPut1 的常量数据，作为将空料盒放置定位模块中的点，示教机器人并修改此点位置，如图 8.14 所示。

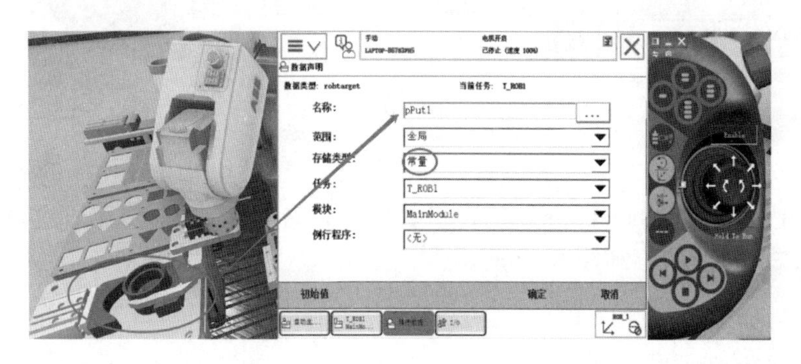

图　8.14

（9）编写如下程序，完成夹取立库中的空料盒，放入定位模块中。

```
GetGripper;
        nPuzzles:=nPuzzles+1;
        MoveL pTakeabove,v50,fine,tool0;
        IF nPuzzles=1 THEN
           pTake:=pTake1;
        ELSEIF nPuzzles=2 THEN
           pTake:=pTake5;
        ELSEIF nPuzzles=3 THEN
           pTake:=pTake9;
        ENDIF
        MoveL Offs(pTake,0,-100,0),v50,fine,tool0;
        MoveL pTake,v50,fine,tool0;
```

```
SetDO do6,1;
WaitTime 1;
WaitUntil di9=1;
MoveL Offs(pTake,0,0,10),v50,fine,tool0;
MoveL Offs(pTake,0,-100,10),v50,fine,tool0;
MoveL pTakeabove,v50,fine,tool0;
rHome;

MoveL Offs(pPut1,0,0,100),v50,fine,tool0;
MoveL pPut1,v50,fine,tool0;
WaitTime 1;
SetDO do6,0;
WaitTime 1;
WaitUntil di8=1;
MoveL Offs(pPut1,0,0,100),v50,fine,tool0;
SetDO do7,1;
rHome;
DownGripper;
```

8.2.2　物料放入空料盒程序

（1）按下开始按钮后推料及流水线模块启动，物料到位后传感器反馈信号，由 PLC 将信号发送给机器人，机器人通过吸盘工具准确吸取物料并放入定位模块中的空料盒。

（2）配置输入信号 di3（映射地址为 3）作为物料到位后反馈给机器人启动程序的信号，如图 8.15 所示。

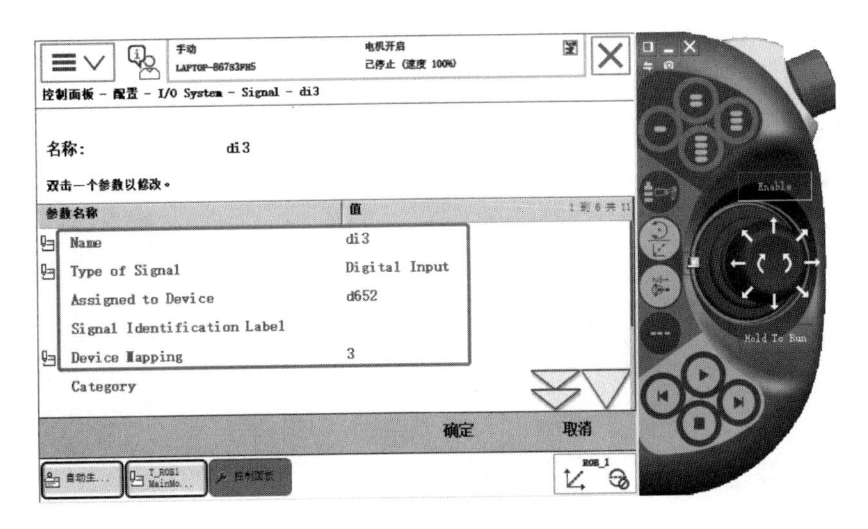

图　8.15

（3）配置如下变量。

```
VAR num nPuzzles:=0;
VAR bool bStr;
VAR num X1_1;
VAR num X1_2;
VAR num X1_3;
VAR num X2_1;
VAR num X2_2;
VAR num X2_3;
VAR string sMeg;
VAR string cMeg;
VAR string sPosX;
VAR string sPosY;
VAR string sPosC;
VAR socketdev Server_Socket;
VAR socketdev Client_Socket;
VAR socketdev Temp_Socket;
VAR num nSuccess;
VAR num nPosX;
VAR num nPosY;
VAR num nPosC;
VAR jointtarget jTemp;
VAR robtarget pTemp;
VAR robtarget pTemp1;
```

（4）打开程序数据，选择数据类型为“robtarget”，然后单击“显示数据”按钮，新建一个“pVisionabove1”的常量数据作为吸取过渡点 1，移动机器人到适当位置后示教此点位置，如图 8.16 所示。

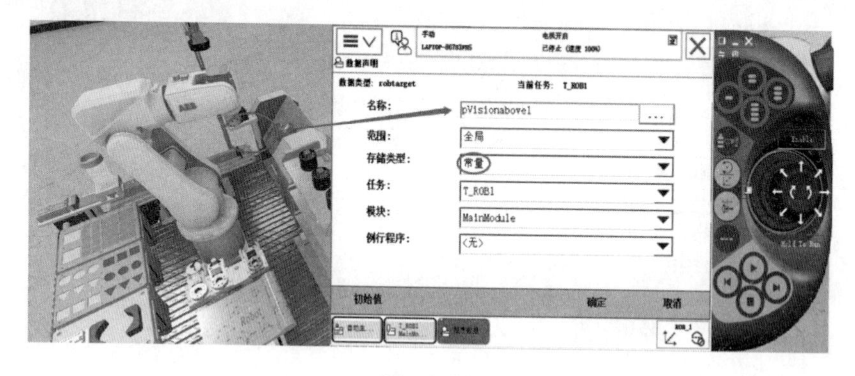

图 8.16

（5）同理新建一个“pVisionabove2”的常量数据作为吸取过渡点 2，移动机器人到适当位置后示教此点位置，如图 8.17 所示。

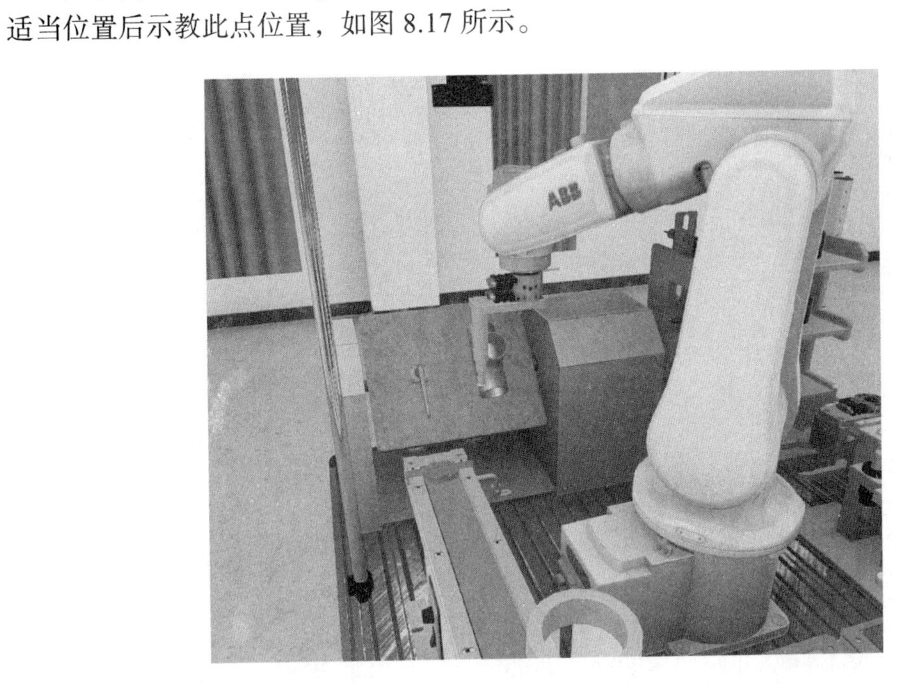

图　8.17

（6）新建一个“pVision”的常量数据作为吸取点，移动机器人到适当位置后示教此点位置，如图 8.18 所示。

图　8.18

（7）新建一个“pPusher”的常量数据作为放入点，并示教此点位置，手动输入控制吸盘信号 do4 吸取物料，示教机器人将物料放入定位模块中定位完成的空料盒，如图 8.19 所示。

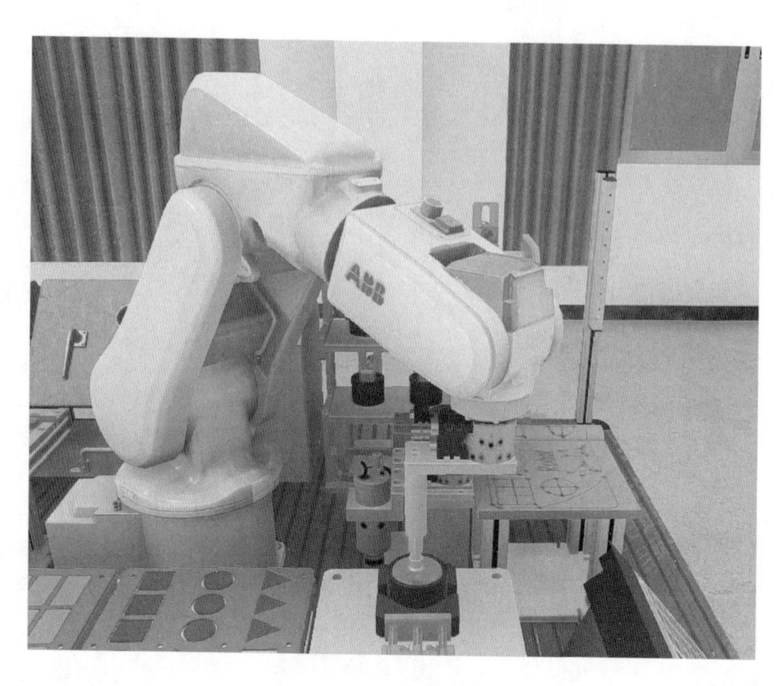

图 8.19

（8）机器人沿 Z 轴方向抬高适当距离，新建一个“pPusherabove”的常量数据作为准备放入点，并示教此点位置，如图 8.20 所示。

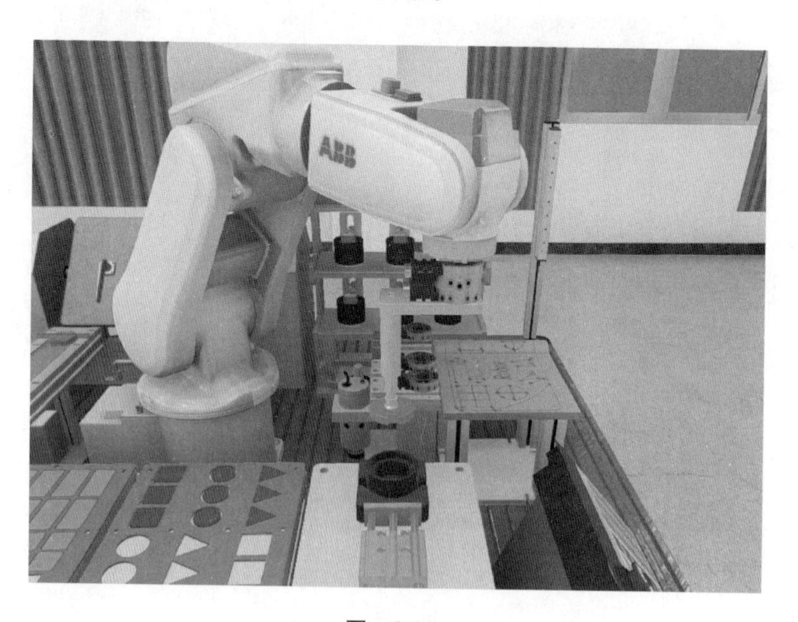

图 8.20

（9）编写如下程序，完成吸盘吸取物料并准确放入定位模块中的空料盒。

```
nPuzzles:=0;
SocketClose Server_Socket;
SocketCreate Server_Socket;
SocketConnect Server_Socket,"127.0.0.1",8111;
TPWrite("socket connect successful!");

GetSucker;
WaitTime 2;
SocketSend Server_Socket\Str:=NumToStr(nPuzzles,0);
TPWrite("client send:"+NumToStr(nPuzzles,0));
SocketReceive Server_Socket\Str:=sMeg;
bStr:=StrToVal(StrPart(sMeg,StrMatch(sMeg,1,"=
")+1,StrMatch(sMeg,1,"X")-StrMatch(sMeg,1,"=")-
1),nSuccess);
TPWrite("Success="+NumToStr(nSuccess,0));
TPWrite("Mould match Success");

IF nSuccess>0 THEN
   sPosX:=StrPart(sMeg,StrMatch(sMeg,1,"X")+2,StrMat
   ch(sMeg,1,"Y")-StrMatch(sMeg,1,"X")-2);
   bStr:=StrToVal(sPosX,nPosX);
     TPWrite("X="+NumToStr(nPosX,6));
     sPosY:=StrPart(sMeg,StrMatch(sMeg,1,"Y")+2,StrM
     atch(sMeg,1,"C")-StrMatch(sMeg,1,"Y")-2);
     bStr:=StrToVal(sPosY,nPosY);
     TPWrite("Y="+NumToStr(nPosY,6));
     sPosC:=StrPart(sMeg,StrMatch(sMeg,1,"C")+2,StrM
     atch(sMeg,1,"D")-StrMatch(sMeg,1,"C")-2);
     bStr:=StrToVal(sPosC,nPosC);
     TPWrite("C="+NumToStr(nPosC,6));

     pTemp:=CRobT();
     pTemp.trans.x:=nPosX;
     pTemp.trans.y:=nPosY;
     pTemp.trans.z:=pVision.trans.z;
     MoveJ pVisionabove1,v50,fine,Sucker\WObj:=wobj0;
```

```
        MoveJ pVisionabove2,v50,fine,Sucker\WObj:=wobj0;

        pTemp:=CRobT();
        pTemp.trans.x:=nPosX;
        pTemp.trans.y:=nPosY;
        pTemp.trans.z:=pVision.trans.z;
        MoveL Offs(pTemp,0,0,20),v50,fine,Sucker;
        MoveL Offs(pTemp,0,0,0),v50,fine,Sucker;

        SetDO do4,1;
        WaitTime 1;
        WaitUntil di4=1;


        MoveL Offs(pTemp,0,0,30),v50,fine,Sucker;
        MoveJ pVisionabove2,v50,fine,Sucker\WObj:=wobj0;
        MoveJ pVisionabove1,v50,fine,Sucker\WObj:=wobj0;
        rHome;

        MoveJ pPusherabove,v50,fine,tool0;
        MoveL pPusher,v50,fine,tool0;
        SetDO do4,0;
        WaitTime 1;
        MoveL pPusherabove,v50,fine,tool0;
        SetDO do10,0;
    ENDIF
    SetDO do10,0;
    SetDO do2,0;
    DownSucker;
```

8.2.3 料盒放入立库程序

（1）打开程序数据，选择数据类型为“robtarget”，然后单击“显示数据”，新建一个“pPut2”的常量数据作为抓取点，移动机器人到适当位置后示教此点位置，如图 8.21 所示。

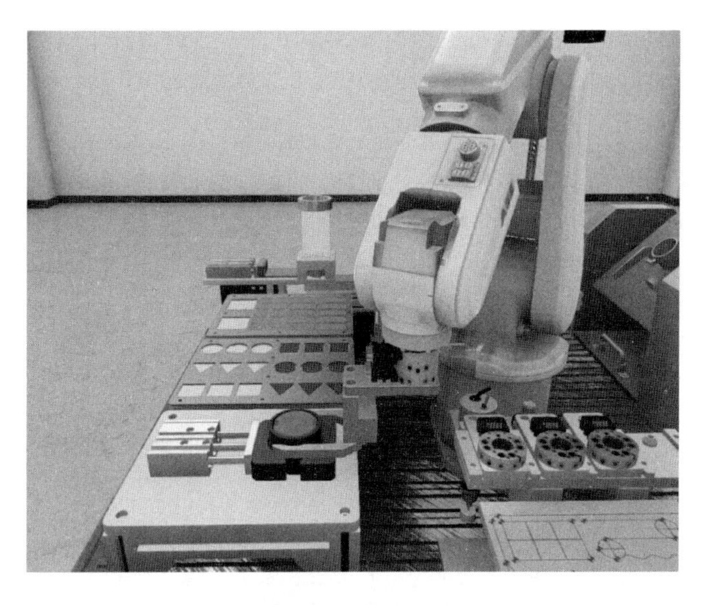

图　8.21

（2）编写如下程序，完成夹爪工具夹取定位模块中的料盒（已放入物料），放入立库的空位中。

```
GetGripper;
MoveL Offs(pPut2,0,0,100),v50,fine,tool0;
MoveL pPut2,v50,fine,tool0;
WaitTime 1;
SetDO do6,1;
WaitTime 1;
SetDO do7,0;
WaitTime 1;
WaitUntil di6=1;
MoveL Offs(pPut2,0,-10,100),v50,fine,tool0;
rHome;

MoveL pTakeabove,v50,fine,tool0;
MoveL Offs(pTake,0,-100,15),v50,fine,tool0;
MoveL Offs(pTake,0,0,15),v50,fine,tool0;
MoveL pTake,v50,fine,tool0;
SetDO do6,0;
WaitTime 1;
WaitUntil di8=1;
MoveL Offs(pTake,0,0,10),v50,fine,tool0;
```

```
MoveL Offs(pTake,0,-100,10),v50,fine,tool0;
MoveL pTakeabove,v50,fine,tool0;
DownGripper;
```

至此流水线及立库取放程序完成一个循环。

测试前将快换工具复位，并将机器人调回原点位置，然后开启视觉软件及 PLC，最后进行手动测试程序及流程。

技能训练

本项目可以做多次循环操作，请修改程序至少完成 6 个工件的出入库操作，如图 8.22 所示。

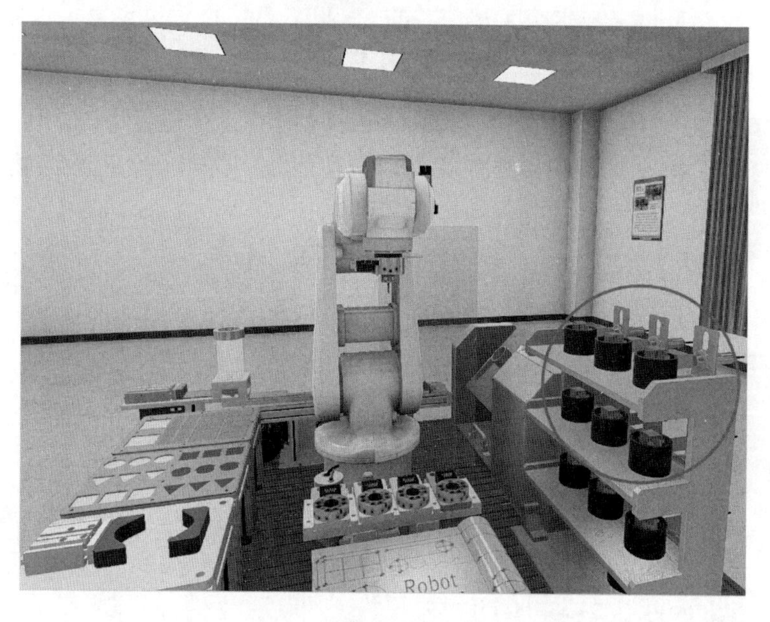

图 8.22

参 考 文 献

工控帮教研组，2019. ABB 工业机器人虚拟仿真教程 [M]. 北京：电子工业出版社.

何彩颖，2020. 工业机器人离线编程 [M]. 北京：机械工业出版社.

胡毕富，陈南江，林燕文，2019. 工业机器人离线编程与仿真技术（Robot Studio）[M]. 北京：高等教育出版社.

叶晖，等，2014. 工业机器人工程应用虚拟仿真教程 [M]. 北京：机械工业出版社.